Les Fleurs

Les Fleurs

Évolution de l'architecture florale des Angiospermes

Guillaume Tcherkez
Agrégé de SVT, ancien élève de l'ENS (Ulm)

Préface de Pierre-Henri Gouyon
Professeur à l'université Paris Sud,
à l'Institut National Agronomique et à l'École polytechnique,
Directeur du Laboratoire d'«Écologie, Systèmatique et Évolution» (CNRS-UPS à Orsay)

DUNOD

Illustration de couverture : *Lionel Auvergne*

ISBN 2 10 005844 4

Préface

La fleur est la caractéristique la plus remarquable et la plus centrale, sans doute, des Spermaphytes. Son étude est donc au centre de la botanique. La botanique se définit au départ comme la science des végétaux. À ce titre, elle englobe tout ce qui concerne l'étude des plantes, du niveau des molécules à celui de la biosphère. Cependant, le terme a pris, et surtout dans les pays de culture latine, un sens souvent un peu désuet. Le botaniste est imaginé comme un individu plutôt rêveur, dont l'activité favorite consiste à se promener dans un environnement de couleur verte en s'exclamant devant des spécimens rares, des fleurs bizarres qu'il aime à faire sécher entre deux feuilles de papier. L'herbier, la loupe et la nomenclature latine sont les attributs du botaniste en question. Bien peu, en voyant un chercheur qui extrait de l'ADN d'un échantillon (même de couleur verte) contenu dans un tube, ou un autre qui programme des équations cabalistiques sur un ordinateur, penseraient qu'il peut s'agir d'un botaniste.

Et pourtant, la botanique a pris tous ces visages au cours des dernières années. La connaissance systématique de la diversité des espèces, de leur classification et de leur nomenclature reste, bien sûr, un champ essentiel de cette science. Mais la connaissance du fonctionnement intime de la plante, et en particulier de la fleur, qu'il soit biochimique, moléculaire cellulaire ou à l'échelle de l'individu fait aussi partie de son champ d'étude. D'autre part, la compréhension de la forme et du fonctionnement de la fleur, de la racine, de la feuille ou de la tige exige la mise en œuvre de concepts issus non seulement de la physiologie et de la biologie du développement, mais aussi de l'écologie et des sciences de l'évolution qui demandent l'intégration d'aspects génétiques, démographiques et biogéographiques dans une démarche qui inclut aussi bien l'étude expérimentale que l'observation et la modélisation mathématique et/ou informatique. On le voit, la botanique est une science « complète ». Suivant des approches diversifiées, elle ne suppose plus seulement un savoir encyclopédique mais aussi une compréhension des mécanismes. Elle a, en somme, subi la formidable évolution de l'ensemble des sciences de la vie au cours des XIXe et XXe siècle. Non seulement elle l'a subie mais elle en a été partie prenante, et même une des composantes principales.

La génétique a été découverte par Mendel sur des pois, puis redécouverte par de Vries, Tschermak et Correns sur d'autres plantes. La régression linéaire, outil classique en statistique, vient d'une autre étude sur des pois, réalisée par Galton. Le concept de mutation est venu de l'étude des œnothères par de Vries et l'hérédité maternelle de celle des fleurs du silène par Correns (on sait maintenant qu'il s'agissait de caractères déterminés par le génome mitochondrial). Les concepts de génotype et de phénotype viennent des haricots de Johannsen. L'oignon a fourni des images de chromosomes au cours de la division cellulaire et c'est sur le maïs que Barbara Mc Clintock a découvert les transposons. La botanique a apporté une fantastique contribution à la biologie moderne.

Au cours de tout ce processus d'évolution du savoir scientifique, on peut constater que les champs de découvertes majeures se sont rapetissés en taille. L'approche des biologistes est devenue de plus en plus réductionniste. On en arrive, aujourd'hui, à un point extrême où on peut pratiquement apprendre la biologie sans plus rien connaître de ce qui se passe à une échelle supérieure à celle de la cellule, voire de la molécule d'ADN et de ce qui l'entoure. Il est peu probable, et certainement pas souhaitable, que ce mouvement se poursuive. Connaître le génome en dit bien peu sur l'individu et encore moins sur l'écosystème. Après un plongeon, nécessaire dans le microscopique, la biologie se doit de revenir à ses démarches intégratives. La botanique fait partie des champs qui permettent de tels changements d'échelle. Souhaitons que cet ouvrage, qui montre avec bonheur comment cette discipline permet aujourd'hui de comprendre la façon dont se sont constituées les fleurs aide le lecteur à en percevoir tout le sel.

Il y est question de science, de botanique, et de fleurs. La fleur est l'organe sexuel des plantes et Linné ne s'est pas privé d'appuyer sur ce ressort érotico-pédagogique, lui qui a compris qu'étant l'organe de reproduction de l'individu, elle en était sans doute l'élément le plus essentiel. Darwin a appuyé ses réflexions sur l'étude des fleurs dans son ouvrage de 1877, *The different forms of flowers on plants on the same species* et dans ses traités sur les orchidées. La compréhension de l'évolution et du développement des fleurs a permis de découvrir des phénomènes surprenants, qu'il s'agisse de la façon dont les gènes en déterminent la structure, ou des phénomènes écologiques et évolutifs en jeu. La fleur est sans conteste la clef d'entrée dans le royaume des plantes. Entrez-y et admirez.

Pierre-Henri Gouyon
Professeur à l'université de Paris-Sud, à l'Institut national agronomique et à l'École polytechnique, Directeur du laboratoire d'« Écologie, Systématique et Évolution » CNRS-UPS à Orsay.

Table des matières

Introduction

L'Homme eut très tôt une attention particulière pour les fleurs, au moins à deux niveaux : esthétique et symbolique. Par exemple, les Égyptiens et les civilisations d'Extrême-Orient ont souvent représenté des fleurs de Lotus à des fins ornementales. Cette fleur fut par ailleurs un symbole de pureté, car les boutons floraux s'épanouissent juste au-dessus de la surface de l'eau, et ne sont donc pas souillés par ce liquide banal censé représenter les vices et la misère humaine. Les maîtres d'œuvres architecturales ont également été inspirés par les motifs floraux ; c'est notamment le cas des ornements de palais arabes, comme dans la cité-jardin de l'Alhambra, à Grenade. En effet, trois types de motifs complémentaires y sont abondamment utilisés sous les arcades, le long des encadrements de portes, ou même sur certains murs : les motifs floraux, géométriques, et graphiques. Cette complémentarité architecturale ne veut pas dire qu'il n'existe pas de lien entre fleurs, géométrie, et poésie, ce qui signifie que la fleur n'est pas considérée comme une entité insécable, mais bien vue à travers son architecture et son sens, l'ensemble composant un motif harmonieux et touchant la sensibilité de l'observateur. La fleur gagne donc ici une dimension de signifiant.

Le signifié ne devient scientifique qu'à partir de la Renaissance où s'amorce la fièvre de vouloir tout étiqueter et tout classer : ce sont les premiers pas de la systématique. Les décennies s'écoulant, les classifications progressent, profitant de la formalisation de Linné, des réflexions de Jussieu, en passant par les descriptions botaniques de Redouté, dont la main donna sa part artistique à la systématique végétale, comme le firent également les efforts appliqués de peintres comme Desportes à travers ses natures mortes.

Comment définir une fleur ? Deux définitions classiques existent, basées sur l'agencement ou la nature des organes floraux :

Première définition : Ensemble de pièces reproductrices stériles et fertiles, disposées en général en verticilles, le tout étant axillé par une bractée.

Deuxième définition : Ensemble d'organes reproducteurs comportant un (ou des) ovule(s), celui-ci étant défini par l'existence de ses téguments.

Chacune présente ses avantages et ses inconvénients. Dans la première définition, on insiste sur l'agencement en **verticilles**, qui n'est pourtant pas la règle (Magnoliacées, Renonculacées), et sur l'existence de la **bractée**. Il demeure une part de flou sur la nature des pièces florales, et l'on ne voit pas *a priori* de raison d'exclure les appareils reproducteurs de certaines Ptéridospermées[1], ou « Fougères à graines », où il reste possible, par convention, d'affecter la valeur de bractée à la feuille placée immédiatement en dessous des structures reproductrices. La seconde définition n'exclut pas non plus la possibilité d'inclure les structures des Ptéridospermées dans les « fleurs », puisque elles possèdent, au moins pour certaines d'entre elles, des ovules très comparables aux Angiospermes. Pourtant, ces Ptéridospermées n'appartiennent pas aux Phanérogames[1] (*i.e.* Spermaphytes).

Chez les Gymnospermes (de *gymnos*, nu et *spermum*, semence), il existe bel et bien des fleurs, comparables à celles des Angiospermes, si ce n'est, par définition, la « nudité » des ovules. Par exemple, les cônes femelles de Pin (*Pinus sp.*, Pinacées) sont bien des inflorescences : chaque écaille constitue une fleur, comportant uniquement deux ovules et une bractée. Cette bractée forme d'ailleurs une languette protubérante chez le Douglas (*Pseudostuga sp.*) où elle est donc très visible.

La définition de la fleur que nous adopterons ici reposera sur l'architecture « type » angiospermienne, agencée en verticilles ou en spirale, avec sépales, pétales ou tépales, étamines et carpelles, le tout étant axillé par une bractée[2].

Les Angiospermes sont vraisemblablement apparues au milieu du Crétacé, il y a environ 130 millions d'années, sous la forme de plantes dicotylédones (Le Thomas, 1999). La recherche des tout premiers genres d'Angiospermes est encore un sujet d'actualité; certains fossiles tendent à remettre parfois en cause la date d'apparition de ce groupe, bien que ces derniers, datant du Trias ou du Jurassique, n'aient été qu'hypothétiquement rattachés aux Angiospermes. La part d'incertitude concernant ces fossiles provient du fait qu'on ne peut pas y vérifier la caractéristique même des Angiospermes : l'angiospermie, ou fermeture « hermétique » des carpelles. Cependant, un fossile trouvé récemment dans le Nord-Est de la Chine, du genre *Archaefructus*, présente un rameau portant des follicules enfermant des graines (Sun *et al.*, 1998), repoussant au Jurassique supérieur l'origine des Angiospermes.

Les Angiospermes représentent aujourd'hui 220 000 espèces, contre 750 répertoriées chez les Gymnospermes (Bawa, 1995). Les plus vieux fossiles de monocotylédones datent du Turonien, il y a 90 millions d'années (Gandolfo *et al.*, 1998). À la fin du Crétacé, la plupart des groupes existaient déjà. L'origine des Angiospermes reste discutée : les Gnétales apparaissent très proches des Angiospermes d'un point de vue anatomique, mais des analyses phylogénétiques des gènes *rbcS*, *rbcL* (codant respectivement les petite

1. Les Ptéridospermées, dites *Fougères à graines* – bien que le terme de *graine* ne soit pas très bien adapté car, si l'on y observe des prothalles, on n'y a jamais observé d'embryon sporophytique –, constituent un groupe entièrement fossile, dont les représentants avaient une allure de fougères, et produisaient des structures comparables à des ovules. Les Ptéridospermées, groupe paraphylétique, n'appartiennent pas aux Spermaphytes, précisément à cause de l'absence de graine « authentique ».

2. La bractée est parfois difficile à observer, comme par exemple dans certaines variétés de Tulipes (*Tulipa sp.*, Liliacées), car la zone d'attache y est très basse. Cependant, cette pièce doit être prise en considération dans l'architecture florale, comme nous le préciserons par la suite.

Représentation schématique d'un rameau fossile de follicules d'*Archaefructus*. La barre représente environ 5 mm (Modifié, d'après Sun *et al.*, 2000).

et grande sous-unités de la RUBISCO), *cox1* (cytochrome-oxydase), *atpA* (ATP-synthase), semblent montrer qu'outre le fait que les Gymnospermes soient monophylétiques, les plus proches parents des Gnétales seraient les Conifères (Bowe *et al.*, 2000; Chaw *et al.*, 2000).

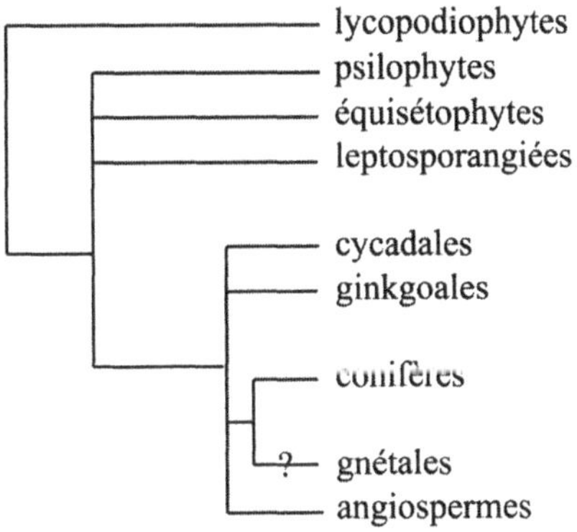

Arbre phylogénétique simplifié montrant quelques grands groupes de plantes. Le symbole « ? » souligne l'incertitude concernant la place des Gnétales (voir le texte), d'abord rapprochées des Angiospermes, et aujourd'hui rapprochées des Conifères (cas présenté dans cette figure).

La différence fondamentale entre les fleurs des Gymnospermes et celles des Angiospermes repose par définition sur l'enfermement des ovules : jamais complet chez les premiers, « absolu » chez les seconds. Cette affirmation souffre cependant d'un certain nombre d'exceptions : premièrement, après fertilisation, les écailles des Pins de resserrent en se desséchant, enfermant assez hermétiquement les ovules; deuxièmement, certaines Angiospermes présentent des carpelles incomplètement fermés (ex. Amborellacées, Résédacées – cela demeure contesté). Le cas d'*Amborella*, genre se dégageant à la base des arbres phylogénétiques (voir chapitre 3), suggère que les carpelles restant ouverts à la maturité, et même après formation des graines, représentent l'état ancestral (Raven *et al.*, 2001).

Par ailleurs, les fleurs ou les inflorescences des Angiospermes montrent des hauts degrés de spécialisation, ce qui n'est pas le cas des Gymnospermes en général. Chez ces derniers, en effet, le pollen, qui présente fréquemment des ballonnets, est dispersé par le vent. Chez les Angiospermes, on observe au contraire de nombreuses stratégies de dispersion et de collecte du pollen. Les structures florales vont refléter les **stratégies de fertilisation** adoptées par les différentes espèces. Ces aspects vont constituer un thème central dans les pages qui vont suivre, c'est pourquoi nous allons tout d'abord partir des indications de base concernant l'architecture florale, pour ensuite aborder l'évolution du plan d'organisation floral : 1) des groupes « anciens » aux groupes « modernes » d'Angiospermes, et 2) en relation avec la diversification des stratégies de fertilisation au sein des groupes, et les problèmes biologiques que celles-ci impliquent.

Chapitre 1

Architecture inflorescentielle

Nous ne développerons que succinctement les aspects relatifs aux groupes de fleurs ou **inflorescences**, et nous nous bornerons ici à donner les notions de base concernant la description de ces structures, afin d'aborder par la suite des problèmes évolutifs.

1.1 FLEURS ET INFLORESCENCES

1.1.1 Localisation des inflorescences sur la plante

Nous distinguerons deux cas, les Angiospermes herbacées et ligneuses.

a) Plantes ligneuses

La position des inflorescences dépend fortement de l'**architecture** de l'organisme. L'architecture des plantes ligneuses peut être formalisée par un modèle architectural (Hallé et Oldeman, 1970). Il existe essentiellement 21 modèles architecturaux, qui se distinguent les uns des autres par la nature des axes observés (uniques, différenciés, non différenciés, ou mixtes), des variations des modes de croissance (basi- ou acrotone, épi- ou hypotone, rythmique ou continue), la ramification (bifurcation, croissance monopodiale, ou sympodiale), et la mise en place des fleurs (épitonie, hypotonie, et méristèmes mis en jeu). Pour fixer les idées, nous prendrons trois exemples :

– L'Agave (*Agave americana*, Agavacées). L'Agave forme un axe ligneux non ramifié (axe unique) dont le méristème apical forme l'inflorescence ; il y a alors arrêt car la croissance des axes ne peut plus se produire. La plante meurt après un certain temps. L'architecture résultante répond au modèle de Holttum (*figure 1.1.1*). Dans ce cas, l'inflorescence est apicale et de type indéfini.

- L'Érable sycomore (*Acer pseudoplatanus*, Sapindacées anciennement Acéracées) présente une croissance rythmique (calée sur les saisons) monopodiale, orthotrope et ramifiée (les axes II, portés par l'axe I, sont à disposition opposée, de même que les axes III, portés par les axes II). Les fleurs sont portées par les axes III (ou IV, quand ils existent). Il n'existe pas toujours d'orientation préférentielle de la formation des fleurs, c'est-à-dire qu'il n'y a pas d'épi- ou d'hypotonie florale évidente. Du point de vue de la nomenclature, il s'agit du modèle de Rauh, sans doute le plus représenté sur Terre (*figure 1.1.2*).
- Le Magnolia (*Magnolia sp.*, Magnoliacées) développe ses branches latérales par juxtaposition d'axes feuillés de croissance définie et à floraison terminale. Ce processus est qualifié de « croissance par substitution » (Koriba, 1958, Hallé *et al.*, 1978). L'architecture correspondant au Magnolia se rapproche du modèle de Petit (*figure 1.1.3*).

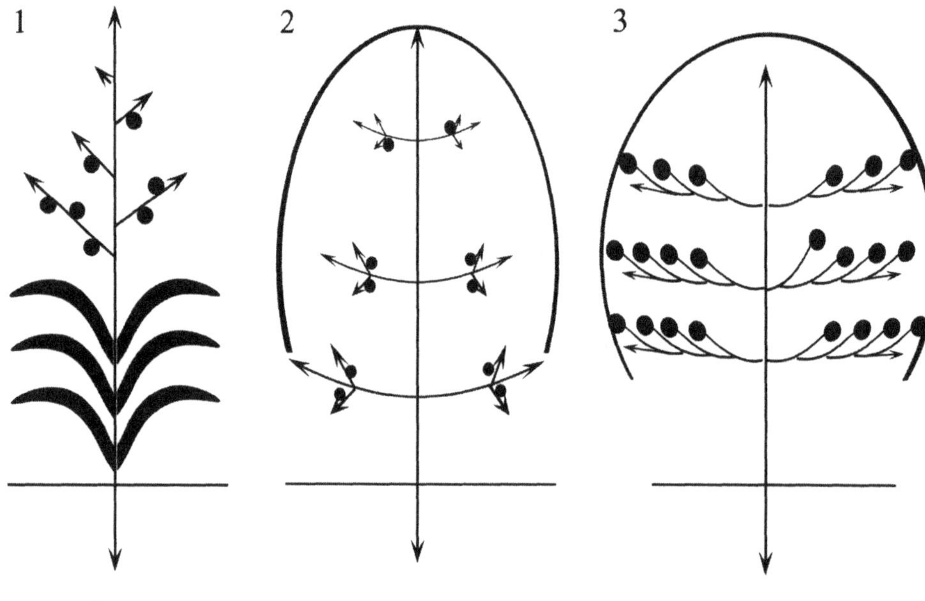

Figure 1.1 Trois exemples de modèles architecturaux de plantes ligneuses : modèle de Holttum (1), de Rauh (2), et de Petit (3). Les fleurs sont indiquées par un point noir et les méristèmes apicaux par une extrémité de flèche.

Nous ne poursuivrons pas plus avant la description des modèles architecturaux car, s'il existe un enseignement de cette étude, c'est bien que les positions des inflorescences n'observent pas de règle générale : portées par les axes I, II, III, ou IV selon les cas, épi- ou hypotones. Cependant, cette position est importante à souligner, car elle a des répercutions : accessibilité et visibilité vis-à-vis des pollinisateurs (ou plus généralement du vecteur pollinique), amplitude de l'investissement dans la reproduction (nombre de fleurs), etc. Par exemple, l'Agave est vouée à mourir après floraison, aussi observe-t-on une floraison gigantesque : la plante déploie sans doute toutes ses potentialités de croissance et de morphogenèse dans son ultime réalisation, la reproduction. En termes de « *trade-off* [1] » entre développement végétatif et reproducteur, les stratégies évolutives diffèrent d'une espèce à l'autre : la perpétuation de l'espèce utilise des individus à vie courte ayant un *trade-off* déséquilibré au profit de la reproduction (Agave), ou des individus à vie longue ayant un *trade-off* équilibré.

b) Plantes herbacées

Il existe dans ce cas-là aussi une grande diversité des positions occupées par les inflorescences : terminale (ex. Tulipe) ou non (ex. Morelle tue-chien), portées par les axes I (Tulipe), ou d'ordre supérieur (Morelle), épitone ou hypotone, etc.

1.1.2 Origines méristématiques

Les inflorescences sont les groupes de fleurs et constituent les unités de premier ordre dans la description de la floraison. Le déclenchement de la fabrication de l'inflorescence correspond à la transition de l'état végétatif à l'état reproducteur du méristème apical caulinaire : c'est l'« évocation florale ». Le méristème est alors un méristème inflorescentiel. Celui-ci va former l'inflorescence et les méristèmes floraux à l'origine des fleurs. Cette distinction méristème inflorescentiel/méristème floral n'est pas arbitraire : chez *Arabidopsis thaliana* (Brassicacées), le mutant *cal* forme des inflorescences dépourvues de fleurs. Il semble exister un contrôle génétique étroit des transitions végétatif-inflorescentiel et inflorescentiel-floral, de telle sorte qu'on distingue deux types de gènes, c'est-à-dire l'un d'identité inflorescentielle, l'autre d'identité florale. Par exemple, les mutants comme *cal* possèdent une grappe indéfinie sans qu'il y ait jamais formation de fleurs : l'absence d'expression des gènes du second type pérennise l'état inflorescentiel.

En outre, ces transitions génétiques dépendent de la photopériode, de l'âge de la plante, etc., ce que nous n'aborderons pas ici.

1. Mot anglais signifiant échange réciproque ou compromis.

Gènes et méristèmes

De façon générale, on distingue deux classes de gènes intervenant dans le contrôle précoce des méristèmes : ceux correspondant aux « caractères communs » aux trois types de méristème (*i.e.* inflorescentiel, floral et caulinaire) et ceux correspondant aux différences (orientant vers une destinée florale).

L'établissement et le maintien du méristème apical caulinaire est sous le contrôle de *pnh* (*pinhead*) et *zll* (*zwille*), dont les activités sont strictement embryonnaires, et *stm* (*shootmeristemless*) et *wus* (*wuschel*), exprimés de façon continue. Des mutations sur l'un de ces quatre gènes conduit à une réduction parfois très importante du méristème apical caulinaire, tandis qu'une mutation sur un gène de la série *clv* (*clavata*) entraîne un grossissement du méristème. En particulier, *clv* et *stm* semblent antagonistes. Le double mutant *clv stm* présente des méristèmes apparemment normaux au début du développement, mais cet état, non stable par la suite, mène à des méristèmes hypertrophiés ou très réduits. Il existe des interactions entre les autres gènes, dont certaines restent à préciser ; par exemple, la mutation *wus* est épistasique sur *clv*, suggérant que *clv* régule négativement *wus* ou bien que *wus* est nécessaire au déclenchement de l'action de *clv* (Weigel *et al.*, 1996). Quoi qu'il en soit, *stm* et *clv* apparaissent comme deux gènes très importants pour le maintien du méristème apical caulinaire.

La bascule vers l'état floral d'un méristème est sous le contrôle des gènes *lfy* (*leafy*) et *ap-1* (*apetala-1*). Par exemple, les plants transgéniques d'*Arabidopsis thaliana* exprimant constitutivement *lfy* et *ap-1* (sous le promoteur 35S) forment des fleurs normales aux endroits où habituellement se développent des rameaux ; inversement, les mutants *lfy* ou *ap-1* (*floricaula* et *squamosa* chez *Antirrhinum majus*) sont incapables de former des fleurs et présentent un développement de rameaux à croissance indéfinie à la place des fleurs. Les gènes en aval des gènes de « bascule » déterminent en particulier l'identité des organes floraux (voir chapitre 3).

D'autres gènes déterminent d'autres aspects du développement : certains mutants, comme *terminal flower* chez *Arabidopsis*, possèdent une grappe définie, terminée par une fleur. La fonction de ce gène chez le sauvage semble donc être d'inhiber la transformation de l'inflorescence en fleur. Le contrôle de ce gène *in planta* reste cependant à préciser. Quoi qu'il en soit, il est possible que ce type de gènes ne s'exprime pas chez les plantes à inflorescences définies (de type cyme), mais cette hypothèse reste à confirmer (Vallade, 1999). Par ailleurs, les gènes d'identité inflorescentielle, mal connus aujourd'hui, modifient l'expression d'autres gènes (par exemple, *knat-1* chez *A. majus*), comme ceux contrôlant la phyllotaxie. En effet, la transition végétatif-inflorescentiel change l'agencement des organes chez le Muflier, décussé pour les feuilles, et spiral pour les fleurs.

1.2 Architecture des inflorescences

1.2.1 De la fleur isolée à l'inflorescence

Certaines plantes ne possèdent pas d'inflorescences et forment directement une fleur à partir du méristème apical caulinaire. C'est le cas (en général) de la Tulipe (*Tulipa sp.*, Liliacées). Il existe de nombreux degrés entre la fleur isolée et les inflorescences à fleurs très nombreuses (Astéracées par exemple). Une même espèce peut voir le nombre de fleurs varier à l'intérieur d'une inflorescence, et cela dépend beaucoup des conditions du milieu ou du moment de développement de l'inflorescence.

Inflorescence ne signifie pas équivalence entre les fleurs qui la constituent : on observe dans certains cas une différenciation florale au niveau structural ou temporel.

a) Au niveau structural

Un exemple typique est celui des Astéracées. Chez l'Arnica (*Arnica montana*), on distingue deux types de fleurs sur une même inflorescence : celles qui sont centrales et jaunes, et les autres, périphériques et orangées. Ces dernières forment une languette c'est pourquoi elles sont dites **ligulées**, tandis que les premières sont qualifiées de **tubulées**. Elles n'ont pas la même structure interne : les fleurs tubulées sont staminées, les fleurs ligulées présentent une corolle asymétrique (3 pétales plus développés que les autres formant la ligule) et peuvent être dépourvues d'étamines. Cette stratégie de regroupement-différenciation de fleurs imite quelque peu une fleur d'organisation classique, et les pollinisateurs peuvent s'y laisser prendre.

b) Au niveau temporel

Chez la Cardère (*Dipsacus fullonum*, Dipsacacées), les moments d'épanouissement ne sont pas les mêmes d'un étage à l'autre de l'inflorescence, qui semble alors fleurir par « bandes ». La signification biologique de ce processus reste incertaine ; cependant différentes hypothèses peuvent être formulées : la floraison non simultanée de toutes les fleurs augmente la probabilité de visite (par les pollinisateurs) de chaque fleur épanouie à un moment donné. Par ailleurs, cela permet d'étaler la floraison sur une période de temps plus longue, ce qui accroît également la probabilité de visite, en cas de compétition entre plantes fleuries.

Le nombre de fleurs par inflorescence n'est donc pas quelconque. Il résulte vraisemblablement de deux pressions de sélection à effets opposés. En effet, si l'augmentation du nombre de fleurs permet de former plus de graines après fertilisation et de favoriser l'attraction vis-à-vis des pollinisateurs, il n'en demeure pas moins que cela augmente la probabilité que le pollinisateur visite successivement deux fleurs de la même inflorescence. D'un point de vue génétique, si l'on suppose l'espèce considérée autocompatible, ce comportement va mener à une fertilisation entre fleurs d'une même plante (ou **geitonogamie**), et favoriser la dépression de consanguinité. Il est donc vraisemblable que le nombre de fleurs dans une inflorescence résulte d'un compromis entre ces deux aspects (voir *infra*).

1.2.2 Diversité

Divers types d'inflorescences existent chez les Angiospermes, et leur nomenclature repose sur le caractère défini ou non de leur croissance. Lorsque le méristème apical inflorescentiel poursuit la formation de fleurs sans interruption (jusqu'à ce que l'inflorescence soit terminée), on parle d'inflorescence **indéfinie** ou encore de **type grappe** ou racème. Dans le cas contraire, il y a interruption du fonctionnement[1] du méristème inflorescentiel, au profit du (ou des) méristèmes à l'aisselle de ce dernier, et on parle d'inflorescence **définie.**

Différents cas se présentent au sein de chaque type :

a) Inflorescences indéfinies

On parle simplement de **grappe** lorsque l'axe inflorescentiel forme des fleurs munies de pédoncules identifiables (ex. Glycine, Fabacées). On parle d'**épi** lorsque ces pédoncules sont imperceptibles (ex. Lavande, Lamiacées). Il arrive également que les pédoncules des premières fleurs formées par le méristème inflorescentiel soient plus longs que ne le sont ceux des dernières fleurs formées, de telle sorte que toutes les fleurs se retrouvent dans un même plan : on parle alors de **corymbe** (par exemple, chez l'Achillée, Astéracées, les inflorescences composées sont agencées en corymbe). Lorsque l'axe inflorescentiel développe des axes latéraux, eux-mêmes à structure de grappe, on parle de **panicule** (ex. Lilas, Oléacées; *figure 1.2*).

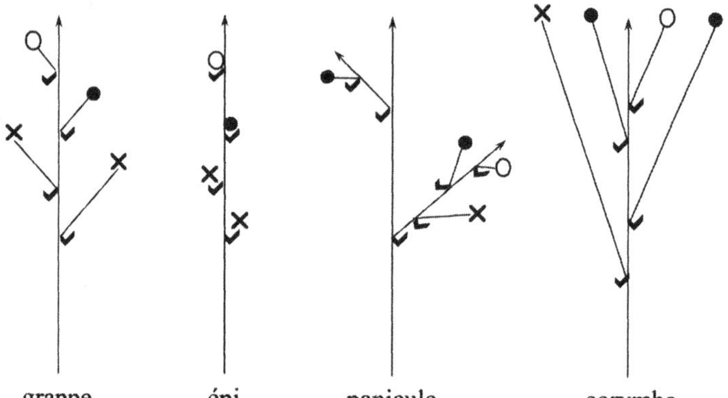

Figure 1.2 Inflorescences de type indéfini.
Cercle plein, fleur épanouie; cercle vide, bouton floral; croix, fleur fanée; arc de courbe, bractée.

b) Inflorescences définies

Dans ce cas, on utilise souvent le terme de *cyme*. Si les deux méristèmes (il y en a en général deux) prennent le relais du méristème apical, on parle de cyme **bipare** (ex.

1. Ou formation d'une fleur.

Bégonia, Bégoniacées). Si un seul des méristèmes poursuit le développement de l'inflorescence, on qualifie la cyme d'**unipare**[1]. Lorsque la cyme unipare est très contractée (ex. Consoude, Boraginacées), elle est dite « scorpioïde », par analogie avec la forme d'une queue de Scorpion (*figure 1.3*).

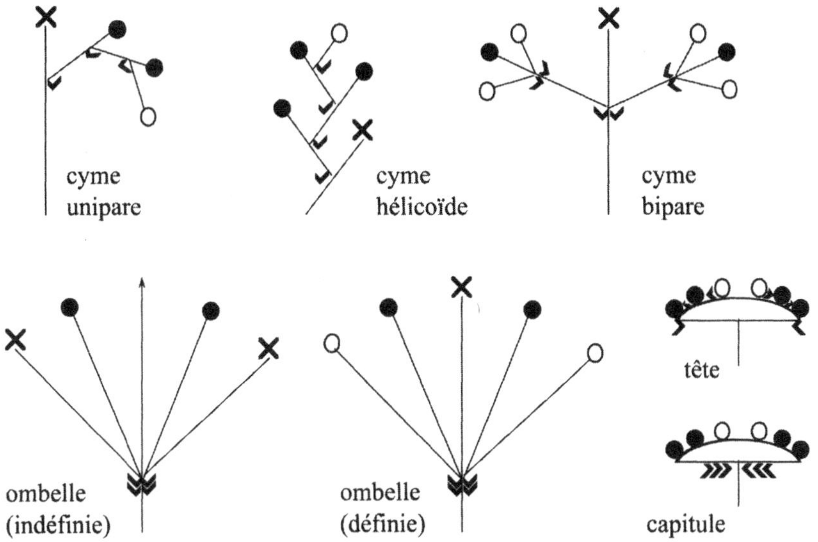

Figure 1.3 Cymes, ombelles, et inflorescences compactes.
Cercle plein, fleur épanouie; cercle vide, bouton floral; croix, fleur fanée; arc de courbe, bractée.

c) Inflorescences plus complexes

➤ Ombelles

On désigne par **ombelle** les inflorescences dont tous les pédoncules floraux (ou d'inflorescences secondaires) s'attachent au même point. Les inflorescences secondaires peuvent être aussi à structure d'ombelles, on parle alors d'**ombellules**. La structure en ombelles d'ombellules est très fréquente chez les Apiacées (anciennement Ombellifères). D'un point de vue développemental, il existe deux modalités de formation d'une ombelle : ou bien la fleur centrale de l'ombelle est la dernière fleur formée, ou bien la fleur centrale de l'ombelle est la première formée. Dans le premier cas, on comprendra qu'il s'agit en fait d'une grappe particulière, où les pédoncules floraux s'attachent tous au même point (il n'y a donc pas de croissance internodale). Dans le second cas, il s'agit d'une cyme sans croissance internodale.

1. Cymes bipare et unipare sont l'équivalent des ramifications végétatives respectivement unichasiale et dichasiale.

➤ Têtes et capitules

Les inflorescences très contractées ne permettent pas de décrire *a posteriori* leur mode de formation. On distingue au moins deux types de groupes condensés de fleurs. Dans le type **tête**, chaque fleur possède sa bractée qui lui est adjacente (ex. Cardère, Dipsacacées) : l'inflorescence n'est qu'une juxtaposition très dense de petites fleurs. L'axe de l'inflorescence y est souvent dilaté, ce qui donne à l'ensemble une allure globuleuse. Dans le type **capitule**, les fleurs sont si serrées les unes contre les autres que les bractées se trouvent toutes rejetées à la base de l'inflorescence ou à son pourtour (ex. Marguerite, Astéracées). Ces inflorescences sont à rapprocher du type indéfini.

➤ Spadices

Il existe des épis partiellement enveloppés d'une feuille le plus souvent très modifiée (pré-feuille, voir *infra*) et dont l'axe inflorescentiel est dilaté, comme par exemple chez l'Arum (Aracées) : il s'agit d'un **spadice**.

➤ Inflorescences composées

On notera en particulier l'existence de « grappes de cymes », c'est-à-dire de **thyrses** (ex. Vigne, Vitacées), et les corymbes de capitules (ex. Achillée, Astéracées).

Des difficultés peuvent être rencontrées dans certains cas où l'on peut hésiter, entre cyme et grappe, et c'est le cas notamment chez le Glaïeul (Iridacées). L'inflorescence de cette plante est en fait une cyme, dont la ramification alterne à gauche et à droite, et dont l'architecture prend en conséquence une allure en « zigzag ». Cette cyme, dite « hélicoïde », ressemble fortement à un épi.

La **formalisation** des inflorescences sous forme de diagrammes utilise différents symboles qui sont combinés : un trait vertical pour l'axe inflorescentiel, un petit arc de courbe pour les bractées, un cercle plein pour les boutons floraux et un cercle vide pour les fleurs épanouies, une croix pour les fleurs fanées (voir *figures 1.2 et 1.3*). La distinction des différents stades d'évolution florale par des symboles différents est nécessaire pour distinguer les cymes des grappes.

1.2.3 Les pré-feuilles

Le développement du méristème inflorescentiel débute entre autres par la mise en place de **pré-feuilles** de long de l'axe d'un rameau, après le développement de la feuille axillante. Il existe en général deux pré-feuilles chez les Tricolporées (voir chapitre 3), et plus rarement une seule. Chez les Aristolochiales, il n'existe qu'une seule pré-feuille, de même que chez les Monocotylédones (Vallade, 1999).

1.3 EXEMPLES D'ÉVOLUTION DE L'ARCHITECTURE INFLORESCENTIELLE

1.3.1 Réduction-modification

Un exemple typique est celui des inflorescences définies de familles comme les Fagacées ou les Bétulacées (*figure 1.4*), très réduites et modifiées en **cymules**. Les repères permettant de retrouver la trace des cymes d'origine sont les bractées et les pré-feuilles. Par exemple, chez le Charme (Bétulacées), on retrouve la pré-feuille, les bractées d'ordre 1, et les bractées d'ordre 2. Cependant, seules les fleurs d'ordre 2 existent. Chez le Bouleau, les bractées d'ordre 2 ont disparu ; en revanche, les trois fleurs sont présentes. Cette extrême réduction inflorescentielle assimile les cymules à des fleurs réduites, ce qui autorise leur agglomération en **chatons** (pendants ou dressés), caractère que l'on retrouve dans l'ensemble des Fagales.

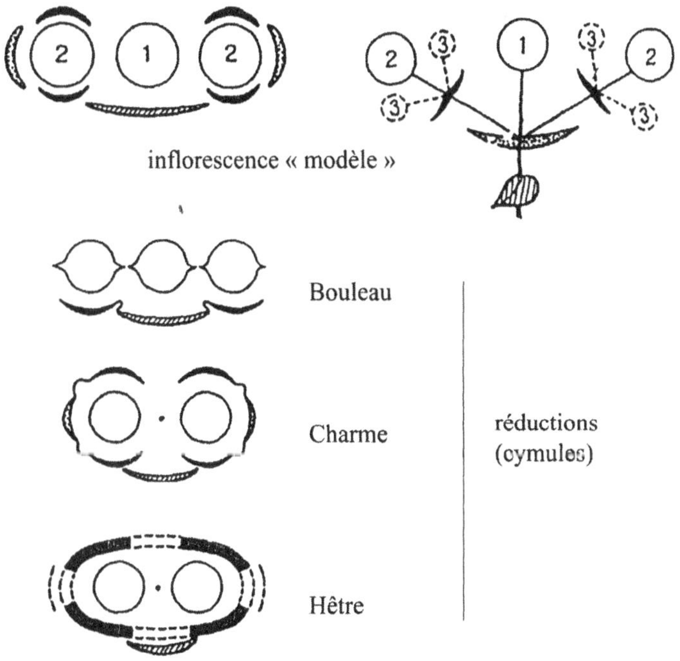

Figure 1.4 Exemples de cymules de Fagales (Bouleau, Charme, Hêtre).
1, 2, 3 : fleurs d'ordre 1, 2 et 3.

Les inflorescences des Euphorbiacées, quant à elles, sont remarquables par leur structure « emboîtée », en forme de **fausses fleurs**, alliée à une réduction florale. En effet, un élément d'inflorescence d'*Euphorbia sp.* comporte des fleurs mâles presque réduites aux étamines, entourant une fleur femelle aux carpelles protubérants, au bout d'un **gynophore**. Les étamines sont en fait agencées en cymules unipares (et à bractées réduites à l'état de bractéoles filamenteuses), de telle sorte que les étamines sont d'autant plus matures (et donc plus grandes) qu'elles sont disposées intérieurement. Les pétales sont le plus souvent absents.

Enfin, il a été supposé que la fleur des Crucifères (Brassicacées) était issue de l'extrême réduction d'une inflorescence de type cyme également. Cependant, comme nous le verrons dans le chapitre suivant, les données génétiques ne confirment pas vraiment cette hypothèse.

1.3.2 Agglomération et différenciation

Comme nous l'avons indiqué, les inflorescences en **capitule** des Astéracées dites radiées constituent un cas d'agglomération, alliée à une **différenciation** en fleurs ligulées et fleurs tubulées (voir *supra*).

Il existe cependant des cas d'inflorescences agglomérées sans différenciation, comme chez les Globulariacées, ou les Chloranthacées. Cette dernière famille est par ailleurs intéressante, dans la mesure où :

- les inflorescences sont en épis denses,
- les fleurs sont dépourvues de périanthe (sauf chez *Hedyosmum*),
- les étamines (de 1 à 5) et l'unique carpelle (les fleurs sont hermaphrodites ou non) sont étroitement associés à une bractée qui les soutient.

Cela n'est donc pas sans rappeler les **cônes** des Conifères, et l'on parle de **convergence** (*figure 1.5*). En fait, les Pipérales (Chloranthacées et Pipéracées) ont dans l'ensemble une architecture inflorescentielle **dérivée** en **épi dense**, et dont la compacité est maximale chez les Chloranthacées.

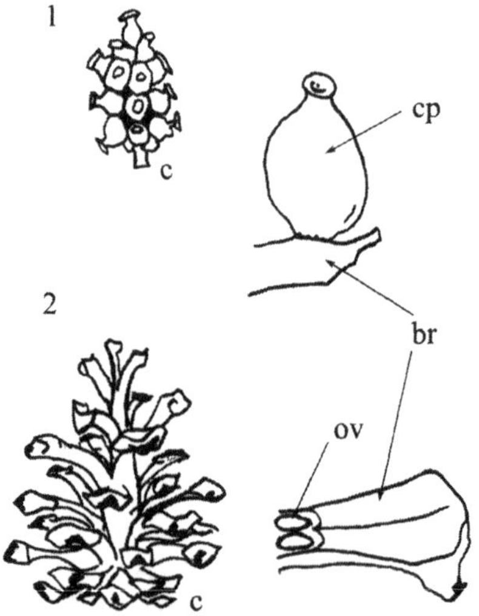

Figure 1.5 Convergence structurale des inflorescences (cônes, c) femelles des Pinacées (2) et des Chloranthacées à fleurs unisexuées (1).

Dans les deux cas, la fleur est très réduite – 1 carpelle (cp) chez les Chloranthacées ou 2 ovules (ov) chez les Pinacées – et munie d'une bractée qui la soutient (br).

1.3.3 Approche théorique (cas des Asclépiadacées)

Nous abordons ici quelques aspects relatifs à l'architecture inflorescentielle, d'un point de vue théorique (*i.e.* élaboration de modèles), la théorie concernant l'architecture de la fleur prise individuellement est traitée dans le chapitre 3. L'étude de l'architecture des inflorescences ou design inflorescentiel, repose en partie sur les problèmes d'allocation de ressources et de succès reproducteur (ou ***fitness***) mâle et femelle (notés f_m et f_f). La première hypothèse des modèles est que les inflorescences ont une structure hiérarchique : les fleurs sont agencées en structures d'ordre 1 (ombellules, par exemple), notées U_1, elles-mêmes regroupées en unités d'ordre 2 (ombelle d'ombellules), notées U_2. Le succès reproducteur mâle est en général difficile à mesurer (voir chapitre 5), sauf chez certaines plantes comme les Asclépiadacées, parce qu'il est aisé de quantifier les flux de pollen, aggloméré en **pollinies**, et qu'on a pu montrer qu'il existe une relation directe entre le taux de départ des pollinies et le succès reproducteur mâle (Broyles *et al.*, 1990). C'est pourquoi les *Asclepias* constituent un modèle d'étude fréquemment utilisé.

Quels paramètres règlent la taille des inflorescences? Nous avons déjà dit (voir § 1.2.1.) que la taille des inflorescences est vraisemblablement le fruit d'une sélection *via* la fonction mâle, car l'augmentation du nombre de fleurs accroît l'attractivité inflorescentielle et l'export de pollen. L'hypothèse selon laquelle cette sélection se développe fortement par le biais de la fonction mâle est connue sous le nom de principe de Bateman. Cependant, l'augmentation du nombre de fleurs accroît la probabilité de réception du pollen. Cela signifie qu'il n'est pas toujours sûr que la sélection *via* la fonction femelle soit négligeable, de même que les problèmes de ressources disponibles pour la reproduction, ne serait-ce que parce que la taille inflorescentielle dépend du *trade-off* entre croissance végétative et reproductrice. Concrètement, il a été montré chez les Orchidacées et les Gentianacées que les succès reproducteurs mâle *et* femelle sont liés à la taille de l'inflorescence. Par ailleurs, il existe une certaine ambiguïté, d'une étude à l'autre, sur le sens de « taille » de l'inflorescence, car il peut s'agir aussi bien de la taille des unités U_1 ou U_2.

Dans le modèle qui suit, et qui concerne *Asclepias*, le terme de « taille » est attribué à U_1, car le nombre de fleurs par ombellules semble effectivement fixé génétiquement, ce qui n'est pas le cas pour le nombre d'ombellules ou le nombre total de fleurs sur la plante (Fishbein *et al.*, 1996).

La *fitness* totale d'une plante s'exprime comme la somme des succès reproducteurs mâle et femelle. Si z est le nombre de fleurs par ombellule, μ le nombre d'ombellules et $f_m(z)$ [resp. $f_f(z)$] le succès reproducteur mâle [resp. femelle] d'une fleur prise individuellement, alors le succès reproducteur total est :

$$s(z) = f_f(z)\, z\mu + f_m(z)\, z\mu$$

Un variant possédant une taille z' et un nombre d'ombellules μ', dans une population de N individus résidents ayant les paramètres z et μ, possède un succès reproducteur total $s_z(z')$:

$$s_z(z') = f_f(z')z'\mu' + N f_f(z)\, z\mu\, f_m(z')z'\mu' \,/\, [f_m(z')z'\mu' + (N-1)\, f_m(z)\, z\mu]$$

Le premier terme concerne le succès reproducteur femelle total, et le second le succès reproducteur mâle total. La réussite d'un grain de pollen mâle comporte entre autre le développement des graines dont il est le père, c'est pourquoi intervient l'expression $Nf_f(z)\, z\mu$; les graines produites sont par ailleurs proportionnelles à la quantité relative de grains de pollen du variant dans la population totale, qui est :

$$f_m(z')z'\mu' \,/\, [f_m(z')z'\mu' + (N-1)\, f_m(z)\, z\mu].$$

Si N est suffisamment grand, alors :

$$s_z(z') \sim f_f(z')z'\mu' + N f_f(z)\, z\mu\, f_m(z')z'\mu' \,/\, N f_m(z)\, z\mu$$

Si, de plus, on suppose que la quantité de ressources disponible pour la reproduction est limitée à R et est partagée entre le nombre d'ombellules et le nombre de fleurs par ombellule, selon $R = \mu z$, on a :

$$s_z(z') \sim f_f(z')R' + f_f(z)\, f_m(z')R' / f_m(z)$$

Une **stratégie évolutivement stable**, ou ESS (Maynard Smith, 1982), est une stratégie qui, une fois établie, n'est pas « envahissable » par un variant, ce qui veut dire qu'elle possède une *fitness* – ou succès reproducteur – supérieure ou égale aux autres stratégies possibles. Une condition nécessaire, pour qu'un trait de vie (ici la taille z), en z^*, soit donc ESS, est que :

$$[\partial s_z(z')/\partial z']_{z\,=\,z'=z^*} = 0 \text{ (Éq. 1)}$$

Dans ce cas, l'équation Éq.1 est équivalente à :

$$-[\partial \ln f_f(z')/\partial z']_{z'=z^*} = [\partial \ln f_m(z')/\partial z']_{z'=z^*} \text{ (Éq. 2)}$$

où ln est le logarithme népérien. Ainsi, la taille z^* est ESS si les variations relatives des succès reproducteurs mâle et femelle sont opposées. Mais cette condition, si elle semble avoir une portée générale, est en fait liée au modèle particulier que l'on a choisi, qui nous a permis de calculer la *fitness* $s_z(z')$ (par contre, la démarche, qui nous a conduit à l'équation Éq. 2, utilisant une expression de la *fitness* d'un variant au trait z' dans une population d'individus comportant le trait z, est très utilisée en dynamique adaptative).

Quoi qu'il en soit, l'équation Éq. 2 permet de prédire z^*, qui n'est pas, généralement, la taille maximale (possible d'un point de vue biologique), mais une **taille d'ombellule intermédiaire**, comme cela a été confirmé par les travaux chez l'*Asclepias*, à partir du tracé des courbes de $f(z)$ (Fishbein *et al.*, 1996, *figure 1.6*). D'autres résultats issus de modèles supposant que le coût c de production d'une ombellule est fixé, et que $s_z(z')$ est fréquence-indépendante (le précédent modèle supposait une fréquence-dépendance), montrent que z^* peut être élevé, petit, ou intermédiaire, selon les valeurs de c et les fonctions $f(z)$ (Schœn et Dubuc, 1990).

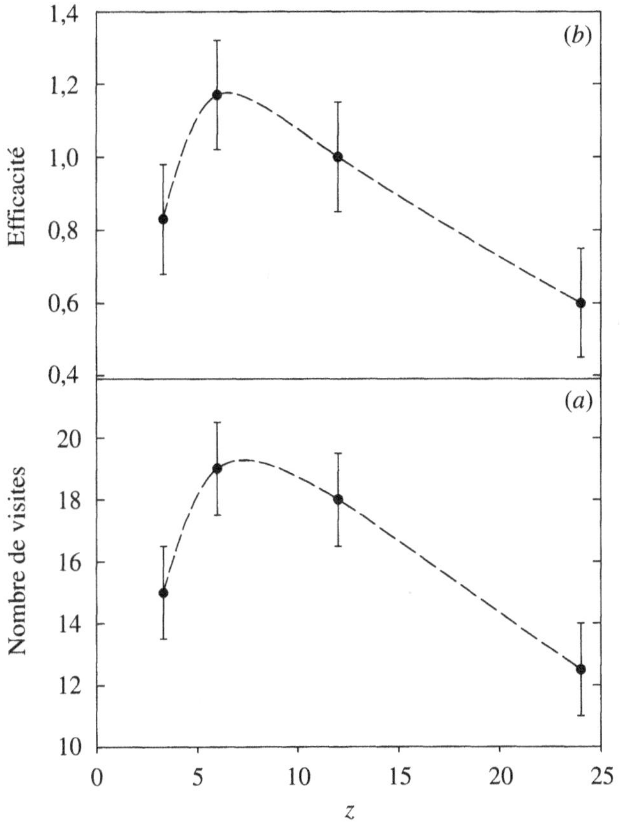

Figure 1.6 Représentation du nombre de visites *(a)* et de l'efficacité de départ des pollinies *(b)* en fonction de la taille d'ombellule *z* chez *Asclepias tuberosa.* (Modifié, d'après Fishbein *et al.*, 1996)

Chapitre 2

Architecture et morphogenèse florales

La structure des fleurs est parfois assez complexe, c'est pourquoi nous allons commencer par étudier la structure d'une fleur relativement simple, qui constitue un modèle en biologie moléculaire : *Arabidopsis thaliana* (Brassicacées). Les développements récents dans cette discipline nous permettront de comprendre partiellement le déterminisme et l'évolution de la structure florale à travers le contrôle de l'expression génétique et la phylogénie.

2.1 ARCHITECTURE FLORALE

2.1.1 Description d'*A. thaliana*

Cette plante, qui appartient à la famille des Brassicacées, possède à ce titre une structure florale typique dite de « type 4 » ; la fleur se trouve à l'extrémité élargie d'un **pédoncule** (parfois nommé à tort pédicelle), dénommée **réceptacle**. La fleur d'*A. thaliana* est agencée en 4 **verticilles** (*figure 2.1*) : le plus externe, qui constitue le **calice**, se compose de **sépales**. Ensuite se trouvent les **pétales**, blancs, dont l'ensemble constitue la **corolle**. Encore plus intérieurement, on trouve les **étamines** dont l'ensemble est l'**androcée**, et les **carpelles** (ici 2 carpelles soudés) formant le **gynécée**. Les étamines sont composées de deux parties : basalement le **filet**, allongé, et apicalement l'**anthère**, qui contient les grains de pollen. Les prolongements extérieur et intérieur du filet au niveau de l'anthère sont respectivement nommés **sillon** et **connectif**. Le gynécée est composé d'une partie renflée ou **ovaire**, et d'une extrémité légèrement dilatée ou **stigmate**. D'un point de vue quantitatif, on distingue 4 sépales, 4 pétales, 6 étamines, et 2 carpelles (soudés). On note également, dans certains cas, la présence de nectaires (cela dépend des lignées).

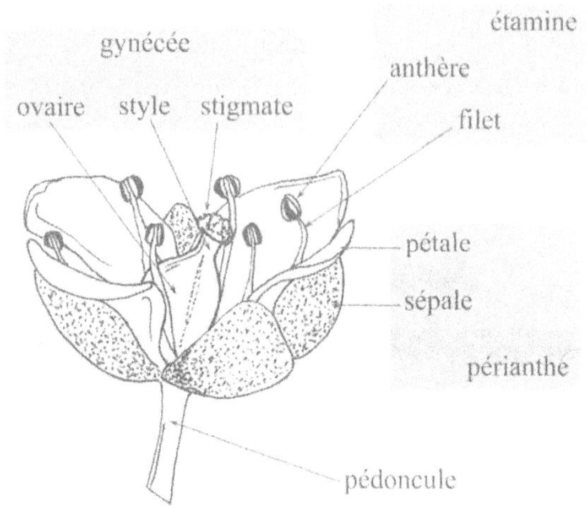

Figure 2.1 Schéma simplifié de la fleur d'*Arabidopsis thaliana*.

L'architecture de la fleur en cycles successifs emboîtés (calice, corolle, androcée, gynécée) c'est-à-dire en verticilles fait dire que la structure est **cyclique**. Nous verrons que ce n'est pas toujours le cas et qu'il existe notamment des fleurs à structure **spiralée** (acyclique). En l'occurrence, il s'agit d'une fleur **tétracyclique** car elle est de type 4.

Lorsque l'on observe la fleur de (très) loin, on a l'impression qu'elle possède une symétrie axiale (l'axe serait perpendiculaire au plan de la fleur et colinéaire à l'axe du pédoncule) et on dira que la fleur est **actinomorphe**. Mais cela n'est vrai que vu de très loin : le nombre et la disposition particulière des étamines, font que cette fleur n'admet qu'un seul plan de symétrie (elle est donc **zygomorphe**), voire deux plans de symétrie perpendiculaires (fleur **bisymétrique**).

2.1.2 Généralisation

a) Périanthe

Par définition, le périanthe est composé du calice, ensemble des sépales, et de la corolle, ensemble des pétales. Les sépales, ordinairement verdâtres et coriaces, assurent la protection de la fleur lorsque celle-ci est fermée. Les pétales, en revanche, souvent souples et colorés, sont impliqués dans l'attraction des pollinisateurs s'il y a lieu. Cependant, l'attribution de ces fonctions n'est pas toujours exacte, notamment lorsque les sépales ont une allure pétaloïde, les tépales (terme désignant alors aussi bien les sépales que les pétales) étant impliqués simultanément dans l'attraction des pollinisateurs et la protection. Dans ce cas, certains parlent de **périgon**; cependant ce terme n'est pas très adapté dans la mesure où il demeure moins explicite que périanthe, provenant de *peri* autour, et *anthos*, mâle.

Remarque : Les pièces à rôle protecteur, en particulier les sépales, peuvent comporter un **indumentum**, ensemble de trichomes sclérifiés ou glanduleux (ex. *Solanum sisymbrifolium*, Solanacées). Par ailleurs, il peut exister une ou des **épine(s)** protectrice(s), celle(s)-ci étant portée(s) généralement par les bractées, comme chez la Bardane, où leur extrémité est recourbée en crochet (*Arctium minus*, Astéracées).

Les pigments des pétales se trouvent dans l'épiderme ou bien dans le « mésophylle » (cellules internes). La couleur résultant de la présence des pigments est parfois modifiée par l'existence des espaces intercellulaires du mésophylle ou par des papilles épidermiques. Ces dernières modifient considérablement la réflexion des rayons lumineux, et affectent ainsi la couleur (voir chapitre 4). En outre, ces papilles peuvent être impliquées dans la diffusion de parfums floraux. Les sépales non pétaloïdes ont quant à eux une structure histologique proche des feuilles, avec parenchymes palissadique et lacuneux. Enfin, la nervation des sépales est souvent acuminée (les nervures se resserrent vers l'extrémité) tandis que celle des pétales est bifide ou davantage ramifiée.

Des pièces du périanthe peuvent être soudées (connées) et l'on parle de fleur **gamosépale** (ex. Primulacées) lorsqu'il s'agit des sépales, et **gamopétale** (ex. Campanulacées) lorsque cela concerne les pétales. À l'inverse, les fleurs dialysépales et dialypétales ont respectivement leurs sépales et leurs pétales libres. L'ensemble des positions des sépales et des pétales dans le bouton floral constitue la **préfloraison** ou l'**estivation** (traduction littérale de l'anglais *aestivation*, *figure 2.2*). Au début du développement de la fleur, les sépales, lorsqu'ils sont à disposition imbriquée (ex. Diptérocarpacées, Clusiacées, Théacées) ou valvaire (ex. Mimosacées, Rhizophoracées…), protègent les autres organes floraux, qui se forment ultérieurement. Parfois, c'est le premier sépale formé qui protège l'ensemble de la fleur en l'enveloppant partiellement (ex. Césalpiniacées, Gesnériacées). En général, les pétales se développent assez tard et parfois même subitement juste avant l'éclosion de la fleur. L'abondance des espaces intercellulaires (voir *supra*) est une conséquence de cette rapidité de développement. Les pétales prennent alors une disposition irrégulière. Dans quelques cas, ils jouent un rôle de protection et n'ont pas ce retard « typique » de développement. Cela arrive lorsque les sépales, courts, n'assurent la protection que lors des étapes précoces du développement floral. Les pétales ont alors une estivation imbriquée (Myrtacées) ou valvaire (Araliacées, Mimosacées, ou Vitacées).

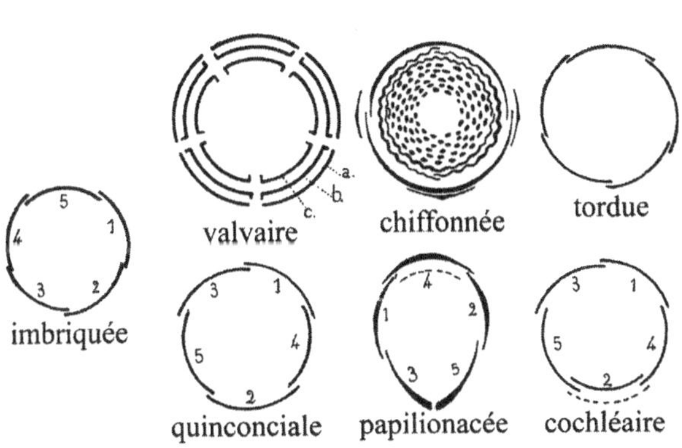

Figure 2.2 Différents types de préfloraison (estivation). (Modifié, d'après Bach *et al.*, 1963)

Après anthèse, les pièces du périanthe entrent en autolyse (le cas des Convolvulacées a été particulièrement étudié, voir chapitre 4) ou persévèrent : c'est le cas le plus souvent des sépales (ex. Lamiacées), alors que les pétales dégénèrent. Par exemple, les sépales forment, après fécondation, deux ailes sur le fruit chez les Diptérocarpacées (du grec *di*, deux, *ptéron*, aile, et *karpos*, fruit). Enfin, les sépales peuvent parfois être des pièces éphémères, et tomber très rapidement, avant même la fin de l'éclosion de la fleur (Papavéracées).

> ***Remarque :*** Il existe, chez certaines espèces, un verticille supplémentaire de pièces à l'allure de sépales : le calicule, ou encore **épicalice** (ex. Malvacées). Ces pièces assurent à un moindre degré la protection de la fleur au début de son développement. Enfin, le verticille des sépales peut se dédoubler ; par exemple, chez les Cistacées, certaines espèces à 5 sépales présentent un dédoublement en 3 + 2 sépales.

Enfin, les pièces du périanthe ont, dans quelques cas, des fonctions sécrétrices :

- sécrétions protectrices des sépales : les jeunes organes floraux sont couverts d'un mucilage produit par des trichomes glanduleux portés par les sépales (Verbénacées, Solanacées, Gesnériacées) ;
- production de nectar : beaucoup de genres présentent des glandes nectarifères à la base des pétales (*figure 2.3*). Les glandes nectarifères portées par la face interne des sépales sont plus rares (Malvales) ;
- hyperstigmates : les tépales internes des fleurs femelles des Monimiacées ont une activité sécrétrice et constituent la région de dépôt des grains de pollen (*figure 2.4*). Ceux-ci commencent à germer sur place, et le tube pollinique se dirige ensuite vers les carpelles. Les tépales internes constituent chez ces espèces un **hyperstigmate**.

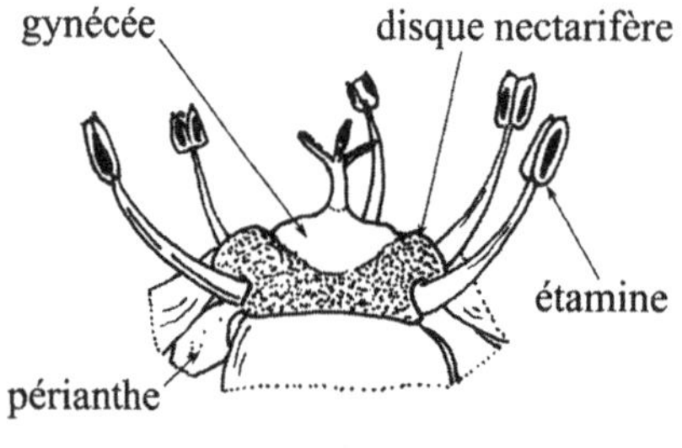

Figure 2.3 Représentation schématique d'une fleur de Célastracée montrant le disque nectarifère.

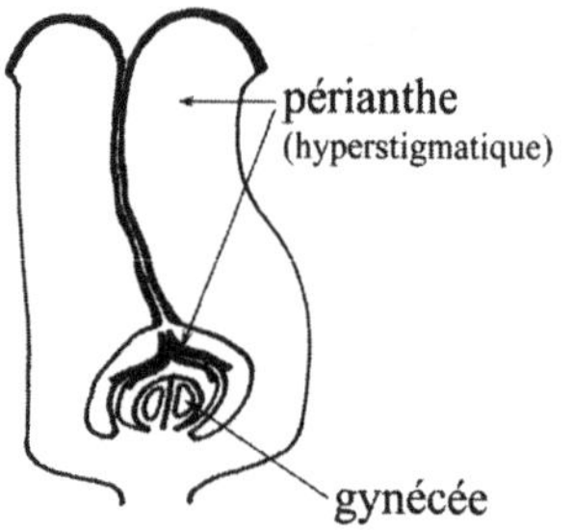

Figure 2.4 Représentation schématique d'une fleur à hyperstigmate d'*Hennecartia* (Momiacées). (Modifié, d'après Endress, 1994)

b) *Androcée*

➤ Définitions

L'androcée (du latin *androecium*) est par définition l'ensemble des pièces à fonction mâle (**étamines**) et celles qui en sont dérivées (**staminodes**, etc.). Les étamines sont constituées du filet et de l'anthère, qui contient les grains de pollen. L'anthère comporte des prolongements du filet : intérieurement, le connectif, extérieurement, le sillon (*figure 2.5*). Le filet peut être court, les anthères étant alors cachées dans la fleur, ou bien longs, faisant dépasser les anthères de la fleur. En général, les anthères, de l'ordre du centimètre, et ne sont pas très longues, sans doute pour des raisons de stabilité mécanique. Le *Stretlizia* ou Oiseau de paradis (Strétliziacées) représente un cas extrême, avec des anthères de 5 cm. Le filet comporte un faisceau cribro-vasculaire, qui se prolonge généralement dans le connectif. Ce faisceau se forme simultanément (cas général) ou après élongation du filet en croissance (Poacées). Dans le cas des Poacées, la croissance du filet extraordinairement rapide peut atteindre un demi-centimètre en quelques minutes, faisant de cet organe un des records de rapidité de croissance chez les végétaux. Par ailleurs, le développement des étamines constitue un cas d'allométrie exemplaire (allométrie majorante au profit du filet).

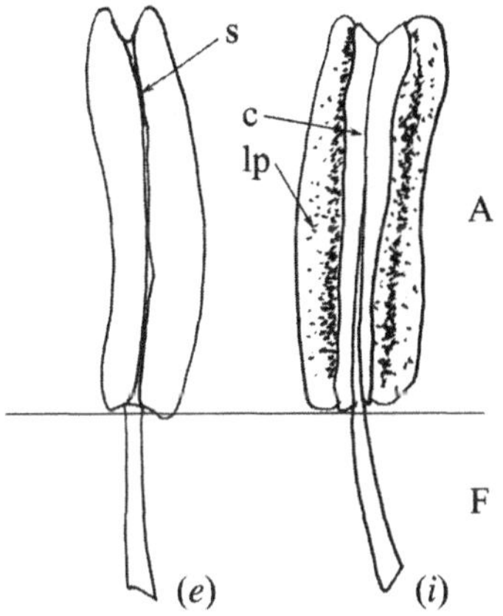

Figure 2.5 Représentation schématique d'une étamine de Lis.
Vue côté ventral ou interne *(i)* et côté dorsal ou externe *(e)*. A, anthère; F, filet; s, sillon; c, connectif; lp, loge pollinique.

Chaque anthère est constituée de 4 **sacs polliniques** réunis par deux, de part et d'autre des prolongements du filet. À maturité, les parois des sacs polliniques se déchirent longitudinalement de telle sorte que deux sacs polliniques adjacents ne forment plus qu'une seule cavité, la **loge pollinique**. Ainsi, une étamine mature comporte 2 loges polliniques (*figure 2.6*).

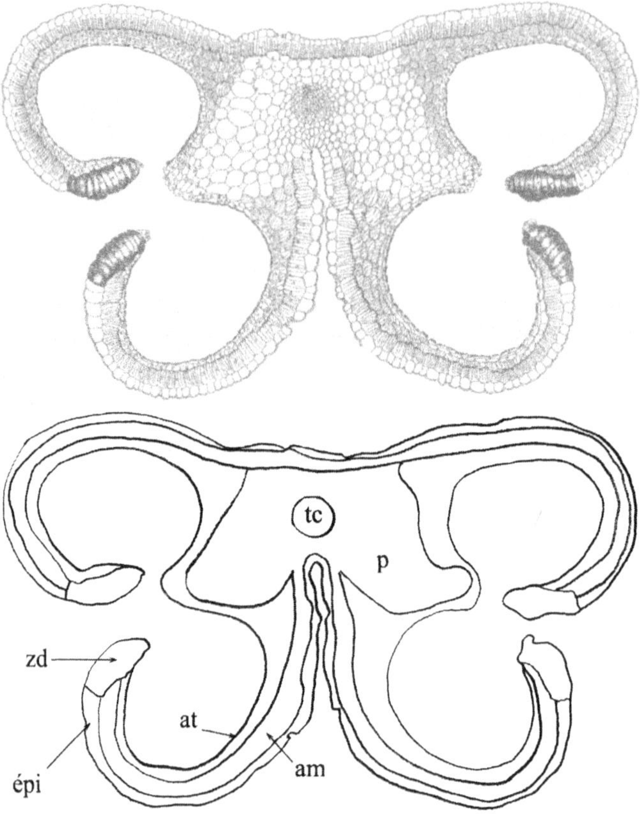

Figure 2.6 Dessin d'observation d'une coupe transversale d'étamine de Lis (haut) et schéma d'interprétation correspondant (bas).

Épi : épiderme, am : assise mécanique, at : assise transitoire, zd : zone de déhiscence, p : parenchyme, tc : tissu conducteur. L'étamine est orientée de telle sorte que son côté dorsal soit vers le haut. (Modifié, d'après Jones *et al.*, 1950)

➤ Agencement

Les sacs polliniques (et leur fente de déhiscence longitudinale) peuvent être tournés vers l'extérieur, auquel cas les étamines sont dites **extrorses** (ex. Renonculacées), ou vers l'intérieur, auquel cas les étamines sont dites **introrses.** Ces configurations ont alors des conséquences sur le connectif et le sillon : lorsque les étamines sont extrorses, le sillon est ténu, et le connectif éventuellement élargi ; c'est pourquoi les étamines sont qualifiées de **ventrifixes.** Inversement, les étamines introrses sont plutôt **dorsifixes.** Cependant, cette correspondance n'est pas systématique : chez les plantes tropicales du genre *Montinia* (Escalloniacées), les étamines sont extrorses et dorsifixes (Endress, 1994). Quoiqu'il en soit, remarquons que les étamines, comme tous les organes floraux, constituent des **organes dorso-ventralisés.**

Les étamines peuvent être soudées entre elles (connées) par le filet ou par les anthères, auquel cas les fleurs sont dites **synanthérées** (ex. Astéracées). Lorsque les étamines sont soudées par le filet, cela peut former un véritable **tube staminal** (ex. Malvacées), voire un **cylindre staminal** lorsque la fleur considérée est unisexuée. La soudure des étamines peut aller jusqu'à la formation d'une sorte d'étamine géante à fente de déhiscence unique et circulaire (ex. *Stephania japonica*, Menispermacées), le **synandrium** (*figure 2.7*). Enfin, les étamines peuvent être adnées aux pétales (ex. Solanacées) et parfois aux carpelles (ex. Aristolochiacées).

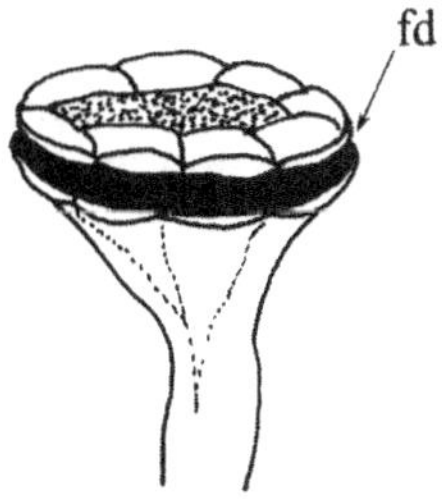

Figure 2.7 Représentation schématique d'un synandrium (*Stephania*). fd : fente de déhiscence.

Dans les fleurs à disposition verticillée, les étamines s'organisent en un (ou plusieurs) verticilles, et se trouvent en face des sépales (cas fréquent, dans lequel les étamines sont dites **épisépales**) et/ou des pétales (cas plus rare d'**épipétalie**; ex. Primulacées).

Parfois, les étamines sont extrêmement modifiées au point de ne supporter que deux masses de grains de pollen agrégés, les **pollinies**. C'est typiquement le cas des Orchidacées et des Asclépiadacées (voir chapitre 4). Enfin, nous signalerons que, s'il est parfois aisé de conclure quant à la nature des organes floraux, et en particulier de trancher entre pétale et étamines, il existe des **faux amis**; par exemple, chez les Caryophyllacées, les organes désignés ordinairement « pétales » sont des étamines profondément modifiées. La différence marquée entre pétales et sépales morphologiques est un caractère dérivé (voir chapitre 3).

➤ Déhiscence

On distingue plusieurs types de déhiscence des anthères (*figure 2.8*). Comme nous l'avons suggéré, on observe fréquemment une fente de déhiscence longitudinale à chaque loge. Les deux fentes des loges peuvent se rejoindre au sommet de l'étamine. Plus rarement, chaque sac pollinique présente une fente (*Stretlizia*). Par ailleurs, il existe des déhiscences **valvaires** (trous munis d'une valve), ou **poricide** (pores terminaux, ex. Éricacées). Certaines anthères comportent des sacs polliniques divisés en saccules; ces derniers s'ouvrent vers l'extérieur par des fentes de déhiscence communes ou par des fentes indépendantes. Un cas extrême est la présence de nombreux saccules indépendants s'ouvrant chacun par un pore. Ce genre d'étamines a alors perdu l'organisation bipartite anthère/filet. On trouve cette organisation notamment chez des Rafflésiacées.

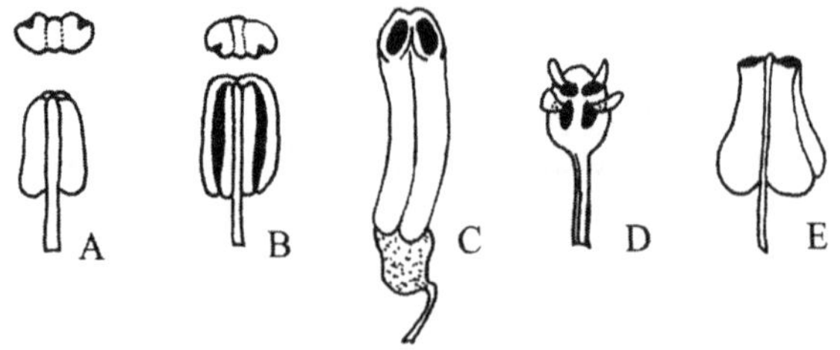

Figure 2.8 Différents types de déhiscence staminale : A. extrorse, B. introrse, C. (*Daniella*) et E. (*Rhododendron*) poricide, D. (*Cinnamonum*) valvaire.

➤ Autres caractères staminaux

Les étamines présentent parfois des caractères particuliers en relation avec la réalisation d'une fonction précise (*figure 2.9*) :

- trichomes du filet : on suppose que ces derniers ont plusieurs rôles liés à la reproduction : guider les pollinisateurs, contraindre la position du pollinisateur lors de sa progression dans la fleur, gêner les petits insectes tricheurs (*i.e.* voleurs de nectar) ;
- attraction des pollinisateurs : lorsque le périanthe est très réduit, les étamines constituent les seules parties à fonction attractive (ex. Mimosoïdés) ;
- production de parfums : c'est le cas des Chloranthacées et de certaines Solanacées ;
- production de nectar : chez les Lauracées, des nectaires sont portés par les filets des étamines, externes. Les pièces mâles internes sont souvent des staminodes pouvant également produire du nectar.

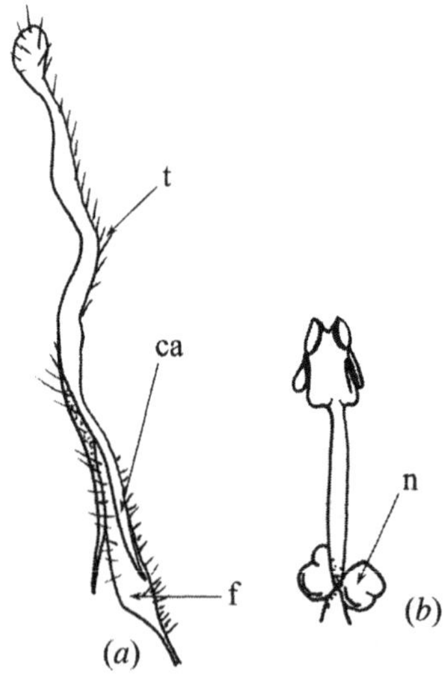

Figure 2.9 Étamines *(a)* à trichomes de Laurier-Rose (Apocynacées) et *(b)* à nectaires (Lauracées).

Les **staminodes**, étamines dont les anthères ne sont pas développées (*figure 2.10*), ont également ce type de fonction : ce sont des osmophores chez les Austrobaileyacées (Endress, 1994), ou des parties visuellement attractives chez certaines Bignoniacées. Dans certains cas, les staminodes n'ont pas de fonction connue.

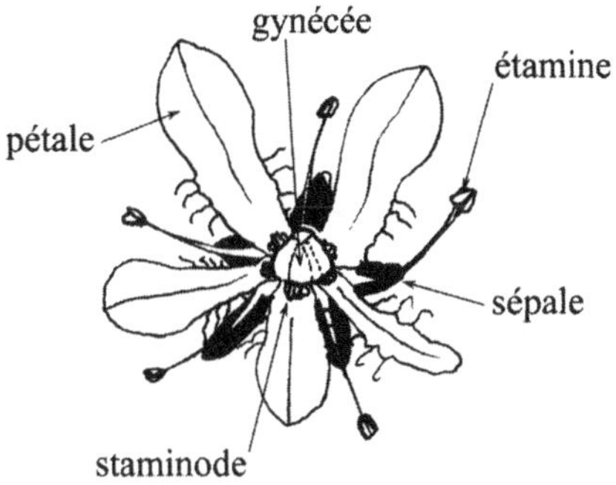

Figure 2.10 Représentation schématique d'une fleur de *Parnassia fimbriata* (Parnassiacées), montrant les staminodes.

c) Gynécée

Le gynécée, partie centrale de la fleur, est composée de un ou plusieurs **carpelles**. Les carpelles sont caractéristiques des Angiospermes (voir aussi l'introduction) dans la mesure où les ovules y sont hermétiquement enfermés, contrairement aux Gymnospermes chez lesquels les ovules sont, au moins temporairement, en contact avec l'extérieur. D'un point de vue évolutif, les carpelles sont supposés provenir d'une « feuille carpellaire » c'est-à-dire portant des ovules, qui se serait refermée. Il semble cependant exister des cas d'angiospermie limite, c'est-à-dire imparfaite, chez les Angiospermes. En particulier, on a souvent attribué aux Wintéracées comme *Degeneria* ce caractère. Or, il n'en est rien. Même si la ligne de suture est certes visible en coupe transversale dans ce genre, les carpelles sont bel et bien clos.

Le gynécée est constitué d'un ovaire, partie inférieure renflée contenant les ovules, d'un style, allongé, et d'un stigmate uni- ou pluripartite (*figure 2.11*).

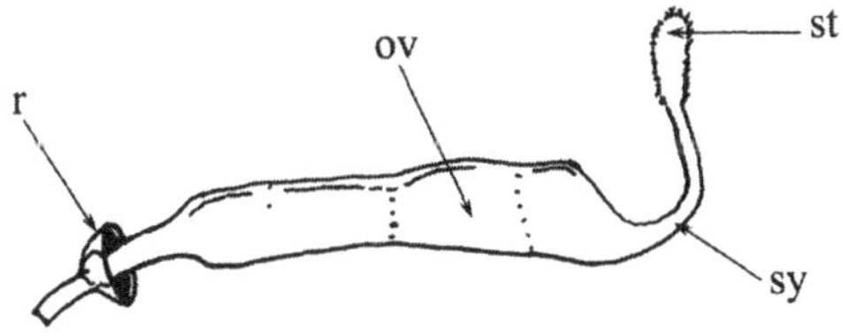

Figure 2.11 Représentation schématique du pistil isolé de *Lathyrus*.
r, reste de calice; ov, ovaire; sy, style; st, stigmate.

➤ Nombre et soudure des carpelles

Le plus souvent, le gynécée comporte plusieurs carpelles. Ces derniers sont soudés (gynécée **syncarpe**) ou libres (gynécée **apocarpe**). Plus de 80 % des Angiospermes sont syncarpes, tandis que 10 % environ sont apocarpes ; les 10 % restants sont représentés par les espèces à gynécée unicarpellé. Dans le cas des carpelles libres, au moins deux types se présentent (*figure 2.12*) :

- les carpelles **ascidiacés** (ou ascidiformes *s.l.*, du grec *askéidion*, petite outre) pour lesquels une ligne de fermeture, où se rencontrent les bords du carpelle (délimitant ainsi les faces internes et externes), se cantonne au sommet de l'organe ;
- les carpelles **suturés** pour lesquels une ligne de suture court de haut en bas de l'organe.

Dans le premier cas, la suture s'effectue en même temps que se développe l'organe (suture **congénétique**), et on ne voit donc rien sur le carpelle achevé ; dans le second, la suture se fait après la formation des parois carpellaires (suture **postgénétique**). Il existe des cas intermédiaires, pour lesquels les carpelles sont incomplètement suturés, et alors qualifiés de **peltés**.

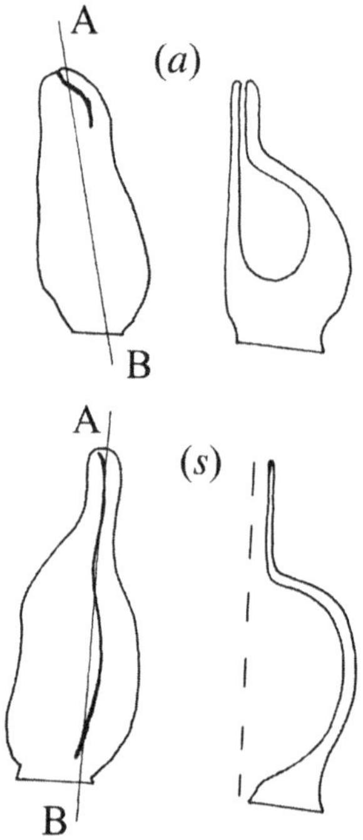

Figure 2.12 Représentation schématique de carpelles ascidiacés *(a)* et suturés *(s)* en vue externe (à gauche) et en coupe longitudinale selon AB (à droite).
Les pointillés (en bas) représentent la position de la ligne de suture.

Lorsque les carpelles sont soudés (connés), le caractère ascidiacé/suturé reflète la façon dont les carpelles sont connés : des carpelles soudés initialement ascidiacés sont encore partiellement indépendants et sont automatiquement séparés par des cloisons dans la mesure où la suture de chaque carpelle se fait précocement, tandis qu'une soudure tardive suivant le mode suturé permet de mettre en commun des lignes de suture de telle sorte que l'on peut même arriver à une seule loge commune à tous les carpelles. Les ovaires septés dont les cloisons dérivent des parois des carpelles sont dits **eusyncarpes** tandis que, si une chambre unique commune aux différents carpelles se forme, on parle d'ovaire **parasyncarpe** (*figure 2.13*). Il existe des cas intermédiaires pour lesquels les carpelles sont seulement partiellement suturés, et donc la soudure entre les différents carpelles n'est pas totale.

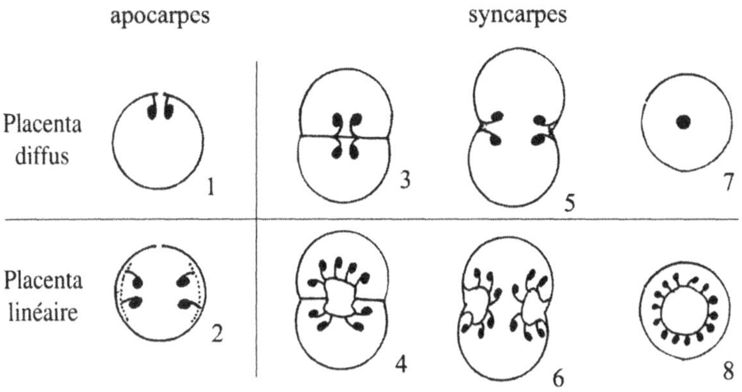

Figure 2.13 Principales configurations placentaires des gynécées vus en coupes transversales schématiques.

Axiles (3, 4), pariétales (5, 6), basilaire (7), centrale (8), laminaro-diffuse (2), protubéro-diffuses (4, 6). Les ovules sont indiqués avec un gros point noir. Voir aussi *figure 2.17*. (Modifié, d'après Endress, 1994)

➤ Style, stigmate et tissu de transmission

Définitions

Le stigmate est la zone apicale du gynécée, fonctionnellement importante lors de la fertilisation dans la mesure où c'est elle qui reçoit les grains de pollen, sauf exception (voir notamment le cas des **hyperstigmates**, § 1.1.2.a). Par la suite, les grains de pollen germent sur place et le tube pollinique qui en résulte gagne le tissu de transmission.

Comme nous l'avons dit, les carpelles, et donc le gynécée, sont issus d'un organe refermé sur lui-même et l'on distingue donc une face interne et une face externe. Le tissu de transmission (TDT) est en quelque sorte un prolongement des assises cellulaires sécrétrices du stigmate. Les cellules du TDT sont issues de la première et (parfois) de la seconde couche cellulaire de la face interne des carpelles. Elles possèdent, comme leurs homologues stigmatiques, des capacités sécrétoires. Les carpelles des gynécées apocarpes ou syncarpes-ascidiacés ont chacun leur TDT. En revanche, les carpelles des gynécées syncarpes-suturés mettent partiellement en commun leurs TDT, formant un complexe appelé **compitum**. Le compitum est d'autant plus développé que le nombre d'ovules dans l'ovaire est grand (par contre, pour des raisons vraisemblables de faisabilité, les compitum ne s'observent que lorsque les nombre de carpelles n'est pas trop grand – 5 fréquemment). Cette mise en commun a en outre une conséquence sur la croissance des tubes polliniques, car elle autorise une compétition entre tubes plus rude que si chaque carpelle possédait son TDT indépendant. Enfin, l'existence d'un compitum permet à un tube pollinique de « changer » de carpelle lors de sa croissance. Les sécrétions stigmatiques et du TDT, proches, contiennent de l'eau, des galactanes, des arabinogalactanes, des ions, etc. À la différence du TDT, le stigmate sécrète également des lipoprotéines et des lipopolysaccharides. Les rapprochements tant au niveau des sécrétions qu'au niveau histologique ont souvent fait supposer que TDT et stigmate étaient homologues, c'est-à-dire dérivaient, d'un point de vue évolutif, d'un même tissu. Il a notamment été proposé que le stigmate dériverait du TDT (Lloyd et Wells, 1992). Cette hypothèse se place dans le cadre de l'acquisition du stigmate par les Angiospermes, étape clef permettant un contrôle de la fécondation.

Typologie

Histologiquement, deux catégories de stigmates sont aisément reconnaissables : les stigmates de type I, dits **humides**, et les stigmates de type II, dits **secs**. Les stigmates humides ont une activité sécrétrice importante, tandis que les stigmates secs n'ont qu'une fine pellicule issue de la sécrétion. Les cellules sécrétoires appartiennent à l'épiderme seulement (stigmates secs) et également à l'hypoderme (*i.e.* assise sub-épidermique ; stigmates humides).

Remarque : Les cellules sécrétrices stigmatiques sont souvent plus ou moins détachées les unes des autres, de telle sorte que la surface stigmatique semble garnie de papilles, et sont donc qualifiées de **papilleuses**. Les cellules de la surface stigmatique n'entrent pas toujours dans ce cas de figure ; par exemple, les cellules du stigmate sec des Poacées forment des **plumules** et non des papilles. Un cas extrême d'écartement des cellules les unes des autres par les sécrétions est celui des Orchidacées, chez lesquelles les cellules sont complètement détachées, on parle dans ce cas de **suspension cellulaire** stigmatique.

Les sécrétions stigmatiques

Les stigmates **humides** produisent une sécrétion qui s'accumule au cours de la vie du stigmate. Il s'agit d'une **émulsion**, qui contient des lipides, des glycoprotéines, des polysaccharides, des composés phénoliques et des acides aminés libres. Les stigmates **secs** comportent simplement une **pellicule** aqueuse contenant des protéines. Chez certaines espèces, le stigmate comporte une cuticule, et la sécrétion lui est sus-jacente. Dans les deux cas, la sécrétion stigmatique présente une activité estérase non spécifique, dont la signification biologique reste à préciser.

Certains auteurs distinguent une troisième catégorie, les stigmates **tubulaires** (Schill *et al.*, 1985), dont les surfaces sécrétoires sont partiellement protégées dans un tube. Il a été proposé des associations entre les types stigmatiques et le contrôle de la fécondation, notamment entre auto-incompatibilité sporophytique et stigmates secs, et entre auto-incompatibilité gamétophytique et stigmates humides (voir chapitre 4). Cela dit, la correspondance n'est pas générale.

Tissu et tractus de transmission

Il faut bien distinguer le **tissu** de transmission (TDT) du **tractus** de transmission (TrDT). Le terme de tissu fait référence aux cellules possédant une activité sécrétrice, et autorisant par là même la croissance du tube pollinique. En revanche, le terme de tractus fait référence au milieu où a lieu cette croissance. Par exemple, le TrDT peut être complètement externe aux cellules, c'est-à-dire être le prolongement de la chambre de l'ovaire – ou du carpelle – dans le style, le **canal stylaire** (aussi appelé **lumen**). Cela nous permet de dégager trois type de TrDT (*figure 2. 14*) :

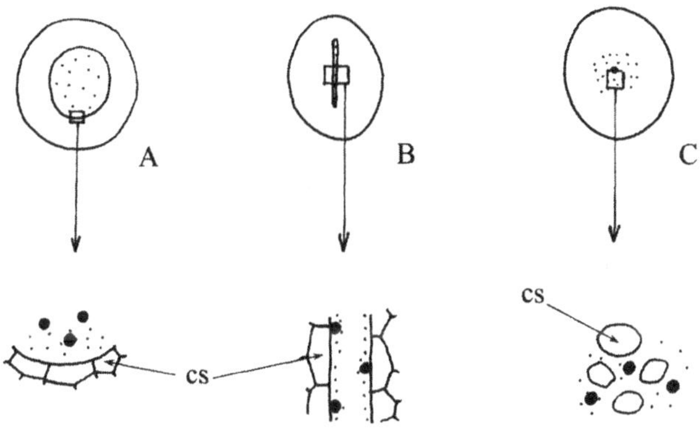

Figure 2.14 Trois types de style (haut) et de tractus de transmission qui y sont associés (bas). (A) style à lumen développé, tractus externe, (B) style à lumen étroit et tractus superficiel, et (C) style à lumen réduit et tractus interne. Le tractus est indiqué en petits points, le passage du tube pollinique est indiqué d'un gros point noir. cs: cellule stylaire.

- les TrDT **externes** : le lumen est large et empli de sécrétions du TDT;
- les TrDT **superficiels** : le lumen est étroit et plus ou moins contourné, ce qui offre une grande surface de contact entre cellules sécrétrices et lumen. Ce dernier est empli des sécrétions;
- les TrDT **internes** : le lumen est petit voire imperceptible, les cellules sécrétrices sont entourées de leurs sécrétions, ce qui les détache les unes des autres. Cette « suspension » cellulaire interne constitue le milieu de croissance du tube pollinique.

Remarque : Dans ces deux premiers cas, le gel de sécrétions est le milieu de croissance du tube pollinique.

Guidages particuliers du tube pollinique

Le TrDT constitue, nous l'avons dit, le milieu de progression du tube pollinique. Au bout du TrDT, le tube débouche dans la chambre carpellaire (ou ovarienne) et gagne un ovule. Cependant, cette étape peut être fortement facilitée, en particulier lorsque le TrDT arrive directement au contact du micropyle ou du nucelle (*figure 2.15*). Chez des Euphorbiacées, le nucelle est en contact direct avec la région placentaire du TrDT, par le biais d'une protubérance de celui-ci, l'**obturateur.** Les obturateurs existent aussi chez certaines Liliacées (Endress, 1994). Le placenta peut également posséder une extension pénétrant directement dans le lumen (ex. Lentibulariacées). Chez les Anacardiacées (Manguier, Pistachier), les ovules anatropes sont en contact avec le TrDT par une protubérance du funicule.

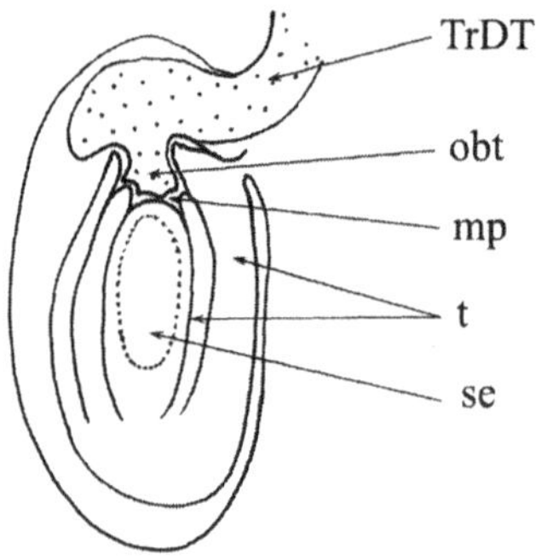

Figure 2.15 Un exemple de guidage particulier du tube pollinique : obturateur d'euphorbiacée.

TrTD, tractus de transmission; obt, obturateur; mp, micropyle; t, téguments ovulaires; se, sac embryonnaire. (Modifié, d'après Endress, 1994)

Remarque : Le tube pollinique peut également progresser dans des structures non spécialisées. C'est le cas notamment de certaines **fleurs cléistogames** des Malphigiacées (*Janusia*, *Gaudichaudia*) : alors que le bouton floral est clos, le grain de pollen germe dans l'anthère et le tube pollinique croît dans le filet, gagne le réceptacle et pénètre dans le gynécée. Dans des fleurs cléistogames d'autres familles, le tube pollinique perce l'anthère pour atteindre directement le gynécée.

➤ Ovule et placenta

Définitions

Les ovules sont les structures contenant le gamétophyte femelle ou **sac embryonnaire** (*figure 2.16*). Ce dernier est entouré d'un tissu diploïde, le **nucelle**, lui-même enveloppé dans deux **téguments** (mais pas toujours, voir *infra*). Les téguments ménagent un orifice, le **micropyle.**

L'ovule est relié à la paroi du carpelle ou plus généralement à sa zone de fixation au carpelle, le **placenta**, par le **funicule**. Un faisceau cribro-vasculaire traverse le funicule et aboutit à une arborescence terminale, placée à l'opposé du micropyle : la **chalaze.**

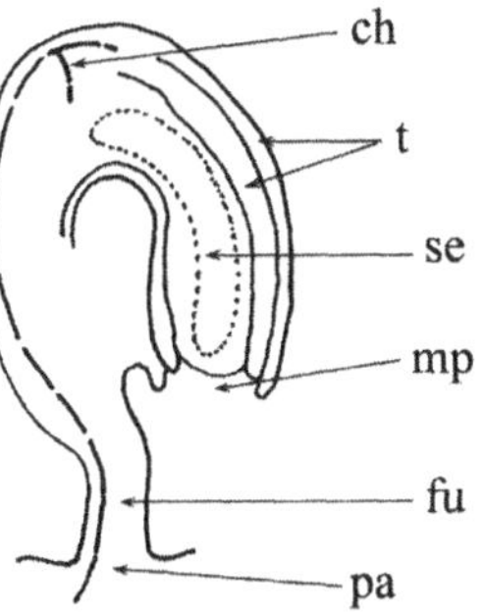

Figure 2.16 Structure générale de l'ovule : exemple d'un ovule campylotrope de Fabacée. ch, chalaze; mp, micropyle; t, téguments; se, sac embryonnaire; fu, funicule; pa, placenta. Les éléments conducteurs sont indiqués en traits discontinus.

Typologie des placentas

Les gynécées eusyncarpes présentent leurs ovules sur les parois carpellaires dans la direction d'un axe central ; c'est pourquoi on qualifie la placentation d'**axile** (ex. Tomate, Solanacées). Les gynécées parasyncarpes ont une placentation **pariétale**, de telle sorte que les ovules sont disposés sur les flancs des carpelles, souvent le long des lignes de suture (ex. Brassicacées). Enfin, les ovules de gynécées parasyncarpes peuvent être disposés sur une colonne placentaire centrale provenant d'une dilatation de la base de la chambre ovarienne. C'est pourquoi l'on parle de placentation **basilaire** (ex. Primulacées). Dans quelques rares cas (Combrétacées), c'est l'inverse : la colonne placentaire prend naissance au sommet de la chambre ovarienne, et l'on qualifie donc la placentation d'**apicale** (*figure 2.17*).

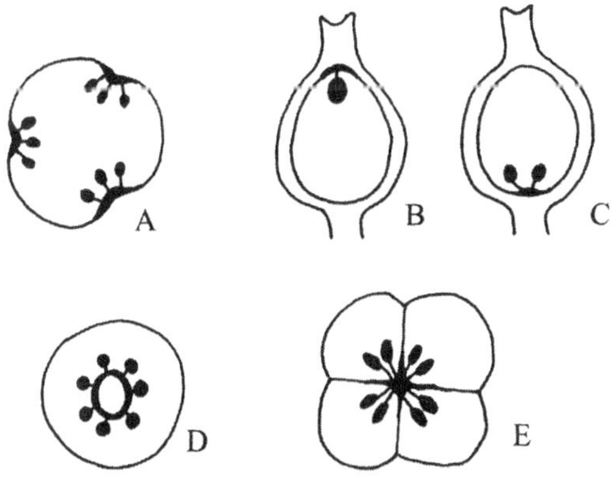

Figure 2.17 Différents modes de placentation : pariétale (A), apicale (B), basilaire (C), axiale ou centrale (D), et axile (E). Voir aussi *figure 2.13*.

Les ovules des gynécées eusyncarpes, parasyncarpes et apocarpes sont fréquemment alignés, on parle alors de placenta **linéaire**, ou bien répartis sur une surface plus ou moins protubérante, on parle de placenta **diffus**. Les placentas basaux sont automatiquement diffus. Par contre, les placentas axiles et pariétaux ne sont diffus que s'ils sont dilatés. Ainsi dans ce cas, on qualifie ces placentas de **protubéro-diffus** (ex. Passifloracées). En revanche, les carpelles des gynécées apocarpes ne sont pas, en principe, protubérants, et les ovules sont au mieux disposés sur plusieurs lignes au lieu d'une seule, vers les flancs du carpelle (de part et d'autre de la ligne de suture). On parle alors de placenta **laminaro-diffus** (ex. des Nymphéacées, Hydrocharitacées).

Ovules

Bien que tous les ovules soient construits sur le même schéma (téguments, nucelle, sac embryonnaire), on rencontre trois formes principales d'ovules rencontrées (*figure 2.18*) :

- ovules **orthotropes** : l'ovule est droit, le micropyle étant à l'opposé du funicule. Ce type ne se rencontre que rarement chez les Angiospermes ;
- ovules **anatropes** : l'ovule est courbé (car un côté croît plus que l'autre, voir *infra*), de telle sorte que le micropyle se trouve proche du funicule, la chalaze étant opposée à ce dernier. Le faisceau cribro-vasculaire crée un relief à la surface de l'ovule, le **raphé** (ex. Corylacées) ;
- ovules **campylotropes** : l'ovule est également courbé, au point que la courbure affecte le sac embryonnaire également, ce qui n'est pas le cas dans les ovules anatropes. Cette sorte de pliure du sac embryonnaire fait que le sac est en général plus long dans ce type d'ovule (ex. Fabacées).

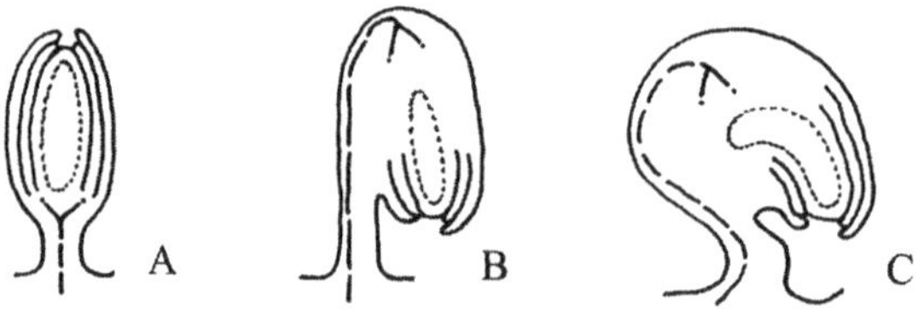

Figure 2.18 Conformations ovulaires : orthotrope (A), anatrope (B) et campylotrope (C). Mêmes indications que sur la *figure 2.16*.

Souvent, la description des ovules se borne à ces observations relatives aux courbures. Cependant, il existe d'autres caractères très importants d'un point de vue évolutif, notamment, le nombre de téguments et le nombre d'assises cellulaires du nucelle, entourant le sac embryonnaire :

- les ovules **bitegminés** (ou **dichlamydés**) constituent la majorité des ovules des Angiospermes. Pourtant, il existe des ovules **unitegminés** (ou **monochlamydés**), dont la signification évolutive sera discutée plus loin ;
- le nombre de couches cellulaires nucellaires entourant le sac embryonnaire est supérieur à 1 (cas **crassinucellaire**), ou égal à 1 (cas **ténuinucellaire**).

> ***Remarque :*** Exceptionnellement, il existe des ovules à **trois téguments** (quelques Annonacées), ou des ovules qui en sont **dépourvus** (des Santalacées, des Gentianacées).

Le cas le plus fréquent est celui des ovules anatropes-crassinucellaire-bitegminé. Cela concerne en effet la majorité des Magnoliidés et des Rosidés. Un autre cas courant est anatrope-tenuinucellaire-unitegminé : Astéridés, Orchidacées.

Les ovules orthotropes constituent un cas intéressant en relation avec leur disposition dans les carpelles. On suppose en effet que la **courbure** des ovules anatropes ou campylotrope constitue un **avantage adaptatif** lors de la reproduction sexuée, car le tube pollinique arrive fréquemment par le placenta, et trouve, lorsqu'il existe une courbure ovulaire, aisément le micropyle, puisque celui-ci est tourné vers le funicule. Or, cette disposition avantageuse n'existe pas précisément chez les fleurs à ovules orthotropes : ainsi, certaines espèces ont développé des **stratégies alternatives**. Par exemple, chez les Flacourtiacées, les ovules relativement allongés ne sont pas perpendiculaires au placenta, de telle sorte que le micropyle soit à proximité du placenta de l'ovule voisin. Chez le Poivre (*Piper sp.*, Pipéracées), un seul très gros ovule existe dans le carpelle, dont le micropyle est très proche du bout du TrDT. Chez certaines Aracées (*Pistia sp.*), la placentation est basilaire de telle sorte que les micropyles soient tous tournés vers le haut; la chambre ovarienne est emplie de sécrétion identique à celle du TrDT. Toutes ces stratégies accroissent considérablement la probabilité de réussite du tube pollinique dans sa « recherche » de l'ovule.

d) Bractées

Nous avons indiqué précédemment dans l'introduction qu'une définition de la fleur soulignait l'importance de la bractée qui se trouve à son aisselle. Il est vrai qu'en général, les fleurs des Angiospermes possèdent une bractée, qui se trouve à la base du pédoncule floral, quand ce dernier existe. Cependant, les bractées sont parfois inexistantes. La forme de la bractée est très variable, de même que son implication dans des fonctions biologiques (*figure 2.19*). La protection de la fleur constitue un des rôles les plus évidents de la bractée. Un cas extrême est représenté par les Poacées, chez lesquelles les épillets de deux ou trois fleurs (en général) sont protégés par une paire de bractées (**glumes**) et par des bractéoles (**glumelles**). Cependant, même si l'usage rapproche les glumelles des bractées, il n'en n'est rien d'un point de vue embryonnaire : les glumelles ont valeur de sépales. Les **glumellules** n'ont pas non plus valeur de bractée mais de pétales (voir *infra*). Les bractées peuvent être les seuls organes à fonction de protection de la fleur; c'est le cas chez les Passifloracées où sépales et pétales sont attractifs. Les bractées assurent, chez les Héliconiacées et les Musacées notamment, la protection de la fleur, y compris lorsque celle-ci est éclose, en formant une sorte de cornet d'où sort une partie seulement de la fleur.

Un cas remarquable est celui des bractées **attractives** : chez de nombreux groupes, la bractée participe à l'attraction des pollinisateurs, ce qui s'accompagne d'une croissance plus importante, l'acquisition d'une couleur, etc. Chez de nombreuses espèces, les bractées sont très colorées (ex. *Castilleja miniata*, Lamiacées).

Lorsque les fleurs sont agencées en inflorescence dense, comme les capitules (voir chapitre 1), les bractées sont parfois toutes rejetées à la base de l'inflorescence, sous

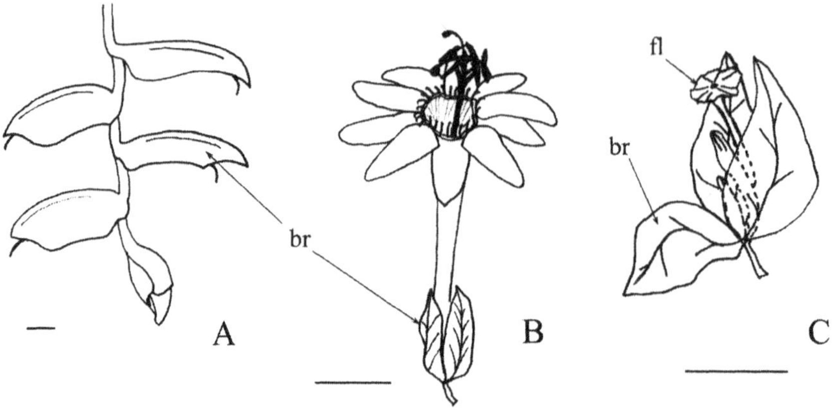

Figure 2.19 Trois exemples de bractées : bractées en étui de l'inflorescence d'*Heliconia* (A), bractées basales chez *Passiflora* (B), et bractées attractives de *Bougainvillea* (C).
Chez *Bougainvillea*, trois fleurs sont groupées, chacune possédant une bractée vivement colorée. Une bractée a été tordue afin de mieux voir la cymule. br : bractée, fl : fleur. La barre représente environ 1 cm.

forme d'une collerette, ou **involucre**. C'est notamment le cas des Astéracées. En revanche, toutes inflorescences denses n'ont pas cette particularité comme chez les Dipsacacées (Cardères, Scabieuses, etc.). Cela constitue la différence entre **capitule** et **tête**.

2.1.3 Formalisation de la structure florale

a) Formule florale

L'explicitation de la structure florale peut également passer par l'écriture d'une formule, dite « **formule florale** » ou « **équation florale** ». Il existe deux façons de symboliser les différents organes floraux ou les relations qui existent entre eux : l'une française, et l'autre anglo-saxonne (américaine). C'est cette dernière que nous adopterons (voir Judd *et al.*, 1999) car elle présente une codification complète couvrant presque tous les cas de figure :

Les symboles utilisés pour sépales, pétales, étamines, et carpelles seront respectivement *S*, *P*, *E* et *C*. Le nombre de ces organes est indiqué devant et l'ensemble est réuni par des signes « , » ; par exemple : *5 S, 5 P, 10 E, 3 C* ou même *5, 5, 10, 3*. Aucune mention particulière ne sera apportée lorsque les organes floraux sont libres ; en revanche lorsque des organes floraux de nature identique sont soudés (**connés**), on entoure le terme concerné et, lorsque des organes de natures différentes sont soudés (**adnés**), un arc de cercle réunit des deux types d'organes. Les traits sont discontinus lorsque la soudure est incomplète. Les carpelles sont surmontés d'un trait droit lorsque l'ovaire est infère, et soulignés lorsque l'ovaire est supère. Parfois, le nombre d'organes d'un type fluctue entre deux valeurs extrêmes, ce qu'on note par exemple *5-7 P*. Le nombre d'organes peut être indéterminé, auquel cas on le note infini, ou bien nul, auquel cas on écrit « *0* ». Un verticille d'étamines ou de carpelles peut être composite et comporter des organes fertiles et stériles (**staminodes** et **carpellodes**, respectivement), ces derniers étant indiqués par un point « • »; par exemple, on écrira : *5C•* + *5C*. Les organes situés morphologiquement entre pétales et sépales (tépales) sont indiqués entre tirets : *-5-*. Deux indications sont enfin requises : en amont de la formule florale, la symétrie (« * » signifiant actinomorphie et « *X* » zygomorphie), et en aval, le type de fruit en toutes lettres. L'exemple suivant (*figure 2.20*) résume les symboles principaux.

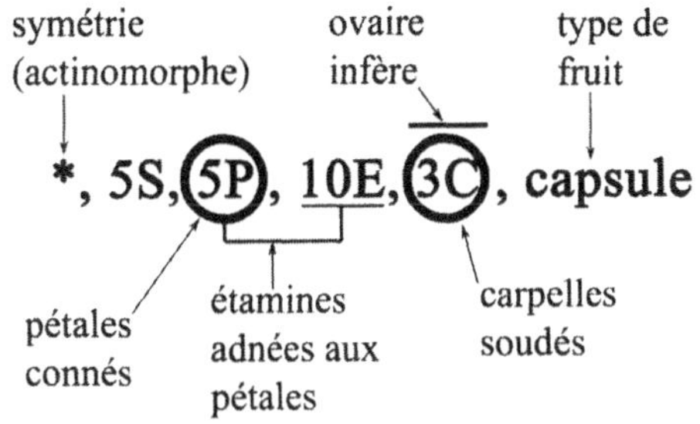

Figure 2.20 Un exemple de formule florale récapitulant les caractères principaux de la formalisation florale.

b) Diagramme floral

Les fleurs peuvent également être représentées par des **diagrammes floraux**. Ceux-ci sont censés traduire ce que l'on verrait si l'on procédait à une coupe transversale d'un bouton floral. L'ensemble est « idéalisé », dans la mesure où le plan de coupe passe par tous les verticilles; en outre, le diagramme comporte toutes les indications très importantes de l'architecture florale : soudures, etc. La bractée est représentée par une sorte de triangle, et l'axe inflorescentiel par un rond qui lui est opposé. Les sépales sont indiqués par un croissant vide, les pétales par un croissant plein, les étamines par une petite ellipse ou mieux par l'allure qu'aurait une coupe transversale d'étamine (cette option a l'avantage de bien montrer si la déhiscence des étamines est extrorse, introrse, latérale). Enfin, les carpelles sont figurés par un compartiment dont la forme respecte celle observée dans la fleur et délimité par un trait double ou épaissi. Les vraies cloisons sont généralement en trait double ou épaissi, les fausses cloisons en trait simple (la distinction vraies/fausses cloisons n'est pas toujours apparente sur les diagrammes). Lorsque les cloisons ont disparu secondairement, on représente tout de même une encoche à la position qu'elles occuperaient, afin de montrer les zones de soudure des carpelles. Les ovules sont indiqués par un point noir, respectant leur position dans la fleur. Dans certains cas, les diagrammes floraux doivent être adaptés à cause de la présence d'éperons, etc. Les **nectaires** en particulier sont indiqués par une petite boursouflure de l'organe qui les supporte. Les **soudures** sont représentées par des traits pointillés entre organes soudés. Parfois, une distinction est faite entre soudures incomplètes en traits pointillés, et soudures complètes en trait plein.

En général, les organes supposés absents ou étant une perte secondaire observée dans l'espèce considérée sont indiqués par une croix. Par ailleurs, il existe une sorte de « convention » de position, qui reflète la réalité :

– la bractée est placée face à un pétale chez les Dicotylédones, sauf chez les Légumineuses (Fabacées) ou, plus généralement, de façon diamétralement opposée à un sépale;

– c'est l'inverse chez les Monocotylédones, exceptées les Orchidées : la bractée fait face à un sépale ;
– la bractée est indiquée en bas du diagramme, l'axe inflorescentiel en haut.

Un exemple de diagramme floral, celui de la Tulipe (Liliacées), est donné (*figure 2.21*). Les sépales et les pétales (respectivement, tépales externes et internes) pourraient y être figurés par le même motif – un croissant vide –, afin de souligner qu'il s'agit bien de tépales, mais l'on préfère conserver la distinction sépale/pétale, puisque la nature de tépale est par ailleurs notée dans la formule florale. Dans d'autres cas, il arrive que les pièces du périanthe n'aient pas une disposition parfaitement droite, mais imbriquée, etc., ce qu'il est nécessaire d'indiquer.

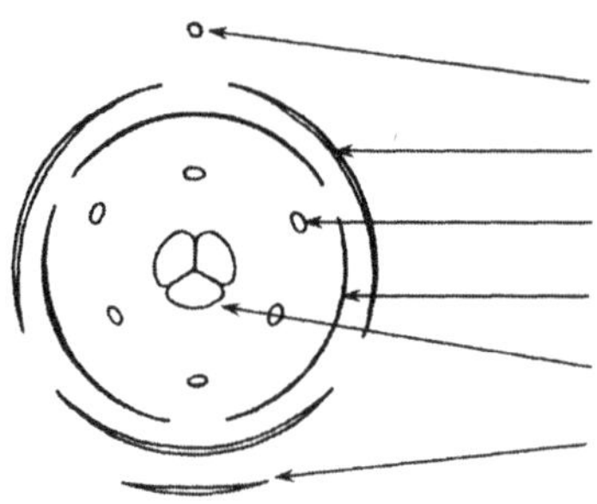

Figure 2.21 Un exemple de diagramme floral, celui de la Tulipe.

2.2 EXPRESSION GÉNÉTIQUE ET MORPHOGENÈSE

Nous nous attacherons ici à expliquer la morphogenèse de l'architecture florale dans son ensemble, et nous n'aborderons pas les aspects de développement, à l'échelle histologique, des différents organes floraux (pour revue, voir Vallade, 1999 et Schneitz *et al.*, 1998). L'objectif est de cerner les éléments du contrôle génétique qui vont nous permettre de comprendre par la suite l'évolution des Angiospermes à travers les gènes MADS en particulier.

Les aspects génétiques que nous allons aborder se déroulent au niveau du méristème apical ayant subi l'**évocation florale** (pour des précisions d'ordre physiologique, voir Heller, 2000). Ce méristème est structuré en trois parties : la couche cellulaire superficielle à divisions anticlines, ou L1, la couche cellulaire qui lui est sous-jacente, ou L2, et enfin le massif cellulaire interne, ou L3. Ces différents ensembles cellulaires vont être à l'origine des différentes parties des organes floraux : par exemple, L1 forme l'épiderme (voir Vallade, 1999).

2.2.1 Le modèle de commutation génétique

Les aspects génétiques du développement floral se sont considérablement précisés ces dernières années, en particulier grâce à l'étude des mutations florales d'*A. thaliana*. Les travaux de Meyerowitz *et al.* ont montré à partir de mutants **homéotiques**, l'existence d'un système de commutation génétique (SCG) responsable de la mise en place des verticilles floraux, désigné par « système ABC ». Trois catégories de mutants (*figure 2. 22*) sont remarquables : *apetala-1*, *apetala-3*, *agamous*, et *pistillata* (ci-après notés *ap-1*, *ap-3*, *ag* et *pi*). Chez les mutants *ap-1*, on constate qu'il n'existe pas de sépales ni de pétales, et l'on observe à la place des carpelles et des étamines (structure du type *C, E, E, C*). Chez les mutants *ap-3* ou *pi*, ou même chez les doubles mutants *ap-3/pi*, il n'existe ni pétale ni étamine, et l'on observe une structure en verticilles du type *S, S, C, C*. Les mutants *ag*, il n'y a que des pièces stériles; la structure est du type : *S, P, P, S*. Dans le second type de mutants, il semble bien qu'une fonction ait disparu au niveau des deuxième et troisième verticilles, seuls affectés morphologiquement. Celle-ci permettrait chez le sauvage l'expression de pétales et d'étamines. Cependant, lorsqu'elle n'existe pas, on observe des organes floraux non pas absents, mais bien inadéquats (et l'on a bien une mutation **homéotique**). Par ailleurs, les mutants des premier et troisième types sont symétriques (c'est-à-dire de structure *x, y, y, x*) et complémentaires (les organes de *ap-1* sont précisément ceux manquant dans *ag* et vice versa), ce qui fait penser à deux gènes à fonctions antagonistes exprimés respectivement dans les verticilles 1 + 2 et 3 + 4. Ces observations nous mènent à élaborer un système à trois « fonctions » A, B et C, déterminées respectivement par les gènes *ap-1*, *ap-3/pi*, et *ag*. La combinaison de *ap-1* et *ap-3/pi* forme des pétales, la combinaison de *ap-3/pi* et *ag* forme des étamines. L'expression de *ap-1* seul forme des sépales, et l'expression de *ag* seul conduit à des carpelles. Les équivalents (homologues) chez *Antirrhinum majus* des quatre gènes d'*A. thaliana* sont respectivement *squamosa (squa)*, *deficiens (def)/globosa (glo)* et *plena (ple)*.

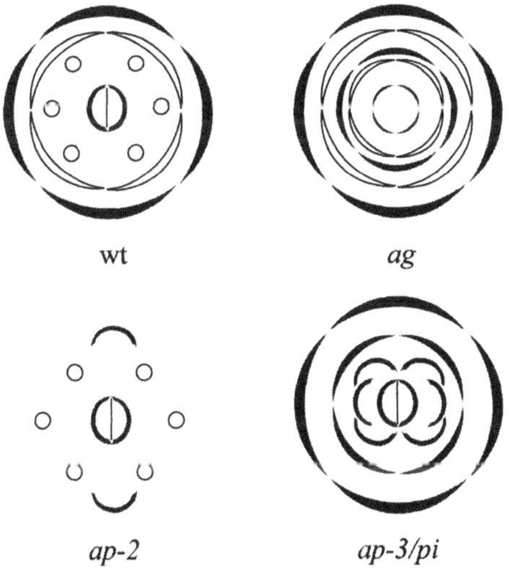

Figure 2.22 Diagrammes floraux simplifiés du sauvage (wt), et des mutants *apetala-3* ou *pistillata* (*ap-3/pi*), *apetala-2* (*ap-2*), et *agamous* (*ag*) d'*Arabidopsis thaliana*. Le côté adaxial est orienté vers le haut.

Remarque : Cependant, si le modèle de SCG que nous venons d'exposer fournit une explication convaincante sur le déterminisme de la mise en place de l'architecture florale, il n'en demeure pas moins que certaines anomalies subsistent. Par exemple, les mutants B et C d'*Arabidopsis* et d'*Antirrhinum* diffèrent légèrement au niveau du phénotype. Mais les problèmes sont plus importants concernant la fonction A : chez *Arabidopsis*, la fonction A recouvre en fait 2 gènes : *ap-1* et *ap-2*. Les gènes *ap-1* et *squa* sont relativement proches structuralement et fonctionnellement (ce qui n'est pas le cas de *ap-2*) mais les mutants correspondant ont des phénotypes, là encore, différents. Chez les mutants *squa*, les fleurs se développent en axes inflorescentiels, ce qui indique que ce gène est impliqué dans l'identité florale du méristème apical. On n'a pas pu aujourd'hui démontrer une action comparable à *ap-1* du gène *squa*. Même chez *Arabidopsis*, le mutant *ap-1* ne présente pas exactement une structure du type *C, E, E, C* prédite par le modèle. Il semblerait en effet que la fonction A soit requise afin de déterminer les méristèmes floraux, alors destinés à produire des sépales. Les fonctions B et C se surajoutent alors pour spécifier pétales, étamines et carpelles. La fonction A impliquerait en fait trois types de gènes : *ap-1*, *cal*, *ful* (voir aussi chapitre 1).

Par ailleurs, les « gènes ABC » sont certes nécessaires mais pas suffisants. Chez les mutants B (*ap-3/pi*) on a bien des carpelles sur le verticille 3, aussi bien chez *Arabidopsis* qu'*Antirrhinum*, mais l'expression ectopique des gènes C (sous le contrôle du promoteur CMV 35S induisant une expression constitutive) ne forme pas de carpelles sur les territoires distincts des structures florales : en dehors de la fleur, les altérations observées concernent une courbure des feuilles ou une modification légère de la bractée. Des observations voisines ont été faites avec les fonctions B et A. L'effet des gènes ABC n'est donc possible que s'il existe un ou plusieurs facteurs additionnels spécifiques à la fleur. En particulier, des expériences de co-suppression de *FBP2* (l'introduction de copies du gène éteint sa propre expression ainsi que celle du gène endogène ; on parle de *silencing*) chez le Pétunia ou d'expression d'antisens de *TM5* chez la Tomate, tous deux gènes MADS, produisent des changements homéotiques dans les trois verticilles internes et des pertes de détermination florale. Il existe donc des gènes supplémentaires, qualifiés d'intermédiaires (c'est pourquoi nous les noterons *Im*), et dont l'importance est à souligner dans le développement de la fleur. D'un point de vue phylogénétique, ces gènes *Im* sont disposés dans un groupe paraphylétique, celui correspondant à la « fonction Im » (*figure 2.22*).

Des expériences *in vitro* ont démontré que Pi et Ap-3 s'associent (on parle d'hétérodimérisation) et que deux protéines Ag s'associent (homodimérisation), ce qui rendit incertain le rôle putatif d'interaction entre les facteurs ABC et Im. Cependant, des expériences de double hybride ont révélé des interactions non pas entre protéines Ple (équivalentes de Ag chez le Muflier) mais entre Ple et d'autres facteurs (MADS) DEFH200 et DEFH72 (Davies *et al.*, 1998), appartenant au groupe des facteurs Im. En outre, ces gènes *Im* sont exprimés chez les mutants C (*ple*) d'*Antirrhinum*, ce qui indique qu'ils ne sont pas en aval du facteur C. Chez *Arabidopsis*, les facteurs Im interagissant avec le facteur C sont AGL2, AGL4 et AGL9. Par contre, on n'a pas encore pu montrer à l'heure actuelle d'interaction entre les facteurs B et des facteurs Im par la méthode du double hybride. Pourtant, chez le Pétunia, la co-suppression du gène *Im FBP2* conduit à la transformation des pétales en sépales. Une possibilité de réponse à cette contradiction est apportée grâce aux expériences de « piège du troisième facteur » qui semblent indiquer que, chez *Antirrhinum*, c'est l'hétérodimère Def-Glo qui interagit avec les facteurs Im DEFH200 et DEFH72 (Gutierrez-Cortines et Davies, 2000).

> ***Remarque :*** La méthode du piège du troisième facteur a également permis de montrer une interaction entre Squa et l'hétérodimère Def-Glo. La fonction A pourrait donc ne pas être impliquée seulement dans la détermination des verticilles 1 et 2, mais aussi dans celle du verticille 3.

La figure 2.23 indique les modèles de mise en place de l'architecture florale : en (1), le modèle fondateur du début des années 1990, en (2), une simplification du modèle actuel. En particulier, on remarquera qu'il semble exister une fonction D responsable de la mise en place des ovules dans les carpelles. En effet, le système de commutation génétique « ABC » que nous avons évoqué s'est étendu récemment à une **fonction D**, déterminant les carpelles chez le Pétunia, et codée par les gènes *FBP7* et *FBP11*, dont l'expression ectopique provoque la formation d'ovules sur le périanthe. Les gènes du groupe D ont été initialement étudié chez cette espèce, et un seul équivalent a pour l'instant été déterminé chez *Arabidopsis thaliana* : *AGL11*.

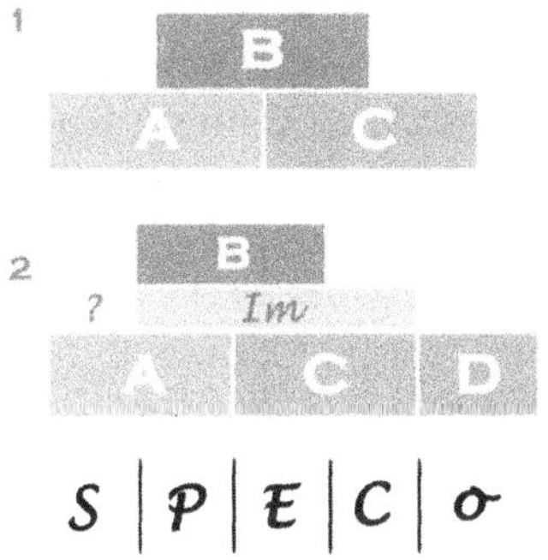

Figure 2.23 Déterminisme génétique de la mise en place des verticilles chez *Arabidopsis thaliana*. (1) Modèle fondateur des années 1990; (2) modèle actuel simplifié.
S, sépales; P, pétales; E, étamines; C, carpelles; o, ovules.

2.2.2 En amont des gènes ABC (D)

Comme nous l'avons signalé, certains gènes comme *ap-1* ont une fonction ambiguë car ils détermineraient l'identité florale du primordium de même que l'identité de certains organes floraux. Par ailleurs, certains gènes comme *leafy* agissent en amont des gènes « ABCD », participant également à la fixation de l'identité florale du primordium. Comment ces gènes d'identité florale déclenchent-ils l'expression des gènes homéotiques ABCD ?

Le **gène leafy** (*lfy*) semble être un chaînon important dans ce déclenchement. Les mutants de délétion *leafy* présentent des ensembles de pièces à allure de petites feuilles, à la place des fleurs, et montrent une expression très réduite de *ap-3* et *pi*. L'expression de *ag* est seulement retardée et l'expression de *ap-1* est presque normale. Ces données suggèrent que *lfy* est un gène promouvant l'expression (en particulier comme activateur transcriptionnel) des gènes ABC, ou bien qu'il intervient sur les verticilles pour spécifier une identité « florale », tant et si bien que, lorsqu'il ne s'exprime pas, les verticilles produisent des organes de type foliaire. Enfin, *lfy* peut avoir deux rôles à la fois : identification du meristème floral, et activation de gènes homéotiques. Des expériences réalisées chez la Levure attestent que *lfy* est un activateur transcriptionnel, dont les cibles *in vitro* sont inconnues. Les mutants d'*Arabidopsis* exprimant constitutivement *lfy* présentent des fleurs de type *C, E, E, C,* avec une réduction du nombre de carpelles dans le verticille 4, voire des fleurs entièrement carpelloïdes. Par ailleurs, chez ces mutants, l'expression de *ap-1* est inchangée ou seulement augmentée, mais l'expression de *ag* est plus précoce, plus étendue et plus élevée que chez le sauvage. L'expression de *ap-3* n'est pas sensiblement affectée. Il semble donc que le facteur Lfy soit en amont du facteur Ag et pourrait donc être un activateur transcriptionnel de ce gène. *lfy* s'exprime aussi faiblement dans les primordium foliaires chez le sauvage; or la surexpression de *lfy* provoque également une expression de *ap-1* dans les ébauches foliaires (Parcy *et al.*, 1998). Cette observation est en faveur d'un rôle de *lfy* dans l'activation de *ap-1* hors du contexte de morphogenèse florale. Par contre, *ag* n'est pas, en général, induit dans ces conditions. Cependant, il arrive (dans un contexte génétique voisin) qu'on observe des structures stigmatiques sur les feuilles, accompagnées de l'expression de *ag*. Cela est davantage marqué lorsque les mutants présentent un gène *ap-2* défectueux (*ap-2* fait partie du groupe des gènes A, et est donc un inhibiteur de *ag*).

Il semble donc bien que *lfy* active *ag* dans les verticilles 3 et 4 et pas dans les verticilles 1 et 2, à la suite de la répression exercée par *ap-2*. Le système est cependant plus complexe car les mutants *ap-2* ont tout de même une expression réduite de *ag* dans les verticilles 1 et 2, et parce que *ap-2* surexprimé n'éteint pas totalement l'expression de *ag* dans les verticilles 3 et 4... En particulier, le gène du groupe A, nommé *lug* (pour *leunig*), présent dans les verticilles 1 et 2, n'a pas de fonction d'identité d'organes floraux, mais est un gène cadastral (*i.e.* de détermination de territoires) ; compte tenu de l'existence de l'expression (faible) de *ap-2* dans les verticilles 3 et 4, il est possible que *lug* aide à réprimer *ag* dans les verticilles 1 et 2 (Howell, 1999).

Nous avons vu que les gènes B (*ap-3* et *pi*) ne sont pas affectés par la surexpression de *lfy*. Par contre, on observe une expression ectopique de ces gènes chez les mutants surexprimant *ufo* (pour *unusual floral organs*). De plus, chez les mutants nuls pour *lfy*, la délétion ou la surexpression de *ufo* n'a aucun effet. Cela suggère que *lfy* et *ufo* agissent en synergie au niveau des verticilles 2 et 3, ce qui est corroboré par leur simultanéité d'expression dans ces verticilles (Parcy *et al.*, 1998).

Ainsi, *lfy* semble bien être un chaînon très important de la détermination florale :

- en fixant l'identité florale du primordium ;
- en activant la transcription :
  - de *ap-1* peut-être directement,
  - de *ap-3* (et *pi* ?) en interagissant avec *ufo,*
  - d'*ag* avec l'aide d'un facteur inconnu.

Nous avons, à travers les exemples très étudiés de *lfy* et *lug*, souligné l'existence de deux types de gènes intervenant en amont des gènes **homéotiques** (*i.e.* fixant l'identité des organes floraux et dont la mutation entraîne phénotypiquement une mutation dite « homéotique ») : les gènes d'**identité méristématique** (GIM) et les gènes **cadastraux.** *lfy* n'est pas l'unique gène d'identité méristématique : il existe de la même façon, *cal* (pour *cauliflower*) et *tfl-1* (pour *terminal flower*) ; de plus on peut y joindre, comme nous l'avons suggéré, *ap-1* et *ap-2*. Par leur capacité à fixer un territoire d'expression (des gènes antagonistes), *ag* et *ap-2* sont des gènes cadastraux. On y joint les gènes *lug*, *sup* (*superman*) et *bel-1* (*bell*). L'ensemble est résumé sur la figure 2.24.

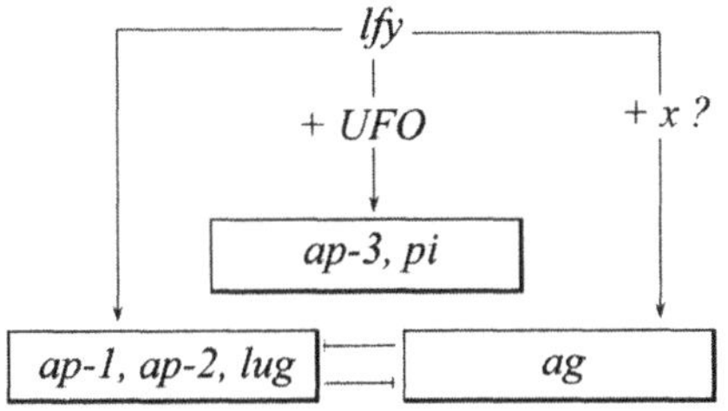

Figure 2.24 Interactions génétiques lors de la mise en place des verticilles chez *Arabidopsis thaliana*.
Flèches : activation ; barres : inhibition.

2.2.3 Régulation fine de l'expression des gènes ABC

La dissection récente des mécanismes de régulation de l'expression des gènes ABC (D) a permis de prendre conscience de certaines subtilités. Chez les mutants présentant une transcription ectopique de *ap-3* (et *pi*), le verticille 1 n'est pas constitué de pétales, contrairement à ce que prédirait le modèle. Il a été proposé qu'il existerait en plus un contrôle post-transcriptionnel régulant négativement *ap-3* dans le premier verticille (Howell, 1998). Par ailleurs, on a trouvé que le facteur Ap-1 était le substrat d'une farnésyl-transférase, et que dans l'état farnésylé, Ap-1 est inactif (Yalovsky *et al.*, 2000). Bien que les modalités de régulation de l'enzyme restent à préciser, il est possible que Lfy ait la capacité d'inhiber la farnésyl-transférase, et qu'Ag l'active. Concernant le verticille 2, il semble bien que d'autres gènes comme *ant* interviennent dans la détermination des ébauches en pétales. Curieusement, Ant est par ailleurs connu comme facteur nécessaire au bon développement de l'ovule (voir § 2.2.6). Ant semble en effet réprimer l'expression de *ag* dans le verticille 2, et, de façon indépendante, agir en synergie avec *ap-2* dans le développement des pétales (Krizek *et al.*, 2000). Enfin, l'expression de *ag* dans les verticilles 3 et 4 n'est pas régulée de la même manière, puisqu'il semble bien que *ag* soit réprimé par *ap-2* dans le verticille 3, tandis qu'il est activé par *lug* dans le verticille 4 (Deyholos *et al.*, 2000).

2.2.4 Enclenchement des interactions génétiques

Comment se déclenchent les expressions des gènes d'identité florale du méristème ? Les gènes dont les actions sont placées en amont des GIM font partie du système d'intégration des signaux environnementaux, comme la durée du jour, etc. Loin de vouloir aborder le déterminisme de la mise à fleur, nous nous bornerons à indiquer que, lorsque les signaux émanant (surtout) de l'environnement, la photopériode notamment, sont adéquats, un stimulus est produit au niveau des feuilles, probablement une gibbéréline, et atteint l'apex. La durée du jour est détectée par le système phytochrome, dont le composant principal est *phyB*. Selon les espèces, il est nécessaire ou non que ce stimulus soit maintenu pendant un temps plus ou moins long (pour revue, voir Hempel, Welch et Feldman, 2000).

Ce stimulus va participer à la mise en branle du système génétique provoquant l'expression des GIM. Ce système est composé de trois réseaux chez *Arabidopsis* : l'un qualifié d'autonome (Devlin et Kay, 2000), sous contrôle de la température, l'un lié au photopériodisme, et le dernier indépendant de la durée du jour, passant lui aussi par des gibbérellines. Le premier réseau est dit « autonome » car est tel que la floraison constitue un comportement par défaut, continuellement inhibé lorsque les conditions de floraison ne sont pas remplies. À l'heure actuelle, le gène clef de ce réseau est *FLC* (*flowering locus C*), responsable de l'inhibition d'activateurs des GIM. Les basses températures inhibent quant à elles l'expression du gène *FLC*, promouvant alors la floraison. La recherche des acteurs du réseau lié à la photopériode a mené à la découverte de *co* (*constant*) pour lequel le mutant ne fleurit pas en conditions de jours longs. Il semble bien que ce gène soit le point de départ de plusieurs voies divergentes d'activation de la floraison (*figure 2.25*).

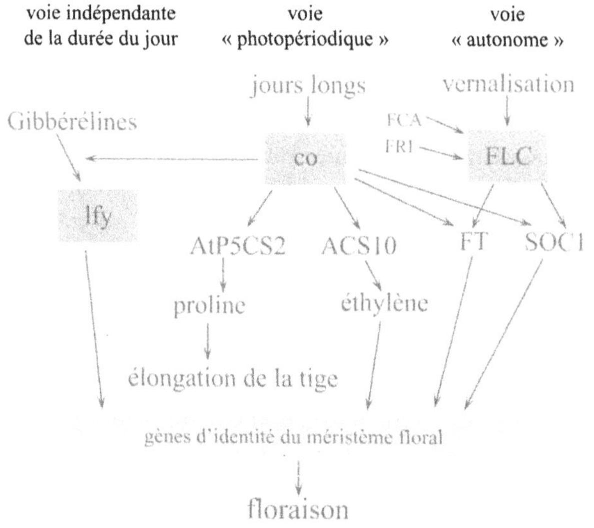

Figure 2.25 Déterminisme de l'enclenchement des gènes d'identité florale, mettant en évidence le rôle central des gènes *constans* (co), *flowering locus c* (FLC), et *leafy* (lfy). Voir le texte pour les détails. (Modifié, d'après Devlin & Kay, 2000)

Enfin, nous ferons remarquer que les trois réseaux ne sont pas complètement indépendants, et qu'en particulier le gène *co* peut conduire à l'activation des gènes du réseau autonome.

2.2.5 Inflorescences et SCG

La transition de l'état végétatif à l'état reproducteur du méristème apical se traduit, on l'a dit, par l'expression des GIM. Dans le cas d'une fleur isolée, c'est bien le processus qui semble se dérouler. Mais que se passe-t-il lorsqu'il s'agit d'une inflorescence, et donc qu'une partie du méristème doit encore développer l'axe inflorescentiel une fois une fleur formée? Chez *Arabidopsis*, les mutants *tfl* produisent une fleur terminale, de telle sorte que la croissance de l'inflorescence n'est pas indéfinie. Ainsi, il semble bien que Tfl permettent de maintenir le méristème terminal dans un état indéterminé, promouvant alors la croissance indéfinie. Les mutants exprimant ectopiquement Tfl et Lfy/Ap-1 ne répondent ni à Lfy ni à Ap-1, ce qui permet de supposer que Tfl agirait en empêchant l'activité des facteurs Lfy et Ap-1. Curieusement, Lfy et Ap-1 semblent réprimer l'expression de *tfl*, car les mutants *lfy* produisent Tfl dans les méristèmes d'ordre II censés fabriquer les fleurs, et parce que les mutants surexprimant Lfy ne produisent plus Tfl (Hempel *et al.*, 2000). Les voies de rétroaction des facteurs Tfl et Lfy sont encore incertaines. Par ailleurs, il est possible que *tfl* ne soit pas le seul gène à assurer le bon fonctionnement du méristème terminal (*figure 2.26*).

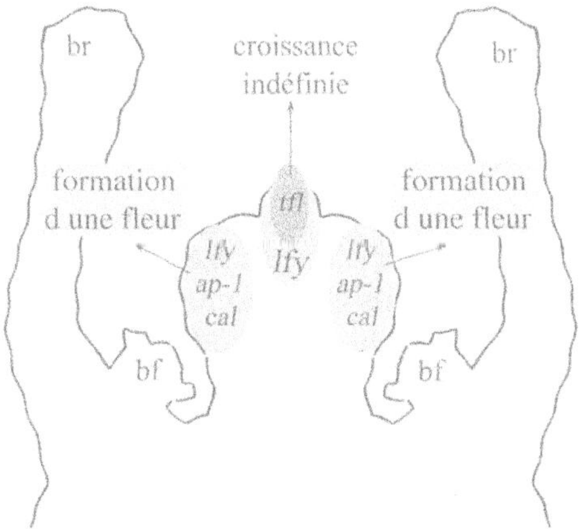

Figure 2.26 Modèle simplifié du déterminisme génétique du développement d'une inflorescence de type grappe au niveau du bourgeon apical.

Les gènes indiqués sont ceux caractérisés chez *Arabidopsis thaliana* : *tfl* (*terminal flower*), *ap-1* (*apetala-1*), *lfy* (*leafy*), et *cal* (*cauliflower*). Les boutons floraux (bf) et les futures bractées (br) sont également indiqués. Le gène *lfy* s'exprime largement et active la transcription de *ap-1* et *cal*, deux gènes à fonctions redondantes dans l'enclenchement du développement floral. Les gènes *tfl* et *lfy* s'inhibent mutuellement, de même que *ap-1* ou *cal* et *tfl*. L'expression apicale de *tfl* empêche l'expression des gènes floraux et promeut ainsi la croissance indéfinie. (Modifié, d'après Hempel *et al.*, 2000)

2.2.6 Les gènes en aval du SCG et l'évolution de l'ovule

Plus que par sa caractérisation génétique (combinaison A/B), un pétale est par exemple défini phénotypiquement par sa texture, sa couleur, etc. De nombreux gènes sont impliqués dans le développement des organes floraux une fois leur identité fixée : gènes de synthèse pigmentaire, gènes de remaniement de la paroi, etc. Des travaux récents ont été réalisés sur le développement des ovules et, bien que notre but ne soit pas de détailler ce processus, nous indiquerons que (1) le développement de l'ovule est enclenché par les facteurs D du SCG et (2) l'on peut organiser les gènes alors activés en trois groupes au moins (Schneitz *et al.*, 1998) :

- gènes de développement du nucelle et de mégasporogenèse : *mac-1, msd, am-1, emd, fem, gfa, prl, ada, tya, hdd, Gf, lo-2, ig-1 ;*
- gènes de développement du funicule et de la chalaze : *hll, ant, mog, sub ;*
- gènes de développement des téguments : *INO, bel-1, ucn, ats, sub, bag, sin-1, mog, tso-1, lug, lal, tsl, sup.*

La biologie moléculaire du développement de l'ovule nous donne-t-elle des clefs pour comprendre l'histoire des Angiospermes ? Tout d'abord, il semble bien légitime de considérer l'ovule comme un organe à part entière, fabriqué sous l'influence de gènes homéotiques du groupe D. Le verticille des ovules (4*b*) est alors distinct de celui des carpelles (4*a*), mais cela ne veut pas dire que les facteurs du groupe C ne sont pas nécessaires au développement des ovules. Il est en effet possible que *ag* soit requis, en combinaison avec *AGL11*, bien que les résultats à ce sujet restent imprécis (Angenent et Colombo, 1996).

> ***Remarque :*** Les gènes du groupe D, c'est-à-dire *FBP7* et *FBP11* chez le Pétunia, sont bien des gènes homéotiques : par exemple, les mutants chez lesquels on provoque la co-suppression de ces gènes développent des carpelles à la place des ovules ; ces derniers étant emboîtés dans les carpelles du verticille 4 et donc à l'étroit, ils prennent une forme allongée et aplatie, d'où le nom de « *spaghetti* » affecté à ce mutant.

Cependant, s'il est vrai que chez le Pétunia le développement de l'ovule est indépendant de celui des carpelles, cela est faux chez *Arabidopsis*, où les ovules se forment à partir de la paroi des carpelles en cours de formation. D'ailleurs, ceci pose un problème d'interprétation évolutive : la formation des carpelles provient-elle de la fermeture des télomes qui portaient les pré-ovules, ou bien de l'extension et de la fermeture d'une « cupule » d'origine foliaire (dans le premier cas, la cupule aurait formé le tégument externe de l'ovule) ? Le second cas suppose alors une indépendance d'origine entre paroi des carpelles et ovule, ce qu'on retrouverait chez le Pétunia. Le premier cas suggère un ordre de développement (1 : paroi des carpelles, 2 : ovules), qu'on retrouve chez *Arabidopsis*.

Ensuite, certains gènes permettent d'entrevoir des possibilités de chemin évolutif.

Sur les traces de l'acquisition des téguments ovulaires

Chez les mutants *ant* (*ain't tegumenta*) d'*Arabidopsis*, les téguments ne se développent pas, en conséquence le nucelle poursuit un développement aberrant ; il n'y a pas de sac embryonnaire. En outre, ce gène s'exprime au niveau de tous les primordium dans la plante. Chez les mutants *bel-1*, le tégument interne ne se développe pas tant et si bien que le tégument externe se développe de façon anormale, produisant une structure de type carpelloïde. Cette observation suggère que les développements des téguments externe et interne sont indépendants et ont donc probablement des origines distinctes, et que, compte tenu de la forme rappelant les carpelles, la cupule est à l'origine du tégument externe. Le mutant *INO* (*inner no outer*) a un phénotype complémentaire : pas de tégument externe mais développement du tégument interne. Enfin, le mutant *sin-1* (*short integuments*) possède des téguments trop courts, menant à un développement anormal du sac embryonnaire. Ainsi, deux voies *a priori* séparées ont été probablement acquises au cours de l'évolution : l'une utilisant un gène de type *INO* permettant de former la première enveloppe de l'ovule, l'autre, utilisant un gène du type *bel*, formant la seconde enveloppe. Par le biais d'une voie restant à préciser, ces deux enveloppes sont contrôlées par des gènes communs.

Sur les traces de la transition ortho-/ana- ou campylotrope

Une clef de cette transition est représentée par le gène *sup*, chez qui les téguments se développent de façon symétrique, formant un ovule d'allure tubulaire rappelant les ovules orthotropes. Ainsi, on imagine à l'heure actuelle qu'un gène de ce type aurait permis l'asymétrie du développement tégumentaire et donc l'acquisition du caractère anatrope et campylotrope.

2.3 L'ÉVOLUTION FLORALE À TRAVERS LES GÈNES ?

2.3.1 Définitions

La plupart des gènes du SCG possèdent une partie très conservée d'environ 180 pdb, appelée la boîte MADS (pour MCM-1, *Agamous, Deficiens*, SRF). Cette partie code pour le domaine MADS de la protéine correspondante, dont le rôle concerne l'activité de facteur de transcription. Contrairement aux animaux, où les gènes *hox* sont organisés en complexes, les gènes MADS sont dispersés dans le génome des plantes. Le domaine MADS est le composant déterminant dans l'interaction protéine-ADN ; il forme dans l'espace une structure de superhélice α (*coiled-coil structure*) pouvant s'emboîter dans le petit sillon de l'ADN. La boîte MADS possède une séquence très conservée chez les êtres vivants dont le consensus est $CC\ (A/T)_6GG$, nommée *CarG* (pour *C-A rich-G*). Il est possible de décomposer les facteurs MADS en plusieurs parties fonctionnelles autres que le domaine MADS : ce sont les parties I, K et C. Le domaine MADS constitue la partie « M ». Ainsi les facteurs MADS chez les plantes sont dits à structure *MIKC*.

I, immédiatement en aval du domaine MADS, est sujet à variations d'un facteur de transcription à l'autre. Cette partie est impliquée dans l'interaction avec d'autres facteurs de transcription.

K, qui semble spécifique aux plantes, est caractérisé par une succession de résidus hydrophobes à intervalles plus ou moins réguliers, formant une hélice amphipathique. Il a été suggéré que cette partie permet la dimérisation des facteurs MADS (Theissen *et al.*, 2000).

C est très variable en séquence ; sa fonction est inconnue.

L'analyse phylogénétique des gènes MADS de plantes montre qu'il s'agit d'un ensemble monophylétique, et que plusieurs lignées apparaissent : celles des gènes du groupe A (du SCG), du groupe B, du groupe C. Les gènes du groupe D sont contenus dans la « lignée C ». Enfin, comme nous l'avons annoncé plus haut, il existe la lignée Im.

2.3.2 Cormophytes et gènes MADS

a) Fougères

Bien qu'on ait trouvé des gènes MADS chez une mousse et un Lycopode, ces découvertes restent à confirmer. En revanche, des gènes MADS ont été identifiés et clonés chez les Fougères (Filicinées ou Filicophytes). Les travaux réalisés chez les Fougères ne sont cependant pas généralisables car s'appuient uniquement sur la plante modèle *Ceratopsis richardii*. Ce sont les gènes *CRM* (*Ceratopsis richardii MADS*), dont la structure est de type MIKC (Theissen *et al.*, 2000). L'analyse phylogénétique des gènes MADS suggère que les Spermaphytes et les Fougères ont un ancêtre commun, à partir duquel se seraient formés les ensembles de gènes MADS des plantes actuelles par duplication/spéciation. Cependant, comme il existe déjà plusieurs lignées de gènes MADS chez les Fougères, on n'exclut pas *a priori* la possibilité d'un ancêtre commun à 2 voire 3 gènes MADS. Quoi qu'il en soit, même si les gènes MADS des Spermaphytes et des Filicophytes sont homologues, il n'en demeure pas moins qu'il ne sont probablement pas orthologues.

Plus précisément, des études d'hybridation *in situ* ont montré chez *Ceratopsis richardii* que les gènes MADS s'y expriment aussi bien dans le gamétophyte que le sporophyte, dans des tissus végétatifs en général, à l'exception de trois gènes comme *CRM-1*, qui s'expriment entre autres au niveau des sporanges. Cette situation est très différente de celle des Angiospermes, pour lesquelles les gènes MADS sont impliqués seulement dans le développement sporophytique, à l'exception de *AGL-17* chez *Arabidopsis* (qui s'exprime dans le pollen). Par ailleurs, contrairement aux Fougères, les gènes MADS s'expriment de façon organe-spécifique en général. Un autre caractère distinguant les gènes MADS de Fougères est l'existence de l'épissage alternatif pour leur très grande majorité, qui n'a été rapportée que dans un seul cas chez les Angiospermes. Par ailleurs, un certain nombre de gènes MADS de Fougères, bien qu'ayant une structure de type MIKC, présentent des triplets STOP ou d'autres anomalies. Il est possible que les protéines formées soient incomplètes, auquel cas leur fonction reste à préciser, ou bien qu'il existe d'autres processus comme l'édition des ARN correspondants.

b) Gymnospermes

Les gènes MADS de Gymnospermes ont été particulièrement étudiés chez les Conifères. Chez l'*Epicea* (Pinacées), au moins deux gènes MADS ont été clonés, *DAL-2* et *SAG-1*, et il a été montré que *SAG-1* peut complémenter des mutants *ag* d'*Arabidopsis* (Owens *et al.*, 1998). Par ailleurs, des homologues des facteurs B d'*Arabidopsis* ont également été trouvés, ce qui permet de supposer que, de façon similaire aux Angiospermes, chez les Conifères, les cônes mâles sont formés grâce à la combinaison des homologues de B et de C, et que les cônes femelles sont constitués par l'expression de C (qui endosserait également la fonction D) seul.

> ***Remarque :*** Chez les Gnétales (*Ephedra sp.*), trois gènes MADS ont été identifiés : *GGM-4*, *GGM-5*, *GGM-6*.

En outre, les analyses phylogénétiques semblent indiquer que l'ancêtre commun hypothétique des Gymnospermes aurait au moins deux gènes MADS, à partir desquels se seraient formés les groupes de gènes MADS des plantes actuelles par duplication et divergence.

c) *Angiospermes*

Avant de tracer les principaux traits relatifs aux gènes MADS des Angiospermes, nous allons donner quelques indications concernant la phylogénie, ce qui nous servira de support pour la suite. Ces indications seront donc brèves, d'autant plus que la phylogénie sera précisée plus loin (voir chapitre 3).

➤ Phylogénie des Angiospermes

Ces dernières années, les phylogénies moléculaires ont montré que les Angiospermes constituent un groupe monophylétique, et qu'elles s'organisent en plusieurs lignées, dont certaines étaient déjà pressenties par les systématiciens avant l'avènement de la phylogénie moderne. Ainsi, on distingue le groupe paraphylétique des **Paléo-herbacées non monocotylédones**, comprenant notamment les Nymphéales, et les Pipérales. Ensuite, l'on a le groupe paraphylétique dénommé **complexe magnoliidé**, comportant notamment les Magnoliales; puis le groupe monophylétique des Monocotylédones. Enfin, on a le groupe monophylétique des Eudicotylédones qui commence aux Renonculales et s'achève aux Astérales, en passant par les Caryophyllales et les Rosidés.

➤ Étude des gènes MADS chez les Monocotylédones

Les gènes MADS et leur expression ont été l'objet de très peu d'études en dehors des organismes modèles comme *Arabidopsis*, le Pétunia, ou le Muflier *Antirrhinum majus*, à une exception près, le Maïs (*Zea mays*, Poacées). Chez les Poacées, les fleurs possèdent des étamines et des carpelles, mais n'ont pas de pétales ni de sépales. En revanche, elles possèdent des pièces à l'allure de bractées : les glumes, les glumelles, et les glumellules (*figure 2.27*). L'observation morphologique suggère que les glumes ont probablement une valeur de bractées, dans la mesure où elles sont disposés de façon plus externe par rapport aux autres pièces florales, et où elles encadrent les quelques fleurs d'un épillet (petit épi de 2 ou 3 fleurs). En revanche, il est tentant de supposer une équivalence entre glumelles et sépales, et entre glumellules et pétales. Une réponse décisive a été apportée récemment par l'étude des homologues des gènes MADS d'*Arabidopsis* chez le Maïs (Ambrose *et al.*, 2000).

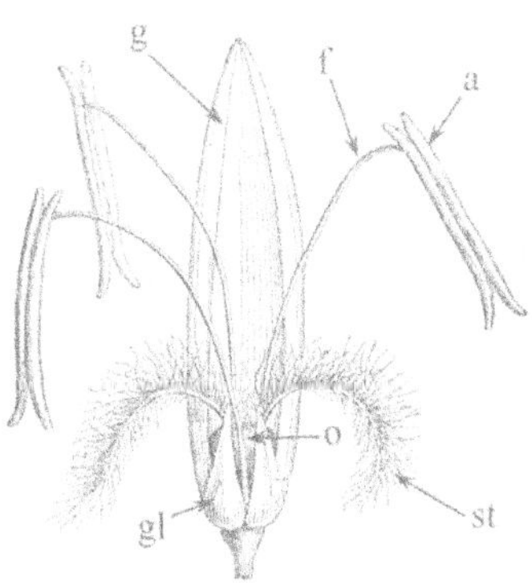

Figure 2.27 Structure d'une fleur de graminée dont une glumelle a été ôtée.
g, glumelle; f, filet; a, anthère; o, ovaire; st, stigmate; gl, glumellule.
(Modifié, d'après Duchartre, 1885)

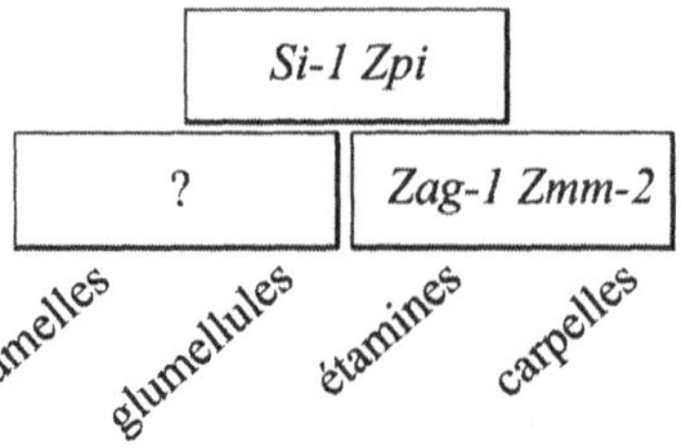

Figure 2.28 Déterminisme génétique de la mise en place des verticilles chez le Maïs (voir le texte pour les détails).

Dès le début du XXe siècle, des mutants d'architecture florale ont été observés chez le Maïs (Fraser, 1933), comme *si-1* (*silky-1*) chez lesquels les étamines sont remplacées par des pièces féminisées à l'allure de bractées, et les glumellules par des pièces ressemblant à des glumelles. Plus précisément, les étamines possèdent un réseau vasculaire marqué, et des extensions stigmatiques. Ces fleurs ne s'ouvrent pas car elles sont bloquées par le développement des glumelles à la place des glumellules. Par ailleurs, les mutants possèdent en général plusieurs pistils : un central, et trois autres se développant à la place normalement occupée par les étamines. Ces derniers sont néanmoins stériles. La mutation *si-1* n'est donc pas sans rappeler les mutants pour la fonction B chez *Arabidopsis*. Le gène correspondant, *si-1*, a été cloné et présente une identité importante avec *ap-3* d'*Arabidopsis* ou bien *def* d'*Antirrhinum*. Ce gène a bien une structure de gène MADS, et la protéine qu'il code a une structure de type MIKC. Des hybridations *in situ* ont confirmé que *si-1* s'exprime bien dans les primordium d'étamines et de glumellules.

Ces études sur le gène *si-1* font partie des dernières données qui viennent achever le modèle de commutation génétique chez les Graminées, qui ressemble au SCG d'*Arabidopsis* : il existe un SCG voisin à trois fonctions, où C est représentée par Zag-1 et Zmm-2, B par Si-1, et A par des facteurs inconnus (*figure 2.28*). On remarque que C comporte deux facteurs, alors qu'Ag supporte seul cette fonction chez *Arabidopsis*, et que la fonction B ne comporterait quant à elle qu'un seul facteur, bien que *zpi* ait été identifié dernièrement comme un gène ayant une identité importante avec *pi*. Aucune donnée fonctionnelle n'existe à ce jour sur la fonction A chez le Maïs, ni sur une éventuelle fonction D.

Dès lors, bien qu'il reste certaines choses à préciser, il semble bien que le SCG de type « ABC » soit conservé au cours de l'évolution des Angiospermes, puisqu'on le retrouve chez les Monocotylédones, dans lesquelles la fonction A spécifie les glumelles, la combinaison A-B les glumellules, la combinaison B-C les étamines, et C le pistil. Ainsi, cela démontre qu'il existe une équivalence sépales-glumelles, et pétales-glumellules.

➤ Gènes MADS et phylogénie des Angiospermes

À partir du moment où, comme nous l'avons suggéré, le SCG de type ABC est sans doute très conservé chez les Angiospermes, et compte tenu de l'architecture florale des grands groupes (voir *supra*), il est possible de formuler des hypothèses concernant l'évolution des verticilles et son parallèle en terme d'expression de gènes MADS. Nous appellerons par la suite le modèle de duplication-spéciation des gènes, l'HYPAG (pour l'*hypothèse relative au parallèle architecture-gènes MADS*). Il convient, pour bien suivre cette dernière, de partir de la structure florale des différents groupes.

Les gènes MADS chez d'autres Angiospermes

Outre chez *Arabidopsis*, chez le Muflier (*Antirrhinum*), et chez le Pétunia, des gènes MADS ont été précisément identifiés chez la Tomate, l'Asperge, et plus récemment chez l'Eucalyptus. En effet les gènes *egm1*, *egm2* et *egm3* d'*E. grandis* ne s'expriment pour ainsi dire que dans les fleurs, *egm3* s'exprimant également dans le réceptacle. En particulier, *egm2*, très proche de *globosa* du Muflier, s'exprime dans les pétales et les étamines (Southerton *et al.*, 1998). Les autres gènes présentent des profils d'expression moins nets. Il semble donc que le SCG soit également présent chez les Myrtales. Chez le Concombre (Cucurbitacées), des gènes comparables ont été également été étudiés (gènes *CUM*). Les profils d'expression sont également similaires à ceux observés chez *Arabidopsis*. Cependant, il existe deux gènes C chez le Concombre : *CUM-1* et *CUM-10* (Kater *et al.*, 1998). Enfin, il existe des gènes MADS s'exprimant le plus souvent dans tout le primordium floral et finalement dans tous les organes de la fleur, dont les fonctions restent à préciser; ce type de gènes a été mis en évidence aussi bien chez les Orchidées (Yu et Goh, 2000) que chez les Rosacées (Sung *et al.*, 1999).

– Les Pipérales : un prototype de ce groupe est *Peperomia sp.*, chez lequel les fleurs sont bisexuées mais très simples, car, outre la bractée, elles se réduisent à deux étamines (chez *P. glabella* par exemple) et un pistil, c'est-à-dire qu'il n'y a pas de périanthe. La formule florale peut s'écrire simplement : **, -0-, 1-10, 1-4, drupe*. L'absence de périanthe conduit à supposer qu'il n'existe pas de fonction A chez ces plantes.

– Les Nymphéales : une fleur bien connue de ce groupe est celle du Nymphéa, fleur actinomorphe, présentant des tépales nombreux, *n* étamines, *n* carpelles soudés, et bien souvent des pièces intermédiaires entre étamines et tépales (*figure 2.29*).

> ***Remarque :*** La transformation progressive des tépales en étamines lorsqu'on progresse vers l'intérieur de la fleur fait partie des arguments de Goethe en faveur de sa **théorie de la métamorphose**. Son idée de métamorphose des tépales en étamines retrouve son équivalent aujourd'hui sous la forme de commutations génétiques, qui spécifie l'identité des organes à partir de massifs cellulaires ayant *a priori* les même potentialités (comme en attestent les mutants homéotiques). Par ailleurs, un exemple très connu des horticulteurs de « métamorphose » florale est celui des **fleurs doubles**, chez lesquelles, le plus souvent, ce sont des étamines qui sont converties en pétales, donnant une impression de « doublement » de l'épaisseur du périanthe.

– Les Liliales : une famille typique de ce groupe est celle des Liliacées, comprenant en particulier le Lis, plante de type 3, ayant 3 sépales pétaloïdes, 3 pétales (soit 6 tépales), 6 étamines et 3 carpelles soudés. Dans ce cas, on suppose que les tépales externes sont

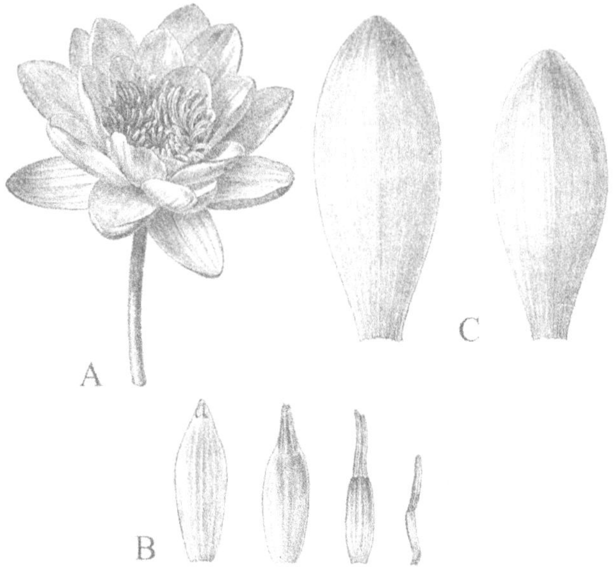

Figure 2.29 Fleur de Nénuphar blanc en vue externe (A), avec différentes pièces florales intermédiaires entre étamine et tépale (B, C). Les pièces florales sont plus internes de la gauche vers la droite. (Modifié, d'après Duchartre, 1885)

des sépales modifiés sans doute secondairement en pétales. Comme chez les Nymphéales, nous sommes conduits à supposer que sur un large domaine, A et B s'expriment simultanément, et qu'il n'existe pas de verticille où la fonction A est seule.

- Les Poales : les Graminées constituent un bel exemple, que nous avons détaillé ci-dessus en prenant le cas du Maïs ; nous avons été amenés à la conclusion que vraisemblablement l'organisation sépales-pétales-étamines-carpelles en 4 verticilles existe bel et bien chez ces plantes, mais est très modifiée.
- Les Eudicotylédones : *Arabidopsis thaliana* (Brassicacées), ou même le Muflier *Antirrhinum majus* (Plantaginacées) en sont des exemples typiques.

L'HYPAG peut être résumée par la *figure 2.30*, très grande simplification de la réalité. La divergence Gymnospermes-Angiospermes s'accompagne vraisemblablement de l'acquisition d'une fonction A. La duplication d'un gène de type *agamous* aurait engendré un gène à fonction C et un à fonction D, deux fonctions apparemment assurée par le même gène chez les Gymnospermes. Toujours d'après cette figure, chez les Pipérales, la fonction A est perdue. L'absence d'expression de la fonction A **seule** dans le ou les premiers verticilles conduit à un périanthe constitué uniquement de tépales.

2.3.3 Gènes et type floral

Des mutants d'*Arabidopsis thaliana* présentent un nombre anormal d'organes floraux ou de verticilles. C'est le cas de *clavata* (*clv*), qui possède un méristème floral élargi et ainsi davantage de verticilles. Dans certains cas, les mutants ectopiques *35S : ap-3* ont un (ou des) verticille(s) supplémentaire(s) d'étamines. Chez le mutant *sup* (*superman*), des

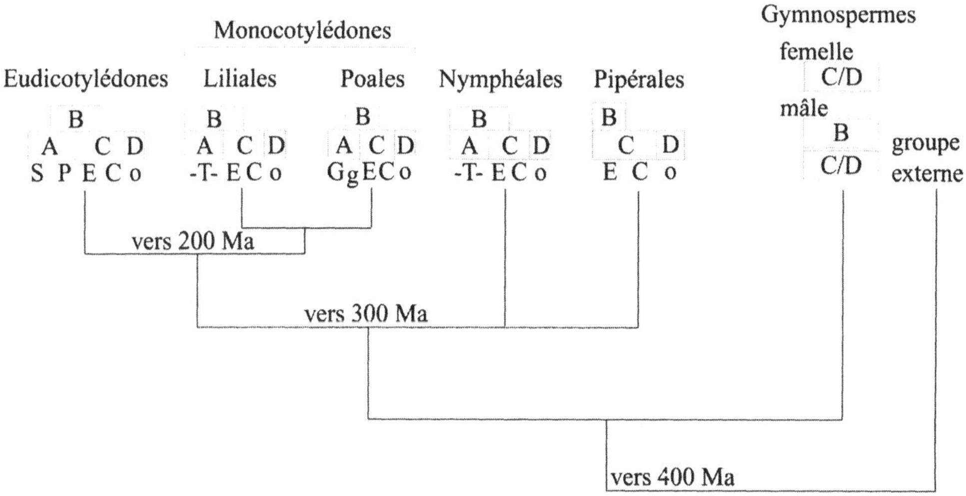

Figure 2.30 Hypothèse relative à la phylogénie des gènes déterminant l'architecture florale (ou HYPAG, voir texte).

Les fonctions génétiques associées sont indiquées avec leurs initiales A, B, C, D et C/D (fonction commune des Gymnospermes). E, étamine; G, glumelle; g, glumellule; -T-, tépales; C, carpelles; o, ovules. Des repères chronologiques sont indiqués en millions d'années. (Modifié, d'après Theissen *et al.*, 2000).

étamines surnuméraires se trouvent sur les verticilles 3 et 4. Ainsi, il est possible que le nombre d'étamines soit fixé dans la fleur par l'antagonisme entre les facteurs Sup et Ap-3/Pi, et en particulier par le biais de l'inhibition de *ap-3* et *pi* par Sup dans le verticille 4 (Howell, 1998). Cependant, des expériences d'hybridation *in situ* ont montré que *sup* s'exprime à la frontière entre les verticilles 3 et 4. Par ailleurs, la présence d'étamines surnuméraires suggère un nombre de divisions cellulaires plus important que la normale à ce niveau, ce qui permet de supposer que *sup* serait un répresseur des divisions cellulaires vers le verticille 3 et activateur dans le verticille 4. La démonstration de ce modèle proposé par Sakai (1995) reste cependant à préciser. Un autre gène, *fon-1* (*floral organ number 1*), semble contrôler le nombre d'organes floraux des troisième et quatrième verticilles, car le mutant *fon-1* possède plus d'étamines et de carpelles que le sauvage.

Le mutant *periantha* (*pan*) est bien plus intéressant, dans la mesure où ce mutant d'*Arabidopsis* possède des fleurs de type 5 parfaitement formées (de formule florale : *, *5, 5, 5,*②), et non de type 4 comme chez le sauvage (*, *4, 4, 4* + *2,*②). Chez le mutant *pan*, les pétales alternent avec les sépales, les étamines sont épisépales. La bractée fait face à un pétale. La fleur du mutant présente donc une organisation de type 5 typique. Le détail du mode d'action du gène *pan* reste cependant à déterminer. Il n'en demeure pas moins que l'acquisition de ce gène (et éventuellement d'autres gènes qui lui sont associés) serait responsable de la structure originale [*4, 4, 4* + *2,*②] des Brassicacées. En outre, l'existence de ce gène, ainsi que celle du système ABCD que l'on retrouve par ailleurs dans d'autres espèces, mettra probablement fin aux nombreuses théories qui voyaient l'origine de la fleur des Brassicacées dans une inflorescence très modifiée et contractée (pour revue, voir Vallade, 1999).

Chapitre 3

Évolution du plan d'organisation floral

Engager la discussion à propos de l'évolution florale chez les Angiospermes revient à se pencher sur l'histoire de ces organismes, ce qui nécessite de regarder la **phylogénie**. C'est pourquoi nous allons commencer par l'observation de l'arbre phylogénétique (consensus) des Angiospermes, afin d'en dégager les notions les plus importantes pour interpréter les structures florales. La démarche inverse (reconstruire un arbre phylogénétique à partir de caractères floraux) aurait peut-être été plus pédagogique ; cependant, elle demande une connaissance étendue des groupes botaniques. En outre, les arbres phylogénétiques utilisés aujourd'hui ont également été établis par des données moléculaires qui ne sont pas intuitives.

3.1 LA PHYLOGÉNIE DES ANGIOSPERMES

3.1.1 Principes d'obtention d'un arbre phylogénétique

a) Définitions

De façon très simplifiée, on peut distinguer deux types de constructions (ou **arbres**) phylogénétiques : les **cladogrammes**, et les **phénogrammes**. Ces deux types font précisément référence à la façon dont ces arbres ont été obtenus. Les cladogrammes utilisent des caractères binaires – de type oui/non, 0/1, etc., comme par exemple la persistence d'un caractère (ex. actinomorphie) et sa perte (dans ce cas zygomorphie) – ou ternaire, et plus généralement **discret**. À chaque bifurcation de l'arbre, un caractère de ce genre prend une valeur sur une branche, et une autre sur la seconde branche. Les phénogrammes, en revanche, sont construits grâce aux calculs de distances : distances génétiques, morphologiques, etc. La longueur des branches est en général proportionnelle à la distance calculée. Pour réaliser un phénogramme, on utilise une **matrice de distances** entre les objets de l'étude phylogénétique. En théorie, il est possible de construire de proche en proche un phénogramme « à la main », en calculant au fur et à mesure les matrices entre les barycentres (les nœuds) et les objets restants. Cependant, des algorithmes permettent de réaliser les phénogrammes avec un ordinateur. Il en est de même pour les cladogrammes. En général, les arbres sont construits en utilisant le principe de **parcimonie**, stipulant que l'on fait le plus d'économie possible du nombre de changements d'état de caractères (en particulier, il faut étudier avec attention les **réversions** supposées de caractères – voir *infra*).

b) Des pièges à éviter

Les indications très succinctes données ci-dessus permettent néanmoins d'entrevoir quelques problèmes dont il faut se méfier.

- Les arbres sont sensibles aux **conditions initiales**, c'est-à-dire aux objets utilisés pour le construire. L'ajout d'un objet à un ensemble d'objets organisés en arbre phylogénétique peut modifier de façon importante cet arbre. Évidemment, la modification des caractères utilisés change également l'arbre considéré. Il faut donc se soucier de la **robustesse** des arbres.
- Le nœud séparant deux branches d'un phénogramme **ne représente pas** l'ancêtre commun entre les deux objets considérés. Il s'agit d'un milieu (barycentre). Par contre, l'existence d'un nœud **suggère** que les deux objets ont probablement eu un ancêtre commun, **aujourd'hui inconnu**.
- Il a souvent été utilisé une série de termes comme « évolué » et « primitif ». Une espèce se séparant sur une branche commençant à la base de l'arbre phylogénétique **n'est pas** primitive. Puisqu'on l'observe encore aujourd'hui, elle a subi les effets des processus évolutifs, comme toutes les autres. Par exemple, il n'y a pas de raison de dire que le Pin maritime est moins évolué que la Marguerite ; le Pin a bel et bien évolué depuis son apparition, le Pin d'aujourd'hui étant différent du Pin d'hier, au moins du point de vue génétique. Par ailleurs, l'existence d'une branche très longue, comme c'est le cas d'espèces se détachant à la base des arbres, ne signifie pas forcément que l'évolution a été également très longue et donc qu'il s'agit d'une espèce émergeant très tôt au cours de l'Évolution. L'interprétation des arbres utilisant les distances part souvent du principe suivant : si la distance (génétique en particulier) est très grande, alors l'espèce a émergé précocement. Or il n'en est rien si la vitesse d'évolution de la branche considérée est élevée. Ce phénomène, l'**attraction des grandes branches**, a été à l'origine de regrettables confusions. Pour terminer concernant la terminologie, les espèces émergeant à la base de l'arbre ne doivent donc pas être qualifiées de primitives, mais plutôt (et ce qui est plus exact d'un point de vue phylogénétique) de **conservatrices.**
- Les phylogénies reposent sur l'idée sous-jacente d'**homologie**. Deux objets sont homologues s'ils ont une origine commune (il existe un ancêtre commun). À l'inverse, deux objets très semblables (deux espèces ayant un trait en commun) n'ont pas

forcément d'ancêtre commun. Par exemple, une réversion de la zygomorphie vers l'actinomorphie d'une espèce A peut *a posteriori* nous faire placer A dans un groupe n'ayant jamais connu de transition vers la zygomorphie. Cette erreur involontaire est un exemple d'**homoplasie.**

c) Parcimonie, pondération, fiabilité

La construction d'un arbre phylogénétique repose toujours sur un certain nombre d'hypothèses, qui ont le plus souvent à voir avec la **vraisemblance** ou la probabilité de changement d'état d'un caractère. Notamment, supposons un caractère discret ayant plus de deux états possibles. Comment s'opèrent les glissements d'un état à un autre c'est-à-dire : les glissements obéissent-ils à un **ordre donné** ou non ? L'existence d'un ordre imposé réduit le champ des possibilités des successions de glissements (*i.e.* changements d'état), et est donc responsable d'une certaine « économie », dite **parcimonie** (ou démarche) **de Wagner.** Lorsque l'ordre n'existe pas, on parle de **démarche de Fitch.**

Par ailleurs, l'état d'un caractère peut changer, puis revenir à son état initial : on parle de **réversion.** Un autre cas particulier concerne l'acquisition indépendante de caractères communs par deux **phylums** séparés, et pour lequel on parle de **parallélisme.** Ces deux processus, réversion et parallélisme, doivent se voir attribuer des probabilités lors de la construction d'un arbre phylogénétique. La **méthode de Dollo** suppose les réversions aisées (la mutation ou la délétion d'un seul gène peut mener à la « perte » d'une fonction), et les parallélismes improbables (faible probabilité que deux batteries de gènes comparables apparaissent de façon indépendante). La définition de « perte » ou « gain » dans la méthode de Dollo suppose un état d'origine, c'est-à-dire que les arbres établis de cette façon sont obligatoirement **racinés** (les arbres sans racine sont nommés **réseaux**).

Parfois, lors d'analyses cladistiques, les caractères sont **pondérés.** Le problème réside alors dans l'attribution des poids aux différents caractères. Une méthode – dite pondération successive – consiste à réaliser un arbre phylogénétique préliminaire en donnant un poids identique à tous les caractères. Sur les arbres les plus courts obtenus, on repère alors les caractères présentant le moins d'homoplasie. Ces derniers se verront attribuer les poids les plus importants. Il existe d'autres moyens utilisant les données de la génétique (par exemple, on sait que les transitions et les transversions n'ont pas les mêmes fréquences dans la nature). Cependant, les arbres sont souvent construits **sans pondération.** De plus, on suppose aussi fréquemment que le changement d'état d'un caractère **n'affecte pas** la probabilité de changement d'état d'un autre caractère, ce qui n'est sans doute pas le cas en réalité.

Finalement, quel crédit accorder à un arbre phylogénétique ? Un premier coup d'œil sur un arbre doit notamment regarder les caractères susceptibles d'engendrer des homoplasies. Cela permet de calculer rapidement un **indice de confiance**, qui est égal au nombre minimal de changements (génétiques notamment) évolutifs, divisé par celui réellement observé dans l'arbre. L'indice de confiance varie donc entre 0 (mise en doute) et 1 (confiance). Un problème de cet indice est que certains caractères ne sont pas informatifs (ex. caractère dérivé unique, *i.e.* autapomorphie – voir *infra*). Ces caractères vont augmenter en quelque sorte « inutilement » l'indice de confiance. Aussi utilise-t-on d'autres indice comme l'indice de rétention r :

$$r = \frac{M-L}{M-m}$$

où L est la longueur réelle de l'arbre, M sa longueur maximale, et m sa longueur minimale. L revient au nombre de changements réels de l'arbre, et m au nombre minimal de changements. M est le nombre de changements qu'on observerait si tous les taxons ayant un caractère dérivé étaient indépendants.

Il existe des méthodes statistiques permettant de donner également des indications concernant la confiance qu'on peut accorder aux arbres (*bootstrap*, etc.). Par ailleurs, un moyen de savoir si un arbre est fiable est de comparer les arbres obtenus avec des données très différentes (ex. morphologie et séquences nucléotidiques de l'ADN chloroplastique).

Enfin, il est possible d'« élaguer » un arbre phylogénétique. En effet, les analyses phylogénétiques fournissent généralement plusieurs arbres possibles. On impose d'ailleurs des règles pour choisir les arbres :

- les plus simples : c'est la **règle de parcimonie** ;
- les plus vraisemblables : on utilise la méthode du **maximum de vraisemblance** ;
- les plus économes en distance : on minimise la distance totale (plusieurs moyens mathématiques sont possibles).

Mais plusieurs arbres peuvent encore être en concurrence. On réalise alors à partir d'eux un arbre « résumé », dit arbre **consensus**, concentrant les informations communes et figurant les incertitudes. Les arbres consensus **stricts**, quant à eux, ne contiennent que les groupes **monophylétiques** communs aux arbres possibles.

3.1.2 Éléments de description des arbres phylogénétiques

a) Synapo-, symplésio-, et autapomorphies

Une terminologie particulière est utilisée pour décrire les arbres phylogénétiques, et notamment pour qualifier les caractères des espèces. On dit qu'un trait constitue une **synapomorphie** lorsqu'il représente l'état d'un caractère, dérivé et commun à tout un groupe. La signification phylogénétique d'un groupe repose beaucoup sur l'existence d'une synapomorphie. Une **symplésiomorphie** est un caractère conservé à l'état ancestral. Une **autapomorphie** est un caractère partagé par un seul groupe, sans répondant dans les autres. Cela signifie qu'une autapomorphie n'est d'aucun secours pour le phylogénéticien. Par exemple, les hyperstigmates des Monimiacées leur sont spécifiques et donc cela ne nous dit rien d'intéressant pour mettre en rapport les Monimiacées avec d'autres familles.

b) Paraphylie, monophylie, et polyphylie

Une fois l'arbre construit, encore faut-il qualifier les groupes obtenus. Nous désignerons par « groupe » un ensemble de k espèces. Un groupe d'espèces partageant un ancêtre commun et un seul est dit **monophylétique**. Un groupe d'espèces partageant plusieurs ancêtres communs est dit **polyphylétique**. Dans les deux cas, le (ou les n) ancêtre(s) a (ont) donné naissance aux *k* espèces exactement. S'il existe une ou plusieurs espèces du groupe qui n'est (ne sont) pas issue(s) du (ou des) ancêtre(s), il s'agit d'un groupe **paraphylétique.** Il en est de même si les ancêtres ont conduit à d'autres espèces n'appartenant pas au groupe considéré. On comprend aisément que la légitimité d'un groupe (et de son **nom**) n'est acquise que dans le cas des groupes monophylétiques, puisque le regroupement prend une dimension historique. Il est notamment remarquable que les Bryophytes, les Ptéridophytes, ou même les Ptéridospermées constituent des groupes paraphylétiques.

3.1.3 L'arbre phylogénétique des Angiospermes

a) Un peu d'histoire

Les premiers travaux concernant la phylogénie des Angiospermes sont nombreux, et nous n'aborderons pas leur étude détaillée. Le premier souci de classification apparaît à la Renaissance (avec notamment des naturalistes comme Caesalpino, 1519-1603). L'existence de familles botaniques a été suggérée en premier par Magnol en 1689, et leur identification reposait sur des caractères morphologiques de la plante entière, ou sur la présence d'une « affinité sensible » indéfinissable, plutôt de l'ordre de l'intuition. Les notions d'**espèces** et de **genres,** quant à elles, ne sont pas établies avec simplicité. Tournefort (1656-1708) proposa le regroupement de plantes ayant des traits communs dans des genres d'ordre 1, et à l'intérieur de chacun d'eux, les plantes ayant des caractères communs (et non partagés par les autres plantes du genre d'ordre 1) dans des genres d'ordre 2. Pour Linné (1707-1778), les genres constituent des entités « naturelles », présentant un certain nombre de caractères précis : *characterem non constituere genus, sed genus characterem.* C'est-à-dire que les genres existent dans la nature, indépendamment des caractères utilisés pour les décrire. Il inventa alors la **nomenclature binomiale** destinée à nommer les espèces, qu'il jugea également « naturelles » (c'est réellement au XXe siècle que l'on admit que les genres et les familles sont davantage « artificiels » que les espèces). Linné utilisa donc uniquement les espèces ou les genres, pour établir une classification des plantes basée sur les fleurs et les fruits essentiellement, prenant d'abord en considération le nombre d'étamines et l'agencement, puis la composition du gynécée (nombre de stigmates, de styles). Ainsi se construisirent 67 familles, avec malheureusement à leurs côtés un « résidu » de quelques genres non classés. Les travaux de Jussieu (1748-1836), formidable botaniste, aboutirent à l'établissement de familles dont les caractéristiques demeuraient parfois floues. En effet, Jussieu considéraient que les espèces constituaient un continuum évolutif, et qu'il était donc difficile d'établir les limites d'un groupe inclus dans un ensemble continu.

Bien que l'établissement des groupes botaniques ne fût pas exempt de difficultés, les scientifiques cherchèrent également à organiser les différents groupes à l'aide de **probables filiations.** Le besoin de trouver des caractères à cette fin se fit donc sentir, et Adanson (1727-1806) fut le premier à souligner le problème de la **pondération** de ces derniers, en suggérant qu'*a priori* aucun caractère n'est essentiel par rapport aux autres, tant qu'il permet de scinder les groupes botaniques. Jussieu n'entendait pas le problème de la même oreille, argumentant qu'il était possible, de proche en proche, avec les **similitudes** entre espèces, de construire des groupes de plus en plus petits, montrant par là que les caractères n'ont pas la même valeur puisqu'ils s'appliquent à des niveaux différents. En 1778, Lamarck (1744-1829) proposa une sorte d'arborescence en pondérant numériquement des caractères. Des filiations entre familles existantes furent proposées, notamment par les schémas dits « en cactus » de Bessey (1845-1915). Dahlgren publia quant à lui des sortes de « coupes » d'arbres phylogénétiques (dahlgrenogrammes), représentant des amas de groupes botaniques. Cependant, les relations entre ces groupes demeuraient imprécises.

Vers 1940, Glimour (1906-1986) fit remarquer que les caractères pris en compte pour établir les groupes botaniques étaient globalement les mêmes que ceux utilisés pour mettre en place des filiations putatives, ce qui sous-entendait une démarche circulaire. Il fallait dès lors trouver des caractères communs indépendants de ceux utilisés en identification/classification. Les principes finalement utilisés en phylogénie ont été donnés par Hennig (1950) et Wagner (1969) (voir *supra*).

b) *La phylogénie aujourd'hui*

➤ Généralités

Nous présentons tout d'abord un arbre phylogénétique des grands groupes d'Angiospermes, basé sur les caractères morphologiques et les séquences des gènes *rbcL*, *atpB*, et des gènes ribosomaux *18S* (Soltis *et al.*, 1998). Sans aller immédiatement dans le détail, on remarque tout d'abord qu'il existe un **éclatement des Dicotylédones** (*figure 3.1*). Cela équivaut à dire que les Dicotylédones constituent un groupe paraphylétique. En effet, on constate que ces dernières s'organisent maintenant en au moins trois groupes : les Magnoliidés, les « paléo-herbacées » (*paleoherbs* en anglais), les Eudicotylédones. Les Monocotylédones, en revanche, sont monophylétiques.

Figure 3.1 Arbres phylogénétiques montrant les grands groupes d'Angiospermes (A), les Monocotylédones (B), les Eudicotylédones (C), et les Astéridées (D). ➤

L'arbre B a été obtenu par alignement de séquences du gène *rbcL*, les arbres A, C et D ont été obtenus à l'aide de caractères combinés issus de la morphologie, des séquences des gènes *rbcL*, *atpB* et des gènes ribosomaux 18S. (A) La place exacte des ordres des Illiciales et des Cératophyllales est incertaine; et il a été proposé qu'ils constitueraient, aux côtés des Nymphéales et des Austrobaileyacées, un groupe frère de l'ensemble des autres Angiospermes. Dans un souci de simplification, ces ordres sont ici figurés sous la forme d'un « râteau ». Les Amborellacées ne sont pas intégrées à cette phylogénie et leur place est discutée plus loin (voir *figure 3.2.*). (B) Les Arales (groupe comprenant les Aracées) sont considérées comme incluses dans les Alismatales *s.l.*. L'ordre des Typhales comprend également des Sparganiacées (non figuré). (C) Les Rosidés sont parfois découpées en Eurosidés I (des Célastrales aux Fagales) et Eurosidés II (des Myrtales aux Sapindales), deux groupes monophylétiques. (D) De la même façon, les Astéridés sont parfois regroupées en Euastéridés I (Garryales, Solanales, Gentianales et Lamiales) et Euastéridés II (Aquifoliales, Apiales, Dipsacales, et Astérales), deux groupes monophylétiques. (Modifié, d'après Judd *et al.*, 1999 (A, C, D), et Bremer *et al.*, 2000 (B))

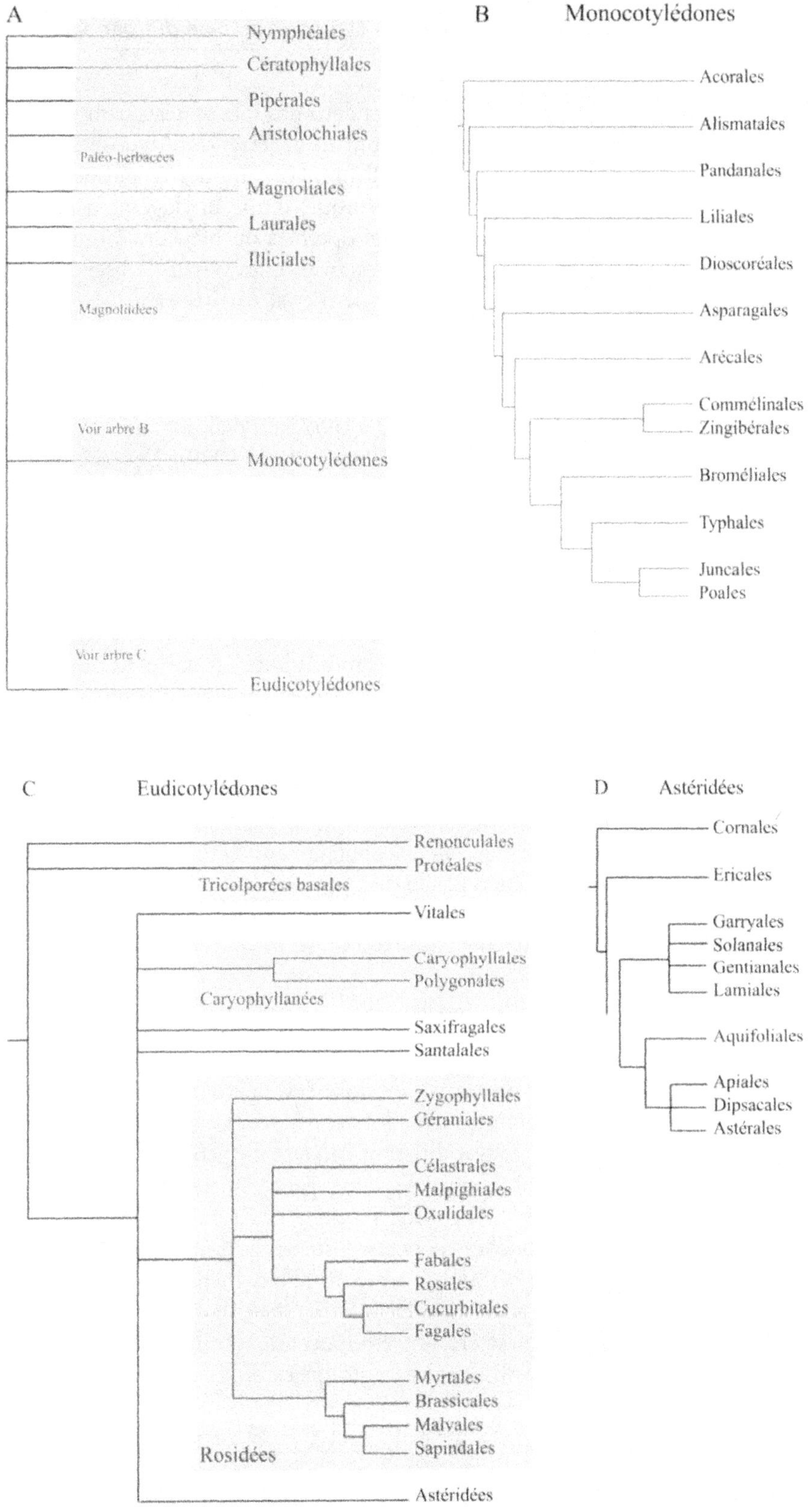
A
Nymphéales
Cératophyllales
Pipérales
Aristolochiales
Paléo-herbacées
Magnoliales
Laurales
Illiciales
Magnoliidées
Voir arbre B
Monocotylédones
Voir arbre C
Eudicotylédones
B
Monocotylédones
Acorales
Alismatales
Pandanales
Liliales
Dioscoréales
Asparagales
Arécales
Commélinales
Zingibérales
Broméliales
Typhales
Juncales
Poales
C
Eudicotylédones
Renonculales
Protéales
Tricolporées basales
Vitales
Caryophyllales
Polygonales
Caryophyllanées
Saxifragales
Santalales
Zygophyllales
Géraniales
Célastrales
Malpighiales
Oxalidales
Fabales
Rosales
Cucurbitales
Fagales
Myrtales
Brassicales
Malvales
Sapindales
Rosidées
Astéridées
D
Astéridées
Cornales
Ericales
Garryales
Solanales
Gentianales
Lamiales
Aquifoliales
Apiales
Dipsacales
Astérales

Les Magnoliales et les Nymphéales constituent deux groupes se dégageant vers la base de l'arbre. Cela ne signifie pas que ces plantes sont les ancêtres des Angiospermes, mais qu'elles sont davantage « conservatrices ». D'ailleurs, l'origine des Angiospermes reste encore aujourd'hui un problème non résolu puisque, d'une phylogénie à l'autre, les Gnétales sortent comme phylum frère des Angiospermes ou bien des Conifères (voir aussi Introduction). L'hypothèse des Magnoliales ancestrales venait d'observations très simples, qui les plaçaient à cheval entre Gymnospermes et Angiospermes. Notamment, ces plantes sont munies uniquement de trachéides à perforations scalariformes. En outre, les grains de pollen ont une paroi à structure grenue (voir *infra*). Des études phylogénétiques relativement récentes ont complété la phylogénie en montrant que les Amborellacées constituait une famille se séparant à la base du dendrogramme des Angiospermes, et peut-être associée aux Nymphéales (Soltis *et al.*, 1999). L'enracinement du dendrogramme des Angiospermes pose en effet un problème, puisqu'il arrive que les Amborellacées sortent ou bien seules à la base, ou bien associées aux Nymphéales.

Une étude, utilisant des méthodes développées ces quelques dernières années seulement, semble apporter une réponse à ce problème en utilisant simultanément des données génétiques de plusieurs compartiments cellulaires (Barkman *et al.*, 2000). Nous allons donner quelques indications sur ces méthodes car elles sont sans doute vouées à une utilisation abondante dans les études phylogénétiques futures. Après détermination des groupes externes optimaux (sélectionnés par OOA ou *Optimal Outgroup Analysis* [Lyons-Weiler *et al.*, 1998]), on opère une réduction du « bruit » phylogénétique (le bruit, qui abaisse le signal phylogénétique de l'arbre, est causé par des caractères sujets à problèmes : saturations, erreurs, attraction des grandes branches, etc.). Concrètement, ces méthodes utilisent une mesure du « signal » phylogénétique, le RAS (pour *Relative Apparent Synapomorphy score*). Ce dernier donne le nombre de fois où deux taxons i et j partagent un état de caractère, qui n'est par ailleurs pas présenté par les autres taxons (Lyons-Weiler *et al.*, 1996). Ainsi, on écrit que :

$$\text{RAS}_{i,j} = \sum_{k\,A} \sum_{c = 1 \text{ à } n} r$$

où A est le nombre de taxon du jeu de données, et c le numéro du caractère. Si $E_A\ (c)$ est l'état du caractère c dans le taxon A, on a $r = 1$ si et seulement si $E_i\ (c) = E_j\ (c) \neq E_A\ (c)$ pour tout A différent de i et j. Ce genre de calcul permet en particulier d'éliminer les problèmes de convergence (sortes de « fausses synapomorphies »), puisque le RAS quantifie l'unicité des caractères pris en compte pour rapprocher deux taxons. Deux taxons proches auront un RAS élevé, tandis que deux taxons plus éloignés auront un RAS faible, même s'il existe un ou des états de caractères convergents. De façon simplifiée, la réduction du « bruit » signifie l'élimination des caractères introduisant une diminution du RAS global, de même que l'OOA consiste à choisir le groupe externe donnant un RAS global optimal.

Les deux arbres en concurrence (Amborellacées seules à la base *versus* Amborellacées + Nymphéales, *figure 3.2*) ont été testés par la méthode du *boostrap*, les opérations ci-dessus ayant été préalablement réalisées (diminution du bruit,

OOA). Il semble bien que la confiance que l'on peut accorder à l'enracinement *associant Amborellacées et Nymphéales est plus importante* qu'à celui isolant les Amborellacées. Comme le soulignent Barkman *et al.*, d'un point de vue évolutif, ces considérations sur l'enracinement ont des répercussions modestes : les Amborellacées basales signifieraient que l'ancêtre commun des Angiospermes aurait des fleurs unisexuées, alors que les deux possibilités restent ouvertes dans l'hypothèse « Amborellacées + Nymphéales » (les Nymphéacées ont des fleurs hermaphrodites). Par ailleurs, *Amborella* ne possède pas de vaisseaux, ce qui n'est pas le cas des Nymphéales, et donc ce nouvel enracinement suggère que l'ancêtre des Angiospermes avait bien des vaisseaux, et qu'*Amborella* les a perdus secondairement.

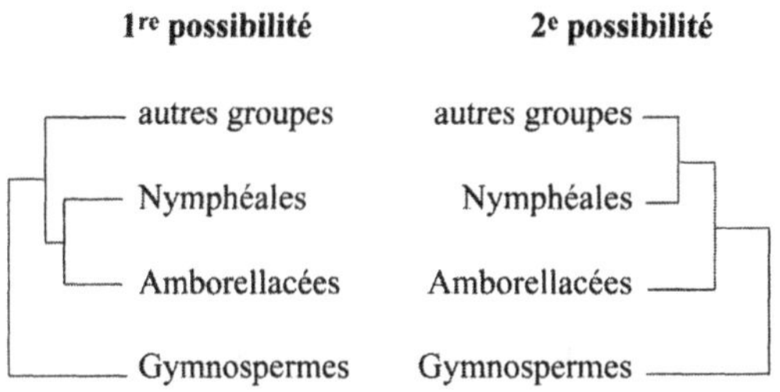

Figure 3.2 Deux possibilités d'enracinement des Angiospermes regroupant les Nymphéacées et les Amborellacées (1re possibilité) ou non (2e possibilité), étudiées par Barkman *et al.* (2000).

➤ De l'importance des grains de pollen

Les Eudicotylédones coïncident avec les Angiospermes **tricolporées** (dont le grain de pollen comporte trois **apertures colporées**, c'est-à-dire ayant trois pores, chacun disposé dans un sillon). On distingue en effet plusieurs types polliniques relatifs aux **apertures** (*tableau 3.1*, et *figure 3.3*).

TABLEAU 3.1 DIFFÉRENTS TYPES POLLINIQUES.

Type	Description	Exemple
Monosulqué	Un seul sillon	Magnoliacées
Monoporé	Un seul pore	Poacées
Trisulqué	3 sillons méridiens	Renonculacées
Tricolporé	3 pores enchâssés chacun dans un sillon	Nombreuses familles
Triporé	3 pores	Cucurbitacées
Polysulqué	Plus de 3 sillons	Cactacées
Polyporé	Plus de 3 pores	Convolvulacées

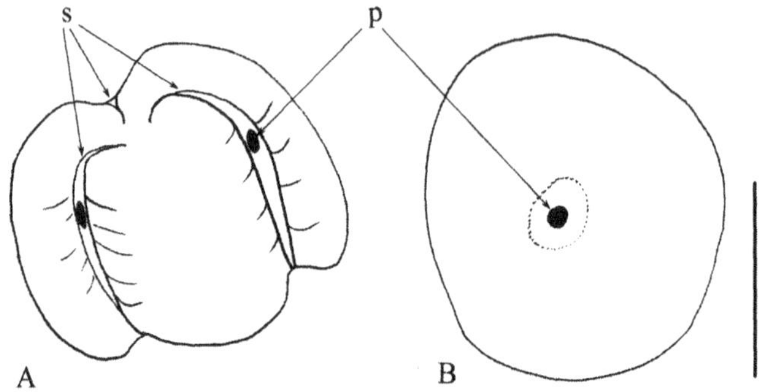

Figure 3.3 Représentation schématique de grains de pollen tricoporé (A) et monoporé (B). s, sillon; p, pore. La barre représente environ 20 µm.

Il avait été supposé que l'évolution allait dans le sens monosulqué → tricolporé (Le Thomas, 1999), les Magnoliales possédant des grains monosulqués et les Dicotylédones « évoluées » comportant en général des grains tricolporés. Les Monocotylédones auraient alors un grain à structure dérivée monoporée[1]. La phylogénie montre que le caractère trisulqué constitue une synapomorphie des Eudicotylédones, le caractère monoporé étant vraisemblablement une synapomorphie des Monocotylédones. L'état plésiomorphe (ancestral) des Angiospermes serait probablement un pollen **monosulqué**. Enfin, il existe des Angiospermes dont les grains sont dépourvus d'apertures, c'est typiquement le cas des Lauracées et des Monimiacées, deux familles sœurs de Laurales.

➤ Les Monocotylédones

Les Monocotylédones constituent donc un groupe monophylétique, caractérisé notamment par leur feuilles à nervation en général parallèle, leur embryon à un seul cotylédon, et leur appareil racinaire fasciculé (Judd *et al.*, 1999). Cependant, les caractères pris un à un ne constituent pas des synapomorphies de Monocotylédones (par exemple, des Nymphéacées ont un appareil racinaire adventif fasciculé). La monophylie des Monocotylédones est visible aussi bien sur des arbres construits à l'aide de données génétiques que morphologiques.

➤ Paléo-herbacées et Magnoliidés

Les paléo-herbacées constituent un groupe paraphylétique composé de différentes lignées, dont nous allons donner quelques éléments de description, car ce sont des plantes peu connues, au moins pour certaines.

Nymphéales : cet ordre ne comprend quasiment qu'une seule famille, les Nymphéacées[2]. Ce sont des plantes herbacées rhizomateuses, possédant un aérenchyme, et souvent des

1. En outre, la paroi du grain de pollen présente deux types de structures en microscopie électronique à transmission : *grenue ou columellaire*. Les Gymnospermes ont plutôt une paroi de type grenue, de même que les Magnoliidés, sauf les Wintéracées.

2. Les Nymphéacées regroupent les anciennes familles Barclayacées et Cabombacées, rangées dès lors comme sous-familles. Les Nymphéacées possèdent ainsi 5 sous-familles.

canaux laticifères. Les trichomes produisent en général des mucilages. Les fleurs possèdent des tépales (voir *chapitre 2, figure 2.29*). Le Lotus, et plus généralement les Nélumbonacées, bien que d'apparence proche des Nymphéas, sont rangés parmi les Eudicotylédones (Protéales).

Cératophyllales : cet ordre ne comprend qu'une famille monophylétique, les Cératophyllacées, groupe de plantes aquatiques, en général sans racines fonctionnelles. Les feuilles sont verticillées, et divisées de façon dichotomique. Fleurs unisexuées (monoécie) de formules : mâle *, -7 à 8-, 10-8, 0 et femelle *, -7 à 8-, 0, 1, akène.

Pipérales : cet ordre, caractérisé par plusieurs cercles de faisceaux cribro-vasculaires, des éléments de vaisseau à perforations simples, et des inflorescences en épis denses, comprend essentiellement deux familles : Pipéracées (Poivre, Peperomia) et Saururacées.

Aristolochiales : ordre composé des Aristolochiacées et des Lactoridacées. Les Aristolochiacées produisent des acides aristolochiques et ont un ovaire infère (synapomorphies de la famille).

Les Magnoliidés comprennent trois ordres : Magnoliales, Laurales, Illiciales. Les familles les plus importantes sont respectivement les Magnoliacées, les Lauracées, et enfin les Illiciacées avec les Wintéracées. Certains aspects concernant ces familles seront repris plus loin.

➤ Les Eudicotylédones

Les Eudicotylédones s'organisent en « Tricolporées basales » – un groupe paraphylétique comprenant les Caryophyllales –, et Tricolporées « centrales » incluant notamment les Rosidés et les Astéridés (dites Sympétales). Les Astéridés comprennent les Cornales, les Éricales, les Euastéridés I et II. Ces dernières tirent leur nom de la forme « en étoile » des fleurs. Elles sont centrées respectivement autour des Solanales-Lamiales en passant par les Gentianales, et des Apiales-Astérales.

La monophylie des Eudicotylédones est basée sur les analyses des séquences des gènes *rbcL* et *atpB* (Soltis *et al.*, 1998).

3.2 ÉVOLUTION DES CARACTÈRES FLORAUX LIÉS AU GYNÉCÉE

3.2.1 De l'angiospermie « limite » à l'angiocarpie

La fermeture des carpelles de façon hermétique, isolant le ou les ovule(s) de l'extérieur est une caractéristique des Angiospermes. Cependant, cette fermeture peut être limitée à un accolement très serré des flancs des carpelles, comme dans le cas du Magnolia (*figure 3.4*). C'est pourquoi ce dernier a souvent été considéré comme primitif par rapport aux autres Angiospermes. Une fermeture imparfaite, voire incomplète, a été supposée chez quelques Wintéracées (ce point est cependant contesté, voir Endress, 1994), rangeant cette famille avant même les Magnoliales dans une échelle évolutive. Cependant, la phylogénie ne montre pas que ces Magnoliidés se séparent à la base du dendrogramme à un niveau inférieur aux autres Angiospermes. Il est ainsi possible que l'ancêtre des Angiospermes ait eu une suture plus « parfaite » que les Wintéracées... ce qui nous mène à interpréter certains caractères considérés antérieurement supposés primitifs comme éventuellement dérivés. Les Résédacées comportent également une suture carpellaire là encore qualifiée d'imparfaite; il s'agit pour cette famille, sortant parmi les Brassicales, d'un caractère **dérivé**.

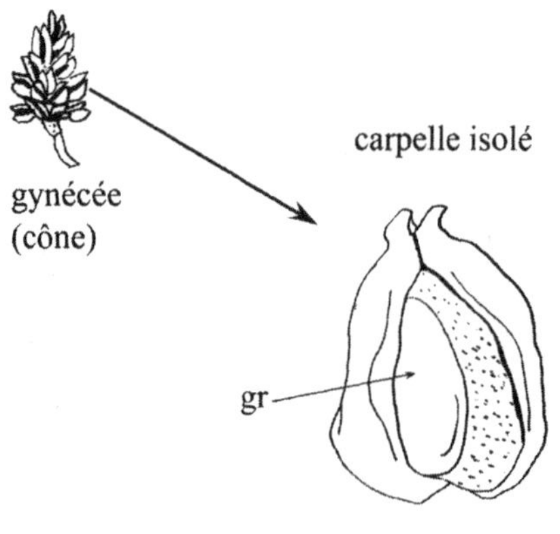

Figure 3.4 Représentation schématique d'un carpelle de Magnolia en vue externe. À maturité, les deux lèvres du carpelle déhiscent se séparent, laissant apparaître la graine (gr).

Les carpelles peuvent se retrouver enveloppés par une couche supplémentaire, issue du développement du réceptacle autour du gynécée. L'ovaire qui en résulte finalement est **infère**. Cette couche supplémentaire, ou **hypanthium** (ou encore **torus**), formant une sorte de coupelle florale, existe chez les Rosacées en particulier, où il est très visible.

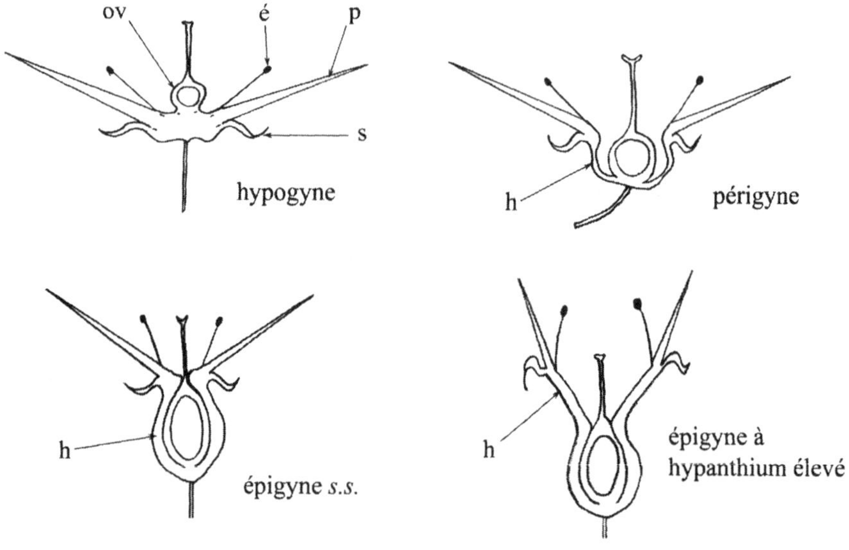

Figure 3.5 Les différentes configurations de l'hypanthium (voir le texte pour les explications). h, hypanthium; p, pétales; s, sépales; é, étamines; ov, ovaire.

On distingue plusieurs cas (*figure 3.5*) :

- dans le cas **périgyne**, l'hypanthium et les parois de l'ovaire (des carpelles) ne se soudent pas, de telle sorte que l'ovaire demeure **supère** ;
- dans le cas **épigyne**, l'ovaire est adné à l'hypanthium, l'ovaire est **infère** ;
- dans le cas **épigyne** à hypanthium élevé, l'hypanthium est très développé, au-delà de l'ovaire, portant étamines, pétales et sépales en hauteur. L'ovaire est *a fortiori* infère.

> ***Remarque :*** Il existe aujourd'hui deux théories expliquant la formation de l'épigynie : l'une dite **réceptaculaire**, l'autre **appendiculaire**. Selon la première théorie, l'hypanthium trouve son origine dans une expansion du réceptacle. Selon la seconde, l'hypanthium résulte de la fusion de plusieurs organes basalement, reportant leurs zones d'attaches en hauteur. Les études morphogénétiques ne conduisent pas à une règle générale : il existe des familles où la formation de l'hypanthium est réceptaculaire (Rosacées), d'autres où elle est appendiculaire (Downingia, Campanulacées ; Raven *et al.*, 2001).

Le développement d'un hypanthium conduit à l'enfermement de l'ovaire dans une couche supplémentaire, d'où le terme consacré d'**angiocarpie**. D'un point de vue phylogénétique, la présence d'un hypanthium constitue une **synapomorphie** des Rosales (Judd *et al.*, 1999) ; c'est le cas des Rosacées, Rhamnacées, et Ulmacées. L'hypanthium a été secondairement perdu chez les Celtidacées, les Moracées, les Cecropiacées, et les Urticacées.

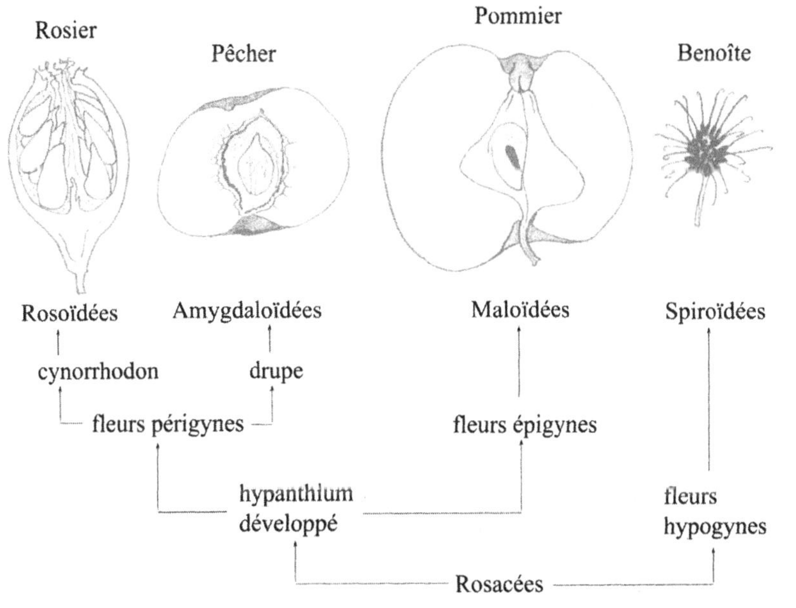

Figure 3.6 Clef des Rosacées utilisant l'hypanthium.

Un exemple de chaque sous-famille est indiqué en dessous des schémas correspondants. Cette figure ne représente pas la phylogénie des Rosacées.

Remarque : dans quelques groupes, on a supposé que l'ovaire infère constituait un avantage adaptatif; c'est le cas de Zingibérales ou d'Asparagales **ornithophiles**, où les ovaires infères apporteraient une protection vis-à-vis des blessures éventuelles occasionnées par le bec des oiseaux pollinisateurs.

Les Rosacées constituent une famille intéressante de ce point de vue car l'on y observe différentes conformations de l'hypanthium (*figure 3.6*). Dans le groupe « Spiroïdés » (ex. *Spirea*, *Sorbaria*), l'hypanthium n'est pas très facile à voir, et les fleurs sont **hypogynes**. Chez les Maloïdés (ex. *Malus*), l'hypanthium est soudé aux carpelles, les fleurs sont épigynes. Les Rosoïdés (ex. *Rosa*) sont dans le cas périgyne, de même que les Amygdaloïdés (ex. *Prunus*). La différence entre ces deux sous-familles repose sur le fait que les Rosoïdés ont plusieurs carpelles et un fruit de type **cynorrhodon**, tandis que les Amygdaloïdés ont un carpelle, unique le plus souvent, et forment une **drupe**.

3.2.2 Carpelles, ovules et phylogénie

Bien qu'il n'y ait pas de règle générale, on peut dégager deux « tendances » évolutives concernant l'ovule des Angiospermes. La première est le passage de l'apocarpie à la syncarpie, et la seconde la simplification de l'ovule crassicellulaire bitegminé en ovule ténuicellulaire unitegminé.

a) Syncarpie, pseudomonocarpie

L'apocarpie n'est pas très courante en fait; on la rencontre chez les Magnoliidés, les Alismatales, et quelques Rosidés. On a souvent cherché à expliquer la tendance à la syncarpie par un **avantage adaptatif**, en invoquant notamment la possibilité de réaliser un **compitum**. Ce dernier permet de distribuer des tubes polliniques entre les différents carpelles, et promeut la **sélection pollinique**. Cela introduit un nouveau niveau de **contrôle de la fertilisation**, c'est pourquoi la possession d'un compitum est parfois considérée comme un pas évolutif aussi important que la transition de la gymnospermie vers l'angiospermie (Mulcahy, 1979).

Un autre avantage négligé le plus souvent (à tort) et procuré par la syncarpie est la possibilité de former des fruits plus complexes, c'est-à-dire optimisant la dissémination des espèces.

Remarque : sans doute pour des raisons géométriques, les plantes syncarpes ont entre 2 et 5 carpelles. Il est possible qu'un nombre trop grand de carpelles rende malaisée la soudure entre carpelles.

On a également supposé que la soudure des carpelles produisit dans un premier temps des gynécées eusyncarpes, puis parasyncarpes. Si cette tendance semble s'accorder à certaines données, elle ne se vérifie pas vraiment, puisqu'il existe des contre-exemples : les Papavéracées (Renonculales), pourtant parmi les « Tricolporées basales », sont parasyncarpes. De plus, les Orobanchacées, effectivement parasyncarpes, ne dérivent pas des Scrophulariacées (eusyncarpes au moins pour certaines), contrairement à ce qu'on a pu croire par le passé.

Enfin, il existe dans certains genres une modification de l'état pluricarpellaire vers l'état **pseudomonocarpellaire.** Les gynécées pseudomonocarpellaires apparaissent monocarpellaires et ne possèdent qu'un seul carpelle fertile. Le gynécée pluricarpellaire commence son développement normalement, mais un seul carpelle aboutit, les autres avortant. Au mieux, ces derniers forment des petits carpelles vides d'ovules. Parmi les Laurales[1], les Lauracées sont pseudomonocarpellaires, ce qui constitue un caractère dérivé.

b) Ovules

Chez les Gymnospermes, les ovules comportent deux téguments, et il est vraisemblable, sinon certain, que l'ancêtre des Angiospermes possédait également deux téguments ovulaires. Cela signifie que, lorsqu'on rencontre des ovules unitegminés chez les Angiospermes, il s'agit d'un caractère dérivé. Les ovules tenuicellulaires unitegminés existent en particulier chez les Orchidacées, mais aussi chez les Astéridés chez qui cela constitue une synapomorphie. Le caractère unitegminé ténuinucellaire autorise une économie de place et donc permet à davantage d'ovules de rentrer dans une même cavité carpellaire (Endress, 1994), jusqu'à plusieurs millions chez les Orchidées. Chez des plantes mycotrophes (Orchidacées, Rafflésiacées), et dont les graines ne possèdent pas d'albumen ni de périsperme pour démarrer leur développement (l'embryon utilise directement leur partenaire mycélien), les ovules sont également ténuicellulaires, et parfois même dépourvus de téguments (Gentianacées).

c) Cas de réduction extrême

Les Santalales (généralement parasites) de la famille des Balanophoracées[2] possèdent un appareil reproducteur femelle très réduit : le gynécée est très petit, l'**ovule avorte**, et un sac embryonnaire se forme dans la base épaissie du gynécée (*figure 3.7*). La plante ne produit donc pas de graine *s.s.* Cette réduction concerne en fait de nombreuses Santalales, de façon plus ou moins marquée, et constitue un caractère dérivé.

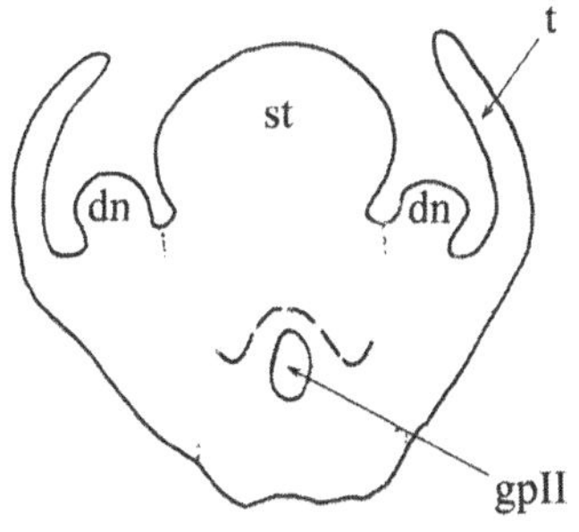

Figure 3.7 Représentation très schématique d'une fleur femelle de Viscacée (Santalales) en coupe radiale.

Le gynécée comporte un (ou des) gamétophyte(s) femelle(s) (sac embryonnaire) secondaire(s) qui se développe(nt) dans le placenta (gpII), les ovules avortant précocement. La cavité ovarienne ne se forme pas (son vestige est symbolisé par des tirets longs). t, tépales; st, stigmate; dn, disque nectarifère.

1. Qui comprend les Lauracées, les Calycanthacées, les Chloranthacées, et les Monimiacées.
2. Comme les Rafflésiacées, les Balanophoracées sont morphologiquement très différentes des autres familles des Santalales; de plus, les données moléculaires montrent aussi des séquences atypiques. C'est pourquoi ces familles n'ont été qu'hypothétiquement placées dans l'ordre des Santalales sur la base du mode de vie parasitaire et de la réduction ovulaire, choix que nous respectons ici.

3.3 ÉVOLUTION ET ARCHITECTURE GLOBALE DE LA FLEUR

3.3.1 De la structure spiralée à verticillée

Les organes floraux, tels que nous les avons décrits jusqu'à présent, en particulier chez *Arabidopsis thaliana*, étaient disposés en verticilles, c'est-à-dire sur des cercles concentriques. Cependant, ce n'est pas toujours le cas, puisqu'ils peuvent être également disposés le long d'une hélice (florale), formant ainsi une structure florale **spiralée** (*figure 3.8*). Un exemple typique est celui des Renonculacées. D'un point de vue évolutif, la structure spiralée existe principalement chez les Magnoliidés, les paléo-herbacées, et les Tricolporées basales.

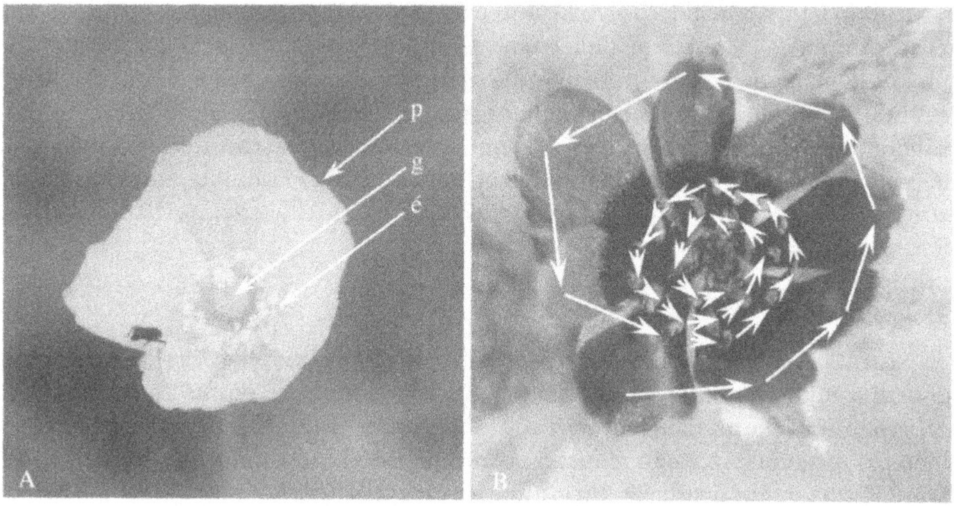

Figure 3.8 Structures florales (A) verticillée et spiralée (B).
Les différents verticilles sont indiqués : p, pétales, é, étamines, et g, gynécée. L'hélice florale est soulignée par des flèches montrant comment passer d'un organe floral au suivant.

a) *Point de vue théorique*

Comme pour l'hélice phyllotaxique, les **angles de divergence** formés par les organes floraux suivent la suite de Fibonacci (angle limite 137,5°), ou bien de Lucas (angle limite 99,5°). Il est possible d'interpréter l'existence d'un angle limite récurrent chez les plantes en formulant l'hypothèse qu'un **inhibiteur** produit par un primordium va empêcher le développement de nouveaux primordiums à ses côtés (Richter et Schranner, 1978). En effet, supposons que la concentration de l'inhibiteur, notée y, suit une décroissance exponentielle dans l'espace et dans le temps. Si l'on se place sur un cercle, le primordium initial est en $\theta = 0$. La concentration de l'inhibiteur, y, à l'instant t est du type :

$$y(t,\theta) = y_0 \cdot e^{-t\theta}$$

où t est le temps, et y_0 la concentration en $\theta = 0$ et à $t = 0$ (*figure 3.9*). Dans ce cas, y est minimal lorsque θ est maximal (c'est-à-dire 180°), ce qui signifie que le nouveau primordium devrait s'établir dans la position diamétralement opposée au premier. Par la suite, le troisième primordium va se former à l'endroit où la concentration totale en inhibiteur est la plus faible. On pourrait penser tout d'abord que sa place est en $\theta = \pi/2$, équidistant des primordiums 1 et 2. Or il n'en n'est rien car, entre-temps, la concentration émanant du premier primordium a diminué (décroissance exponentielle). Ainsi, on peut montrer que si la concentration d'inhibiteur émanant du primordium n° 1 s'est amoindrie d'un facteur 2, alors le primordium n° 3 se forme en $\theta = \pi/2 - \ln 2/2$ (= 70° environ). Ainsi, de proche en proche, on peut calculer l'angle θ_n où s'établit le $n^{\text{ième}}$ primordium, selon les formules de récurrence :

$$\theta_n = \arg_\theta \min \Gamma_{n-1}(\theta) \quad \text{où} \quad \Gamma_{n-1}(\theta) = \sum_{p=1}^{n=1} y_p(n,\theta)$$

$$y_n(t,\theta) = y_0 e^{-(t-n+1)\phi_n(\theta)} \quad \text{où} \quad \phi_n(\theta) = \theta - \theta_n \quad \text{ou} \quad 2\pi - \theta + \theta_n$$

où y_n est la concentration de l'inhibiteur émanant du primordium n. Par exemple, pour $n = 4$, on trouve $\theta_4 = 267{,}6°$. L'angle de divergence, quantité qui nous intéresse plus que θ_n lui-même, est la différence $\theta_n - \theta_{n-1}$. On trouve, toujours dans le cadre de notre exemple, successivement 180°, 109°, 162°, etc. Les angles tournent autour d'une valeur limite, celle d'une suite de Fibonacci.

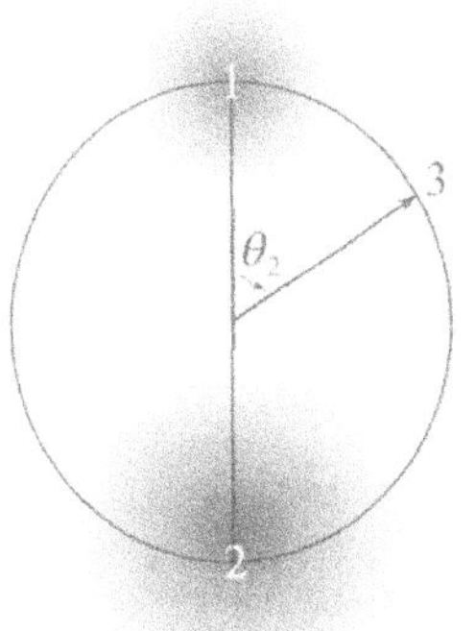

Figure 3.9 Exemple de mise en place d'une structure spiralée.
L'ébauche n° 3 se développe là où la concentration en inhibiteur (en noir) est minimale, c'est-à-dire non pas à 90° du primordium n° 1 ou n° 2, mais vers 70° (θ_2) du primordium n° 1 car la concentration de l'inhibiteur émanant de ce dernier a diminué d'un facteur 2 durant le développement du primordium n° 2.

b) Contrôles et développement

Ainsi, on retrouve assez simplement l'angle de divergence fréquemment observé. Bien que le modèle soit séduisant, il ne constitue pas une preuve attestant l'existence de cet inhibiteur, qui resterait encore aujourd'hui à déterminer. En supposant que ce mode de contrôle « par inhibition » de mise en place des organes floraux soit vrai dans les fleurs à structure spiralée, cela montre que le contrôle cadastral concernant la fleur a probablement changé à partir des Tricolporées centrales (Vitales et Caryophyllales, à la base des Tricolporées centrales, possèdent « déjà » une structure verticillée), puisque l'on observe des fleurs verticillées à disposition des organes alternée ou opposée.

En outre, le contrôle va plus loin, c'est-à-dire jusqu'au **niveau temporel** (*timing* de mise en place des ébauches). Dans le cas verticillé, tous les organes d'un même verticille sont ébauchés simultanément. Dans le cas spiralé « idéal » les organes floraux sont mis en place successivement, les uns après les autres. Mais attention, il existe des organismes (ex. *Austrobaileya sp.*) où il y a, non pas une seule, mais plusieurs (cinq) hélices florales (*figure 3.10*). Dans ce cas, les cinq ébauches, sur leurs hélices respectives, se développent en même temps, ce qui peut prêter à confusion, faisant croire qu'il s'agit d'une fleur verticillée. Inversement, une fleur verticillée peut accuser des décalages temporels d'initiation d'ébauches, notamment lorsqu'il existe plusieurs verticilles d'organes de même nature, comme les étamines. Dans ce cas, les organes concernés se développant les premiers sont les plus internes (développement centrifuge) ou les plus externes (développement centripète). Il peut alors arriver, pour des raisons stériques, que les organes les derniers formés soient plus petits que les premiers. Enfin, les fleurs à structure verticillée comportent parfois des étamines en **touffes** (Hypéricacées), chaque touffe étant disposée comme le serait une étamine seule. Ces touffes proviennent de la **subdivision** des primordiums staminaux, de telle sorte qu'une fois formées, les étamines restent réunies à la base (*figure 3.10*).

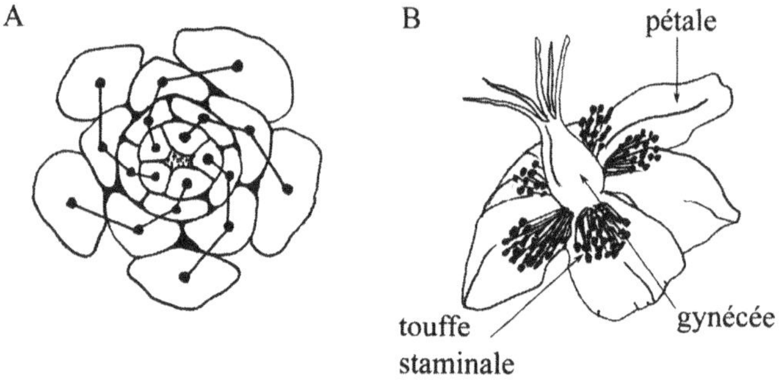

Figure 3.10 Cas particuliers d'organisation florale.
(A) Fleur à structure spiralée à 5 hélices florales des Austrobaileyacées (seuls les emplacements des ébauches sont figurés). (B) Fleur d'une hypéricacée à demi-écrasée, mettant en évidence les touffes staminales.

c) Structures atypiques

Le terme d'« atypique » fait ici référence aux fleurs prétendues « chaotiques », et qu'on devrait plutôt qualifier d'**irrégulières**, c'est-à-dire ni verticillées, ni spiralées. Ce cas se rencontre chez des Magnoliidés et sporadiquement dans d'autres groupes[1].

1. Certains auteurs ont mis ce caractère en relation avec des plastrochrones courts, ou l'absence de périanthe (Endress, 1994), mais cette relation est loin d'être automatique.

3.3.2 De l'actinomorphie à la zygomorphie

Une fleur est dite **actinomorphe** lorsque sa structure présente une symétrie axiale. On dit également **polysymétrique**, car une telle fleur possède plusieurs plans de symétrie, dont l'intersection est une droite : l'**axe** de symétrie. À l'inverse, les fleurs **zygomorphes** ou **monosymétriques** ne possèdent qu'un seul plan de symétrie. Dans ce cas, la fleur présente deux côtés, de part et d'autre de ce plan unique. C'est pourquoi l'on parle de symétrie **bilatérale** (*figure 3.11*). La bilatéralité implique souvent une **dorso-ventralisation** de la fleur, c'est-à-dire une différenciation florale le long du plan de symétrie. La fleur peut alors posséder deux **lèvres** (ex. Lamiacées), l'une dorsale, et l'autre ventrale. Il existe un très grand nombre de plans structuraux zygomorphes possibles, qui correspondent aux différentes « manières d'obtenir » la symétrie bitatérale à partir d'une fleur actinomorphe.

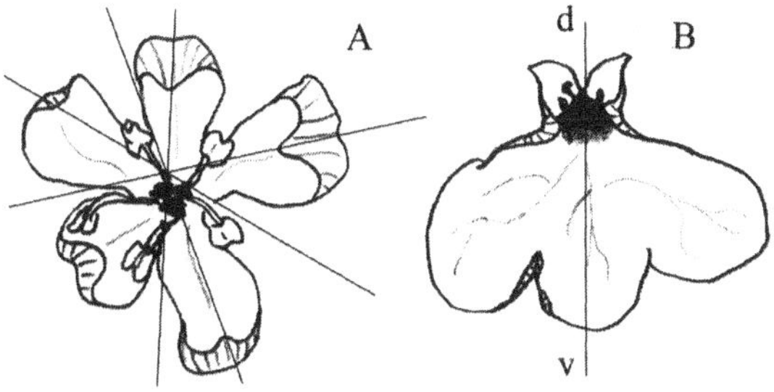

Figure 3.11 Les symétries florales : exemples d'une fleur actinomorphe d'Anacardiacée (A) et d'une fleur zygomorphe d'Acanthacée (B).

L'axe de symétrie est indiqué en (B), de même qu'en (A) où sont tracés quatre axes de symétrie possibles. La symétrie bilatérale conduit à la différenciation d'un côté dorsal (d) et d'un côté ventral (v).

Remarque : La classification des fleurs en actinomorphes/zygomorphes est néanmoins une simplification. Tout d'abord, on peut distinguer l'actinomorphie *s.s.* (plus de deux plans de symétrie) de la **bisymétrie** (deux plans de symétrie). Concernant la zygomorphie, on distingue au moins deux sous-types : la zygomorphie médiane (symétrie bilatérale) et la **zygomorphie diagonale**, dont le plan de symétrie est pas tout à fait vertical. Enfin, certaines fleurs n'entrent pas dans la classification ci-dessus, dans le sens où elles sont asymétriques, parce qu'elles ont une structure spiralée (voir *supra*) ou une structure verticillée asymétrique, ou bien parce que les organes floraux, en dehors du périanthe, ne présentent que des morphes droits ou des morphes gauches. Dans ce dernier cas, on parle d'**énantiomorphie**.

La zygomorphie doit être mise en relation avec les modalités de pollinisation. En effet, si les fleurs actinomorphes sont généralistes, c'est-à-dire ayant tout un éventail de pollinisateurs possibles, les fleurs zygomorphes ont au contraire un nombre restreint de pollinisateurs, en l'occurrence ceux qui ont la bonne taille pour se faufiler dans la corolle, fréquemment d'allure tubulaire. Autrement dit, la zygomorphie implique une certaine **spécialisation florale**. Dès lors, il a été supposé que les fleurs zygomorphes étaient **moins variables**, en taille notamment, car une modification quelconque d'une fleur spécialisée altérerait l'étroite correspondance fleur/pollinisateur, et entraînerait une chute de l'efficacité de pollinisation, et donc de son succès reproducteur. Cela a été corroboré par des observations concernant la taille (Wolfe *et al.*, 1999) : des mesures réalisées sur 31 espèces d'Angiospermes montrent que les fleurs bilatérales sont significativement moins variables en taille que les fleurs actinomorphes (*figure 3.12*).

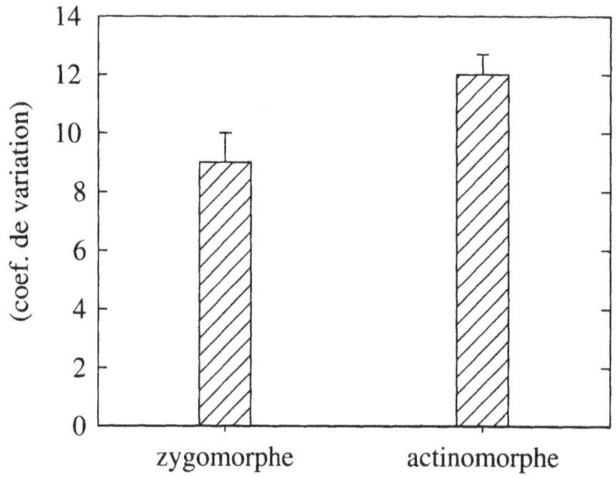

Figure 3.12 Coefficient de variation de la taille florale (coefficient de variation = écart type/moyenne) observé chez 31 espèces d'Angiospermes à fleurs zygomorphes ou actinomorphes. (Modifié d'après Wolfe *et al.*, 1999.)

Il existe des taxons majoritairement zygomorphes, dont quelques membres sont actinomorphes, ce qui laisse penser à une **réversion** vers l'actinomorphie (par perte de fonction génétique, comme *cycloïdea*, voir *infra*). Le retour vers l'actinomorphie pourrait constituer un avantage adaptatif dans quelques cas d'environnements difficiles où il existe peu de pollinisateurs, comme en milieu alpin (ex. *Ramonda sp.*, Gesnériacées). Néanmoins, cet aspect ne peut être détaché du contexte floral : le retour vers l'actinomorphie s'accompagne de remaniements, permettant notamment un accès facile aux pollinisateurs (les mutants *cycloïdea* de Muflier sont stériles). Ce retour n'implique donc pas simplement une perte de fonction, mais aussi un changement en profondeur des corolles tubulaires, comme c'est vraisemblablement le cas chez *Ramonda*.

a) Gènes et symétrie

Des mutants actinomorphes de plantes à fleurs ordinairement zygomorphes sont connus depuis longtemps : par exemple, la première description de spécimens de Linaire (*Linaria vulgaris*, Scrophulariacées) actinomorphes a été donnée au XVIIIe siècle par Linné, qui nomma ces mutants *Peloria*. Ainsi, aujourd'hui les mutants de cette nature sont qualifiés de **péloriques**. Au XIXe, des mutants de Muflier (*Antirrhinum majus*, Scrophulariacées) intriguèrent Darwin, et particulièrement une fameuse variété pélorique de type 3, à six étamines, appelée *cycloïdea* (*figure 3.13*). Le sauvage possède 4 étamines et une minuscule staminode. À l'emplacement de cette dernière, le mutant *cycloïdea* possède une étamine, ce que Darwin considérait comme un caractère ancestral (**atavisme**). Les études génétiques ont par la suite montré que locus *cyc* considéré classiquement comportait en fait deux locus, correspondant aux gènes *cyc* et *rad* (*radialis*). La protéine Cyc, qui ne présente aucune homologie avec des protéines connues, s'exprime du côté dorsal (adaxial) de la fleur, créant la zygomorphie, sans doute en ralentissant quelque peu le développement des primordiums adaxiaux. Cependant, Cyc n'agit pas seule, et l'acquisition de la zygomorphie requiert également les gènes *rad*, *dich* (*dichotoma*) et *div* (*divaricata*, qui s'exprime abaxialement). On sait aujourd'hui que les gènes *rad* et *cyc* s'expriment adaxialement, le gène *div* abaxialement. L'expression de *div* est inhibée adaxialement par *cyc* et *dich* (Hudson, 1999).

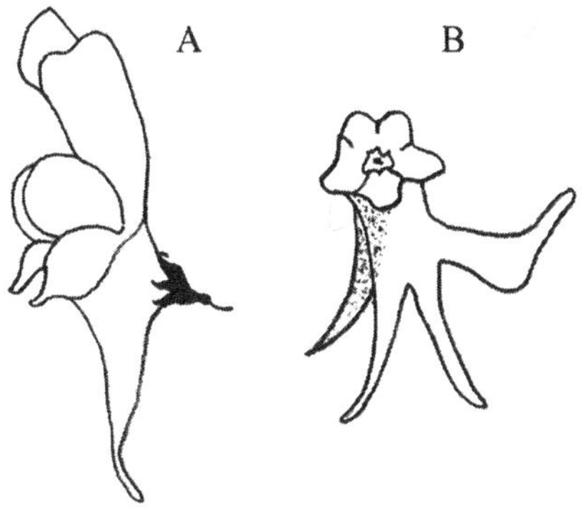

Figure 3.13 Allure des morphes sauvages zygomorphes (A) et mutants actinomorphes (B) de fleurs Muflier (*Antirrhinum majus*) en vue externe.

Le premier pas de cette cascade de régulation génétique est l'expression adaxiale de *cyc*, ce qui suggère que cela répond à l'orientation axe inflorescentiel-bractée. Et en effet, les mutants *centroradialis* de Muflier produisent des fleurs dépourvues de dorso-ventralisation, à partir du méristème inflorescentiel. De plus, l'ablation de la zone du méristème inflorescentiel adjacente au méristème floral conduit à la formation d'une fleur actinomorphe ; en revanche, si cette ablation est alliée à une application d'auxine au même endroit, il se forme une fleur zygomorphe (Hudson, 1999). Il semble donc probable que ce soit sous l'influence de l'auxine provenant du méristème inflorescentiel que s'enclenche l'expression de *cyc*, et donc que s'établisse la zygomorphie florale (*figure 3.14*).

b) Point de vue phylogénétique

La zygomorphie se retrouve dans de **nombreuses familles** : Fabacées, Lamiacées, Scrophulariacées, Plantaginacées, Bignoniacées, etc., c'est-à-dire majoritairement parmi les Astéridés[1]. Une des premières observations concernant les aspects phylogénétiques de

1. Dans certaines autres familles n'appartenant pas aux Astéridés, il existe cependant des fleurs zygomorphes (ex. Brassicacées – voir *supra*, Fabacées, Renonculacées, etc.). Cela dit, il semble que l'origine génétique ne soit pas la même : la symétrie bilatérale des fleurs de type 4 des Brassicacées résulte de l'expression d'un gène orienté vers le contrôle du nombre d'organes (*periantha*), tandis que chez les Astéridés, il s'agit d'un gène fondamentalement lié à l'asymétrie, sans effet direct sur le nombre d'organes (*cycloïdea*). Cette hypothèse reste cependant à confirmer.

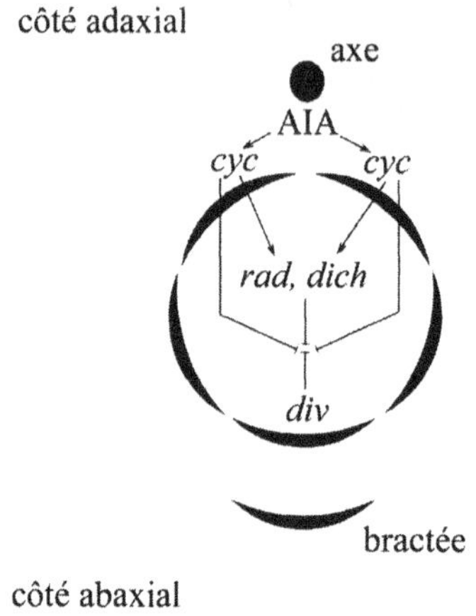

Figure 3.14 Déterminisme moléculaire de la symétrie florale.
Flèches : activation; barres : inhibition; AIA : auxine (acide β indole acétique).
Les gènes indiqués sont décrits dans le texte.

la symétrie est que, s'il existe dans la nature de nombreux mutants péloriques, il n'existe pas de mutants inverses (mutants zygomorphes de fleurs ordinairement actinomorphes). Ce qui veut sans doute dire que si la transition zygomorphe-actinomorphe est envisageable, la transition actinomorphe-zygomorphe est beaucoup moins aisée. Cela n'est pas forcément compatible avec plusieurs apparitions indépendantes de la zygomorphie.

Des analyses phylogénétiques, supposant l'égalité des probabilités des deux transitions, ont surtout été réalisées chez les Astéridés, à l'aide des arbres phylogénétiques établis préalablement. Si l'on formule l'hypothèse de l'actinomorphie ancestrale, cela implique trois transitions indépendantes vers la zygomorphie. L'hypothèse inverse (la zygomorphie est ancestrale) entraîne 4 transitions vers l'actinomorphie. Des études réalisées avec des arbres plus complets montrent également que la première hypothèse est la plus parcimonieuse (*i.e.* économe) en termes de transitions (Donoghue *et al.*, 1998). Si l'on suppose maintenant des probabilités de transition différentes, il reste à fixer ces probabilités qui demeurent des inconnues. En effet, nous avons vu qu'*a priori*, la transition vers l'actinomorphie semble plus aisée d'un point de vue génétique ; cependant, l'actinomorphie ne se fixe pas forcément dans la population initialement zygomorphe, car les pollinisateurs « généralistes » visitant les fleurs actinomorphes sont moins efficaces. Quoi qu'il en soit, l'hypothèse de l'actinomorphie ancestrale des Astéridés, alliée de plusieurs transitions indépendantes vers la zygomorphie, est à l'heure actuelle consensuelle (*figure 3.15*).

Les réversions vers l'actinomorphie à partir de la zygomorphie existent chez les Lamiales en particulier, où elles semblent associées à l'acquisition d'une structure de type 4, comme chez le Plantain. On suppose aujourd'hui que cela résulte de la fusion de deux pétales adaxiaux, comme cela est suggéré par l'existence d'un pétale adaxial relativement élargi chez la Véronique, genre proche (Donoghue *et al.*, 1998). D'ailleurs, cela n'empêche pas que l'expression d'un gène du type *cyc* soit normale chez le Plantain. L'actinomorphie ne trouverait pas son origine obligatoirement dans une perte de fonction, mais peut-être également dans la surimposition d'un processus de soudure.

c) *Plan d'organisation floral et symétrie bilatérale*

Les Astéridés possèdent essentiellement des fleurs de type 5. Il existe ainsi quatre possibilités d'organisations zygomorphes (*figure 3.16*). En effet, la zygomorphie implique, nous l'avons dit, une dorso-ventralisation florale. Compte tenu de l'orientation florale entre sa bractée et l'axe inflorescentiel, le découpage de la corolle en côtés dorsal (*i.e.* adaxial) et ventral (*i.e.* abaxial) peut se faire simplement de trois manières : *4/1*, *2/3*, ou *0/5*. Ces trois schémas existent dans la nature, respectivement chez le Chèvrefeuille (*Lonicera caprifolium*, Caprifoliacées, architecture *4/1*), le Lamier (*Lamium sp.*, Lamiacées, architecture *2/3*), la Germandrée (*Teucrium sp.*, architecture *0/5*). En outre, le découpage *5/0* ne semble pas possible, car il reviendrait à supprimer le pétale abaxial, ou à le scinder en deux pétales. Remarquons enfin que si l'on raisonne sur le verticille des pétales, cela ne signifie pas que les sépales ne sont pas affectés par la dorso-ventralisation, bien que cela soit, certes, moins spectaculaire que dans le cas de la corolle.

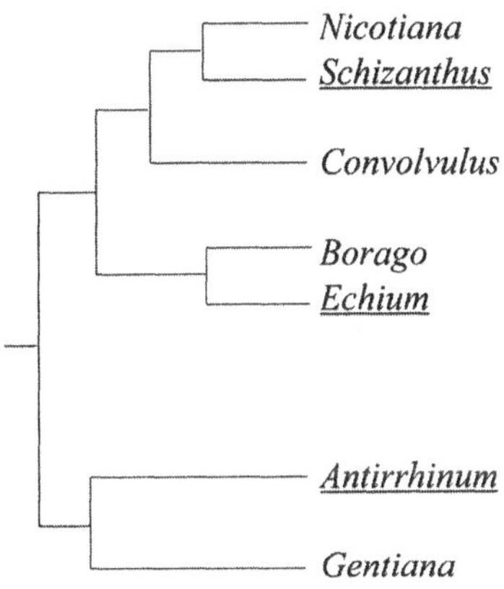

Figure 3.15 Cladogramme des Astéridés utilisant l'actinomorphie comme ancestrale, et conduisant au minimum à trois apparitions indépendantes de la zygomorphie (genres soulignés). (Modifié, d'après Donoghue *et al.*, 1998)

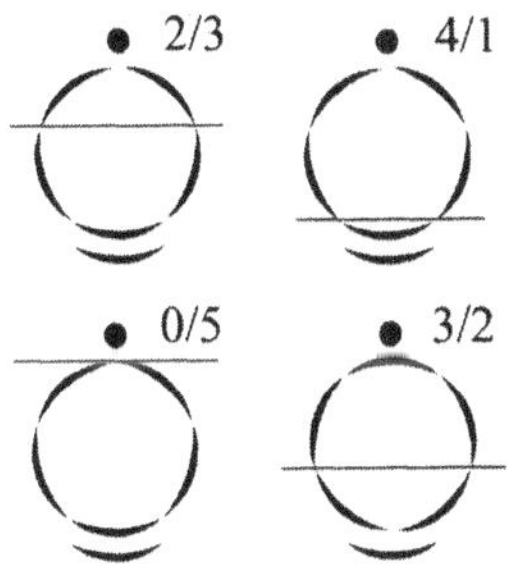

Figure 3.16 Les différentes modalités de découpage dorso-ventral de la corolle des fleurs zygomorphes.
Le côté adaxial est tourné vers l'axe (point), et le côté abaxial vers la bractée (croissant).

Pourtant, il existe des architectures *3/2*, comme chez le Rhododendron (Éricacées). Cela provient de l'existence, dans ce cas, de l'inversion d'orientation de l'ensemble de l'ébauche florale, c'est-à-dire qu'à leur formation, la bractée fait face à un sépale et non un pétale, comme dans la majorité des fleurs. On retrouve cette configuration chez les Rosidés, où les fleurs zygomorphes des Fabacées présentent également un découpage *3/2*, la **carène** (voir chapitre 4) résultant de la soudure des deux pétales abaxiaux. Il faut voir ces cas particuliers comme des architectures « spéciales », dérivées parmi les taxons que sont les Éricacées et le groupe Fabales-Rosales-Cucurbitales-Fagales, où l'on trouve essentiellement des fleurs actinomorphes. Les Polygalacées, famille proche des Fabacées et appartenant aux Fabales, ont aussi des fleurs zygomorphes, mais dont l'orientation est respectée (*figure 3.17*). En outre, la dorso-ventralisation affecte dans ce cas surtout le calice, découpé en *1/(2 + 2)*.

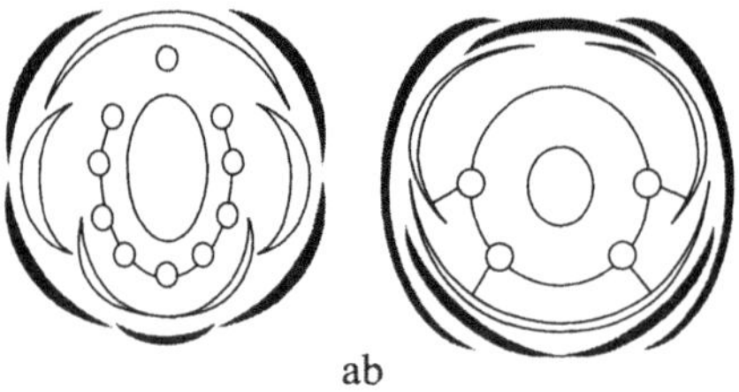

Figure 3.17 Comparaison de l'organisation florale des Fabacées et des Polygalacées utilisant les diagrammes floraux d'une Faboïdé (1) et d'une Polygalacée à 4 étamines (2).
Le côté adaxial est comme toujours orienté vers le haut (ad). Les étamines sont connées par le filament et adnées aux pétales chez les Polygalacées, tandis qu'elles sont seulement connées chez les Fabacées. Un pétale est très développé dans les deux familles : l'étendard adaxial chez les Fabacées, et le pétale abaxial chez les Polygalacées. Il s'agit néanmoins de la même structure embryonnaire, le primordium floral des Fabacées étant retourné, disposant le côté adaxial à proximité d'un pétale et non d'un sépale.

Parmi les Monocotylédones, les Orchidées possèdent des fleurs zygomorphes de type 3, dont l'architecture corollaire est *2/1*. Le pétale abaxial est différencié en **labelle**. Là aussi, il y a un problème d'orientation florale, puisque la bractée ne fait pas face à un sépale mais à un pétale (voir *figure 4.5*). Dans cette famille, contrairement au Rhododendron, l'ébauche florale subit, au cours de son développement, une **rotation** de 180°. En revanche, chez les Commélinacées, il n'y a pas de retournement et les fleurs zygomorphes, lorsqu'elles existent, ont une architecture *1/2*.

3.3.3 De « nouveaux » organes floraux

a) Des tépales aux « pétales »

Chez les Nymphéales, les Magnoliales, les Renonculacées, on observe la présence de **tépales**. Parmi les Renonculales, les Papavéracées, les Berbéridacées possèdent une **différenciation** des tépales en pétales et sépales. Les Protéales et les Vitales, Tricolporées

« basales », possèdent également des verticilles différenciés en calice et corolle. Dans le groupe monophylétique des Caryophyllanées (*Caryophyllanae*), les Caryophyllales présentent en revanche des fleurs fondamentalement à **tépales**, mais sous des architectures très différentes d'une famille à l'autre. L'évolution de la structure florale des Caryophyllales est à ce titre remarquable (*figure 3.18*).

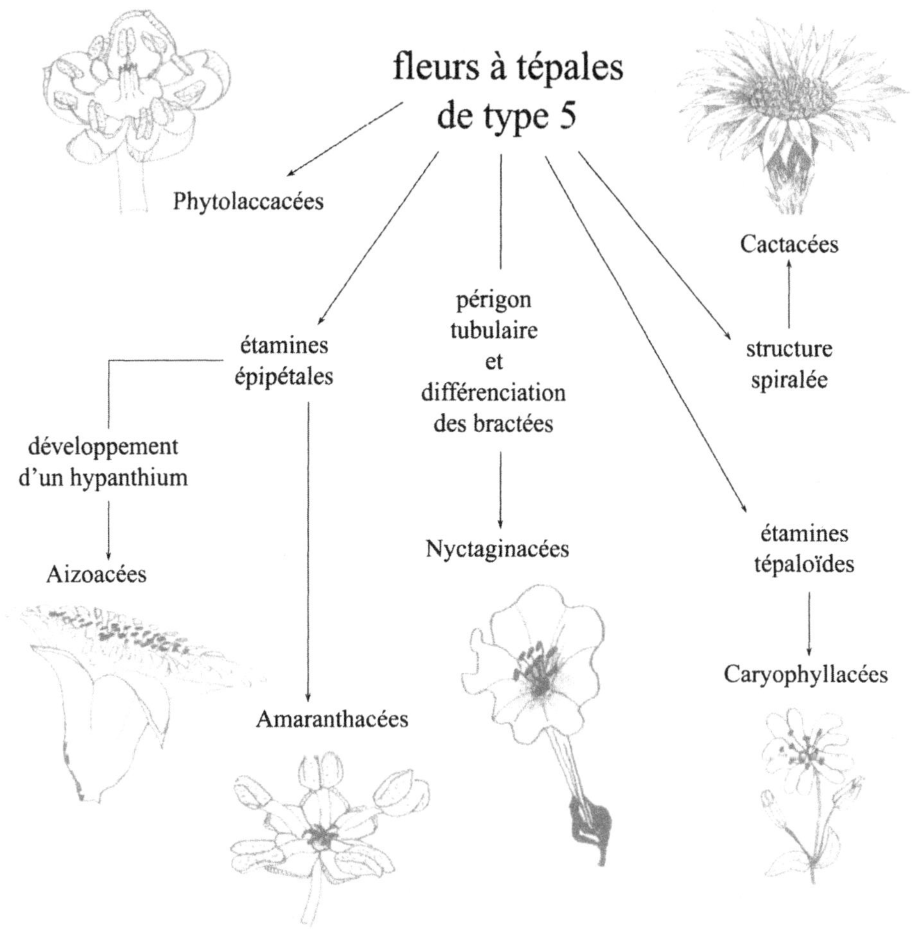

Figure 3.18 Clef des Caryophyllales utilisant les caractères du périgon. Cette figure ne représente pas la phylogénie du groupe.

Les Caryophyllacées (ex. Silène, Œillet) possèdent en général des pièces florales apparemment différenciées en pétales et sépales. Mais ce n'est qu'une apparence : le verticille le plus externe comporte en fait 4 ou 5 tépales, et est suivi de 4 ou 5 étamines pétaloïdes, ordinairement appelés « pétales ». Viennent ensuite 4 à 10 étamines puis, centralement, les carpelles. Les Phytolaccacées (ex. *Phytolacca*) n'ont pas de différentiation staminale et les fleurs comportent 5 tépales suivis de 10 (ou plus) étamines. Chez les Nyctaginacées (ex. Belle-de-nuit, Bougainvillée), les bractées sépaloïdes enserrent une fleur à 5 tépales (le périgon est en outre différencié en zone **tubulaire** et zone **étalée**), 5 étamines et 1 carpelle. Les Amaranthacées (incluant l'ancienne famille des « Chénopodiacées ») ont une structure comportant 3 à 5 tépales, 5 étamines **épitépales**, et 2 à 3 carpelles soudés. Les Portulacacées[1] ont une architecture florale voisine (étamines épitépales). On remarque un **hypanthium** chez les Aizoacées (incl. les Mesembryanthémacées). En outre, ces plantes possèdent 5 tépales (connés ou non), et parfois de très nombreuses étamines, dont les plus externes sont alors pétaloïdes. Les Cactacées possèdent également un hypanthium, et, ce qui est remarquable, une disposition spiralée des pièces florales. Les tépales changent progressivement d'allure lorsqu'on progresse dans la fleur : coriaces vers l'extérieur, ils acquièrent une allure de pétales vers l'intérieur. Les étamines sont très nombreuses.

Ainsi, nous voyons qu'à partir d'une structure ancestrale **à tépales**, les Caryophyllales, clairement monophylétiques (nous n'inventorierons pas ici les synapomorphies), s'organisent en familles caractérisées par l'acquisition d'architectures florales dérivées très variées, qui se traduisent parfois par une différenciation des pièces de même nature, comme les étamines, en pièces pétaloïdes, et en étamines. On remarque également l'importance des bractées chez les Nyctaginacées, qui assurent le même rôle, notamment de protection, que les sépales dans d'autres taxons. Curieusement, certaines plantes à sépales et pétales vrais, comme le *Thunbergia* (Acanthacées) présentent une réduction considérable du calice, au profit de bractées, de façon comparable aux Nyctaginacées (*figure 3.19*) : il s'agit d'un remarquable exemple de **convergence**.

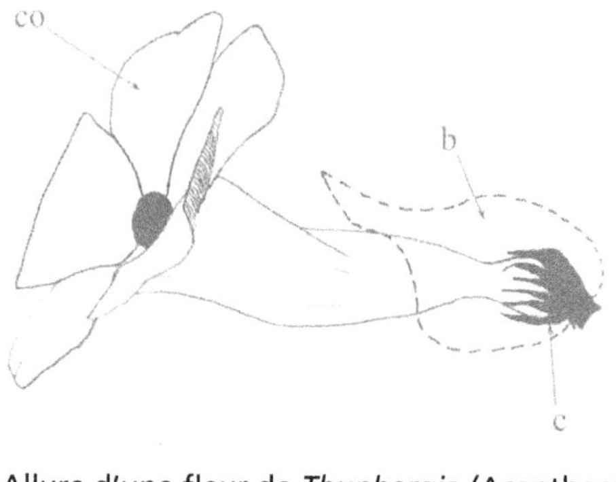

Figure 3.19 Allure d'une fleur de *Thunbergia* (Acanthacées) montrant la réduction très importante des sépales (c) au profit de la bractée dont l'emplacement est indiqué en pointillés (b); co, corolle.

b) Annexes florales : corona

Les Asclépiadacées possèdent une architecture florale remarquable et très complexe, en particulier à cause de la présence de structures spécifiques, ce qui fait de ce groupe un incontournable de la botanique. Les Asclépiadacées constituent en fait une sous-famille

1. Incluant les Basellacées et les Didiéracées. Cependant, la monophylie de ce groupe reste à préciser. Pour l'instant, et avant de trouver des dendrogrammes plus précis, les Portulacacées sont laissées telles quelles, sur la base de l'association de la fleur avec une paire de bractées sépaloïdes.

des Apocynacées (ex. Pervenche), ce qui veut dire que leur architecture florale en est dérivée[1].

➤ Architecture florale (*Asclepias*)

La formule florale, invariante parmi les Asclépiadacées (2900 espèces environ) et qui est du type **, 5, 5, 5, 2,* est typique des Apocynacées. En revanche, cette sous-famille possède des pièces en plus, entre pétales et étamines, formant la **corona** (*figure 3.20*). Par ailleurs, étamines et carpelles sont associés et forment le **gynostegium**. Deux étamines adjacentes se déforment à leur contact pour former le **rail**. Juste au-dessus du rail, une cavité de forme compliquée est remplie par une sécrétion émanant du style (elle est donc homologue d'une sécrétion stigmatique) peu avant l'anthèse et qui, une fois solidifiée, forme le **clip**. Ce dernier est attaché aux **pollinies**[2] des deux étamines qui l'encadrent par deux bras. Chaque étamine produit donc deux pollinies, rattachées à deux clips différents. L'ensemble du système clips/pollinies constitue le **pollinarium**. Le gynostegium résulte de la soudure terminale des styles des deux carpelles, l'ensemble étant plus ou moins adné aux étamines, formant ainsi une **tête stylaire**. Le stigmate commun est curieusement pentapartite car les étamines ont joué un rôle de « moule » lors du développement. Au moment où démarre la sécrétion du clip, la corona se développe. Elle est composée de 5 pièces, alternes avec les pétales, elles-mêmes organisées en **coupe** et **corne**. Une telle architecture confère une spécialisation vis-à-vis des pollinisateurs,

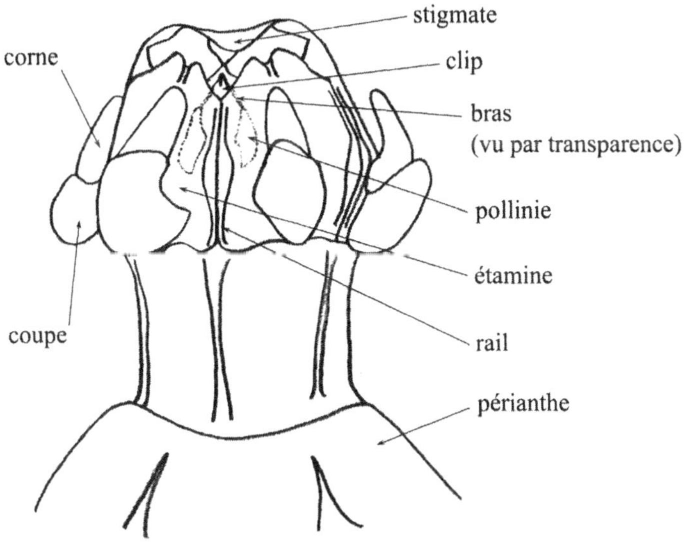

Figure 3.20 Représentation très schématique d'une portion de fleur d'*Asclepias* montrant notamment l'organisation des pièces fertiles en vue externe.

1. Ce qui signifie que, du point de vue de la nomenclature, l'on devrait plutôt dire « Asclépioïdés » et non « Asclépiadacées ».
2. Les Asclépidacées comportent effectivement des pollinies, comme les Orchidacées.

et une remarquable efficacité de la pollinisation. D'une espèce à l'autre, il existe des variations sur ce schéma (typique du genre *Asclepias*), alliées de modifications d'ornementations (trichomes, protubérances coronaires, etc.). Enfin, les Asclépiadacées ont fréquemment des parfums forts (ex. *Stephanotis*).

➤ Origine de la corona

Il n'a pas encore été établi avec certitude si la corona était une annexe corollaire ou staminale. En particulier, des expériences d'hybridation *in situ* révéleraient où s'expriment les gènes des fonctions A, B et C (voir chapitre 2). Dans certaines espèces dépourvues de corona, cependant, il existe des diverticules des pétales, qui pourraient être des préfigurations de la corona, indiquant que celle-ci serait peut-être d'origine corollaire.

➤ Point de vue phylogénétique

Chez les Apocynacées, en général, les étamines sont adnées aux pétales. Il existe parfois des nectaires, alternant avec les deux ovaires. La construction de la fleur des Asclépiadacées à partir d'un ancêtre de l'ensemble des Apocynacées suppose donc des remaniements, comme le dédoublement du verticille des pétales, formant la corona, associée aux étamines, et qui prend le relais dans la production de nectar lorsque les nectaires disparaissent (ce n'est néanmoins pas toujours le cas). En outre, les étamines se soudent au style et perdent – chez *Asclepias* notamment, un sac pollinique par loge pollinique (le sac restant produit une pollinie). La fleur perd enfin son organisation tubulaire, de telle sorte que les pétales, au lieu de former un tube, sont dirigés vers la base de la fleur. Des études génétiques restent à réaliser, afin de préciser les modalités de mise en place des pièces florales, et les homologies entre pièces. Quoi qu'il en soit, on parle, pour la corona, d'une véritable **innovation** florale, bien qu'une corona existe également chez les Passifloracées (et concernant les Monocotylédones, chez les Amaryllidacées [Narcisse]) : il s'agit d'une convergence. D'ailleurs, la corona des Passifloracées a une allure filamenteuse, très différente de celle des Asclépiadacées.

3.4 ÉVOLUTION DE LA FLEUR À L'ÉCHELLE DU VERTICILLE

Il n'est pas possible, dans un thème de cette ampleur, d'être exhaustif. L'évolution de la fleur à l'échelle du verticille, en partant de synapomorphies de taxons, pourrait en effet être développée pour chacun des 52 ordres botaniques ! C'est pourquoi nous allons nous borner à dégager des idées importantes, en illustrant avec un ou deux ordres typiques ou « incontournables » par leurs particularités ou leur occurrence. Nous ne ferons pas de paragraphe spécifiquement consacré aux **soudures** des pièces florales, car elles sont impliquées dans des architectures très diverses. Nous indiquerons simplement que les soudures des **pétales** se rencontrent en particulier chez les Astéridés, encore nommées à ce titre les Sympétales (*Sympetalae*). Nous citerons, pour mémoire, les Éricales (Éricacées, Primulacées, etc.), les Solanales (Solanacées, Convolvulacées, etc.), les Gentianales, les Lamiales, et les Astérales.

3.4.1 Modifications

a) Généralités

Le terme de « modification » a été volontairement choisi car il est vague et regroupe potentiellement de nombreux cas de figure : disparitions ou réductions, hypertrophies (surdéveloppements), transformations de certaines pièces d'un verticille. Le cas des **disparitions** concerne en particulier les fleurs zygomorphes chez lesquelles la symétrie bilatérale impose un sous-développement des pièces adaxiales (voir *supra*), pouvant aller jusqu'à leur omission (ex. étamine des Lamiacées). Les disparitions peuvent être accompagnées par la transformation de pétales ou de sépales en pièces bractoïdes (ex. Poales, voir chapitre 2). Les pièces du périanthe peuvent ne pas exister du tout, de façon dérivée (ex. Pipéracées, Chloranthacées). Un exemple de **transformation** importante est celui des staminodes et carpellodes, c'est-à-dire de la transformation respectivement d'étamines et de carpelles fertiles en organes stériles impliqués dans la production de nectar ou plus généralement dans l'attraction des pollinisateurs. De nombreux groupes possèdent des staminodes, comme les Rosacées ou les Zingibéracées (voir § 3.4.3), mais aussi des Dicotylédones zygomorphes. En effet, comme nous l'avons dit, la symétrie bilatérale impose une modification du développement des pièces adaxiales, et en particulier de l'étamine adaxiale des fleurs de type 5, comme les Lamiales, que nous prendrons comme exemple illustratif.

b) Des pièces fertiles aux pièces stériles

➤ Staminodes (cas des Lamiales)

Dans l'ensemble des Lamiales, on remarque fréquemment que, du fait de la zygomorphie, l'androcée est didyname (organisé en (2 + 2) étamines + 1 staminode), ou réduit à 2 étamines + (2 + 1) ou 2 staminodes. À titre d'exemple, les Scrophulariacées et les Plantaginacées possèdent une staminode adaxiale dans seulement 30 % des cas (Endress, 1994), tandis que les Bignoniacées en ont souvent une. Mais il n'est pas possible de donner davantage d'indications générales car, au sein même d'une famille, lorsqu'il ne reste que deux étamines, ce sont ou bien les supérieures ou bien les inférieures (sauf chez les Lentibulariacées, où ce sont toujours les inférieures).

Chez les Plantaginacées (qui regroupe actuellement les Callitrichacées ainsi que *Veronica, Linaria, Antirrhinum*, et *Digitalis*, qui appartenaient anciennement aux Scrophulariacées – voir encart suivant), il y a le plus souvent 4 étamines, l'étamine adaxiale étant présente à l'état de staminode chez *Penstemon* et quelques autres genres. La corolle est composée de 5 sépales, ou bien 4, à la suite de la fusion des deux pétales adaxiaux (voir *supra*). L'androcée est similaire chez les Scrophulariacées[1] (ex. *Verbascum, Scrophularia*) ou les Orobanchacées[2] (*Pedicularis, Euphrasia, Orobanche, Striga, Melampyrum, Rhinanthus*).

Les Bignoniacées possèdent 5 pétales soudés, 4 étamines didynames, voire 2 seulement, et 1 staminode qui peut être protubérante. Dans le cas de *Jacaranda*, la staminode, qui sort nettement de la corolle, est munie de trichomes glanduleux.

1. Un caractère des Scrophulariacées est la confluence des sacs polliniques vers une ouverture commune.
2. Synapomorphies : mode de vie parasitaire, production d'orobanchines (glycosides phénoliques).

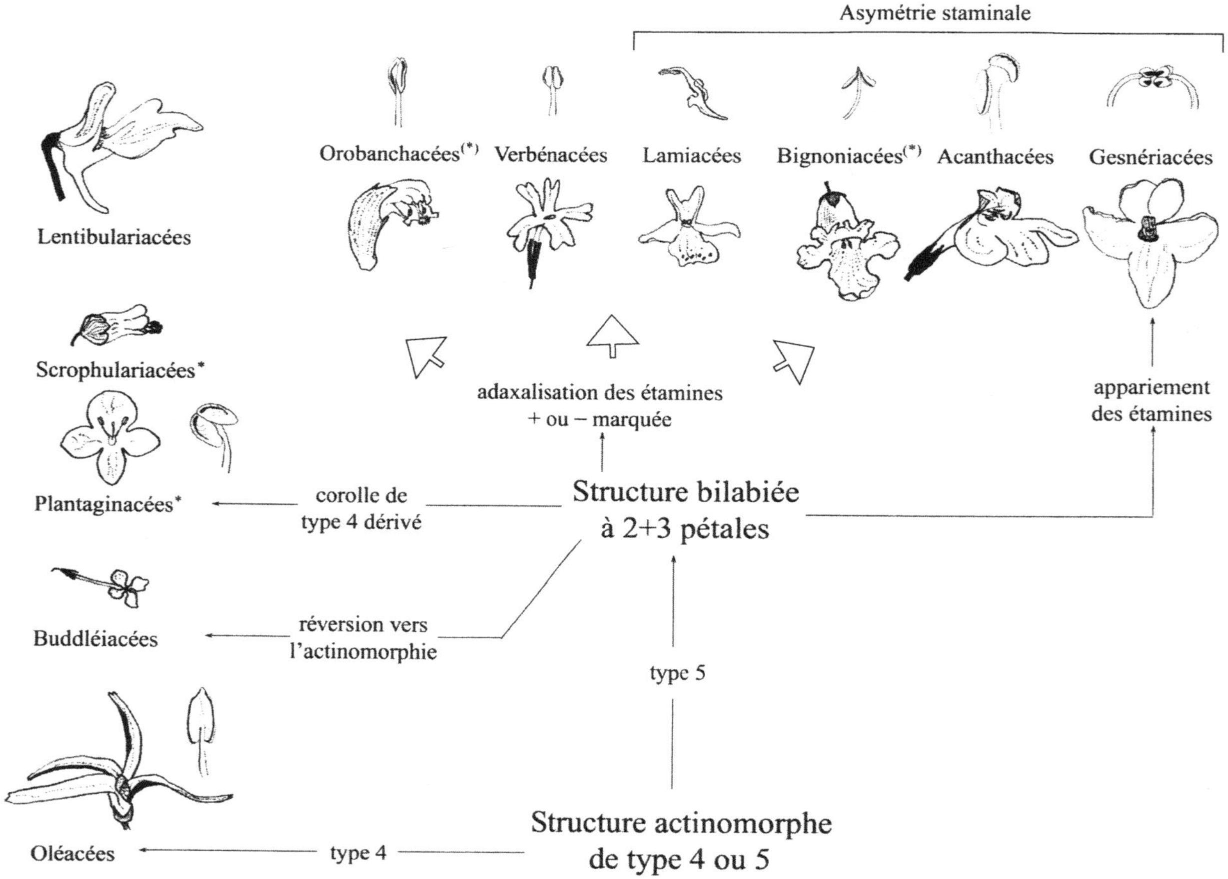

* La 5e étamine est présente sous forme de staminode. (*) *Idem*, mais parfois seulement.

Figure 3.21 Diagramme montrant la diversité des Lamiales, utilisant notamment des caractères staminaux et la symétrie. Cette représentation ne constitue pas une phylogénie.

Les Scrophulariacées, un groupe paraphylétique

Les Scrophulariacées, au sens classique du terme, comportaient un ensemble d'espèces dont les caractères communs étaient difficiles à voir, en partie parce que certaines espèces morphologiquement proches des Lamiales, mais sans traits typiques de familles de cet ordre, étaient incluses dans les Scrophulariacées. Ce groupe était ainsi constitué de genres aussi différents que *Mimulus, Pedicularis,* ou *Verbascum.* L'absence de traits caractéristiques de cette famille (synapomorphies) a soulevé l'hypothèse de la paraphylie des Scrophulariacées. Les études entreprises depuis 1995 sur la systématique des Scrophulariacées corroborent effectivement l'hypothèse de la « non-monophylie » (Olmstead *et al.*, 1995). Les travaux les plus récents, utilisant les séquences nucléotidiques de gènes plastidiaux (*rbcL*, *ndhF*, et *rps2*) conduisent à un éclatement des Scrophulariacées (Olmstead *et al.*, 2001). Les Scrophulariacées *s.s.* se composent de genres comme *Verbascum*, *Buddleia*, et *Scrophularia* (*figure 3.22*). *Anthirrhinum*, *Digitalis*, *Globularia*, *Plantago*, *Veronica* font partie des Plantaginacées. D'un point de vue morphologique, on peut rapprocher la Véronique du Plantain car la corolle à 4 lobes est issue de la soudure des deux pétales adaxiaux (voir *supra*). Cette observation est corroborée par la phylogénie, qui associe *Plantago* et *Veronica.* Concernant l'arbre dans son ensemble, trois genres sont remarquables :

– *Buddleia* : si l'on élève artificiellement les Buddléiacées au rang de famille, cela aurait pour conséquence d'élever d'autres groupes à ce rang, et ce avec une confiance plus faible (pourcentage au *bootstrap*). Le genre *Buddleia* semble donc inclus dans les Scrophulariacées *s.s.*, aux côtés de *Scrophularia* et *Verbascum*, bien que son architecture florale à 4 lobes corollaires l'éloigne morphologiquement de ces deux genres.

– *Mimulus* : la place de ce genre est incertaine, mais il est très probable que *Mimulus* n'appartienne pas aux Plantaginacées. Peut-être sera-t-il nécessaire d'envisager la création de la famille des Mimulacées.

– *Calceolaria* : ce genre de plantes d'appartement très connues sort véritablement en dehors des Scrophulariacées *s.s.* ou même des Plantaginacées, et si l'on associe artificiellement *Calceolaria* aux Scrophulariacées *s.s.* ou aux Plantaginacées, les arbres obtenues sont moins fiables (test du *bootstrap*). Ainsi, il semble bien qu'il faille reconnaître la famille des Calcéolariacées, regroupant les genres *Calceolaria*, *Jovellana* et *Porodittia.*

Par ailleurs, nous remarquerons que les Orobanchacées comprennent désormais les genres *Rhinanthe*, *Pedicularis*, et *Striga*, le caractère parasitaire devenant une synapomorphie de cette famille parmi les Lamiales. Enfin, les plantes aquatiques *Hippuris* et *Callitriche* semblent bien incluses parmi les Plantaginacées, conduisant à la disparition des Hippuridacées et des Callitrichacées.

Par ailleurs, si la latéralisation des étamines était peu marquée (limitée à une courbure du filet) dans les familles précédentes, elle est manifeste chez les Bignoniacées, une loge pollinique étant plus petite que l'autre[1] (*figure 3.21*). Cette latéralisation est encore plus frappante chez les Acanthacées, à étamines profondément asymétriques. Cette asymétrie est alliée de la présence de **cornes staminales** (et de trichomes). Ces cornes sont des appendices des anthères, dirigés vers le bas, de telle sorte que le passage du pollinisateur entraîne l'ouverture de la fente de déhiscence. La courbure est également plus prononcée, au point de conduire à la soudure des anthères des étamines d'une même paire chez les Gesnériacées (la soudure a lieu peu avant l'anthèse).

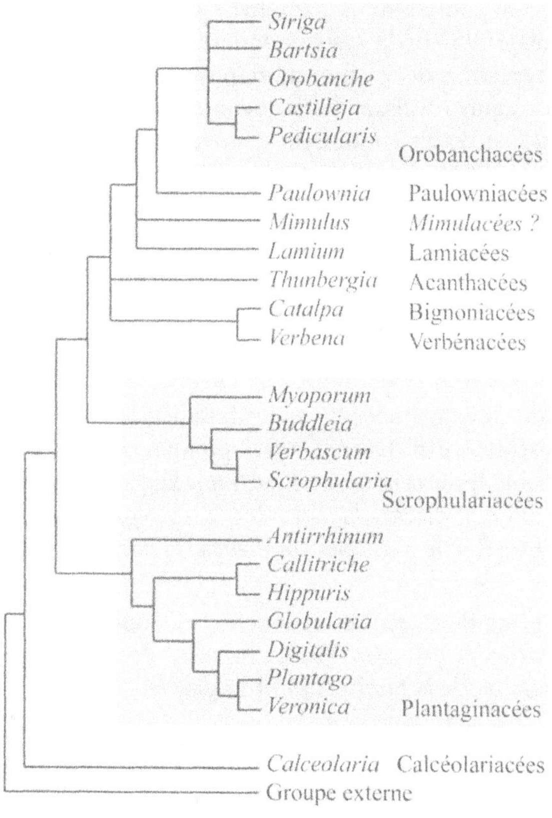

Figure 3.22 Arbre phylogénétique consensus simplifié des grands groupes de Lamiales, construit à partir des séquences des gènes plastidiaux *rbcL*, *ndhF*, et *rps2*.

Noter l'éclatement des Scrophulariacées « classiques » avec notamment l'individualisation des Plantaginacées. Le genre *Mimulus* n'est pas très proche d'autres genres de Lamiales, ce qui conduirait à la création de la famille des Mimulacées (le symbole ? souligne que cette hypothèse reste à confirmer). *Calceolaria* se sépare à la base de l'arbre et la constitution de la famille des Calcéolariacées est envisagée. (Modifié, d'après Olmstead *et al.*, 2001)

1. Il existe cependant une asymétrie fonctionnelle des loges polliniques chez des Lamiacées comme la Sauge : la loge abaxiale étant fertile, l'autre stérile.

➤ Carpellodes (cas des Sapindales)

Les carpelles peuvent aussi être sujets à la réduction et la transition vers la stérilité, de façon cependant moins courante que la disparition ou l'avortement. Certains carpelles peuvent en effet commencer leur développement et avorter au profit d'un autre, c'est notamment le cas des gynécées monocarpellaires des Laurales. La présence de carpellodes dans certaines familles est un caractère généralement dérivé. Par exemple, parmi les Sapindales (Rutacées, Anacardiacées, Sapindacées, Méliacées, Simaroubacées et Burséracées), les Anacardiacées (ex. Manguier, *Mangifera sp.*) comportent des carpellodes dans les fleurs mâles (ces plantes sont généralement dioïques), dérivées de la structure florale de Sapindales, du type **, 4-5, 4-5, 4-10,(2-8)*. La conversion de carpelles fertiles en carpellodes est souvent une conséquence de la **sexualisation florale** (et/ou de l'organisme). De la même façon, les fleurs femelles des Anacardiacées possèdent des staminodes. On écrira donc pour les Anacardiacées :

♂ : *, 5, 5, 5-10,(3-5)•

♀ : *, 5, 5, 5-10•,(3-5)

3.4.2 Étagements

Jusqu'à présent, nous avons principalement vu l'architecture de fleurs dont le réceptacle était plan ou formait un petit dôme, et dont les pièces florales étaient donc attachées pratiquement au même niveau. Il existe cependant des fleurs à structures dérivées sur plusieurs niveaux (certaines pièces sont portées en hauteur) et que nous qualifierons par la suite de fleurs **étagées**. Les fleurs à hypanthium développé constitue le premier cas de fleurs à étagement plus ou moins marqué (ex. Rosacées, Cactacées, Aizoacées). Deux cas spectaculaires de fleurs étagées nous serviront d'illustrations : les Passifloracées (ex. Passiflore ou Fruit de la Passion), et les Zingibéracées (ex. Gingembre). Ces deux cas sont très différents dans la mesure où l'étagement n'a pas lieu entre les mêmes verticilles.

a) Passifloracées (Malphigiales)

Souvent solitaires, les fleurs actinomorphes comportent 5 sépales pétaloïdes libres ou très peu connés, 5 pétales libres, une **corona externe**, une **corona interne**, 5 étamines et 3 carpelles soudés (gynécée parasyncarpe), les 3 styles et stigmates étant distincts (*figure 3.23*). Les pièces du périanthe sont attachées à un hypanthium lâche, qui possède à sa base un **disque nectarifère**. Les corona externe et interne sont des **annexes de l'hypanthium** filamenteuses, respectivement longue et courte. Bien que l'hypanthium ne soit pas adné aux carpelles, on ne peut pas parler de fleur périgyne car étamines et carpelles sont portés considérablement en hauteur par une sorte de pilier, l'**androgynophore**[1]. Le disque nectarifère est protégé par une seconde annexe de l'hypanthium, l'**operculum**,

1. Certaines Brassicacées possèdent une colonne supportant uniquement le gynécée, et l'on parle simplement de *gynophore*.

dont la bordure touche l'androgynophore. Cependant, toutes les Passifloracées ne possèdent pas cette architecture, et en particulier un androgynophore (*Adenia*, *Deidamia*). Les Passiflores sont pollinisés par des Apidés comme les Xylocopes, ou bien par des Colibris. L'operculum joue un rôle important à ce niveau, en empêchant les « tricheurs » de dérober du nectar.

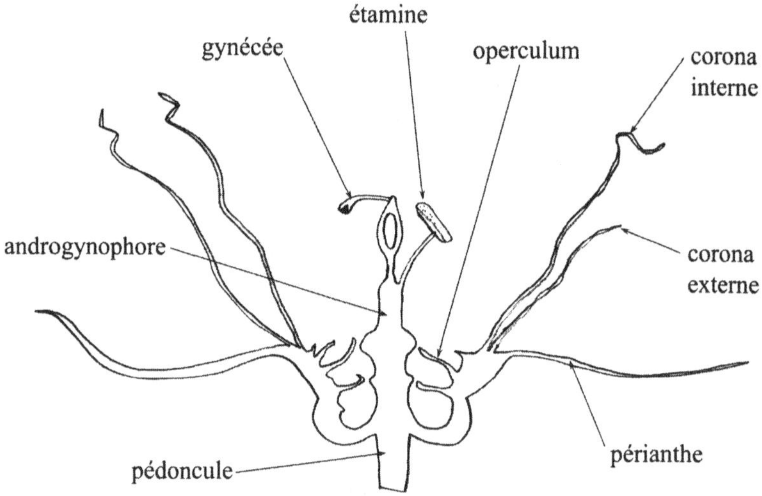

Figure 3.23 Allure générale d'une coupe axiale d'une fleur de Passiflore.

b) Zingibéracées (Zingibérales)

Les Zingibéracées possèdent une architecture florale dérivée, considérablement modifiée par rapport à l'architecture ancestrale de type 3 des Commelinées (groupe monophylétique comportant notamment les Arécales, les Broméliales, les Poales). L'inflorescence est de type cyme hélicoïde, camouflée par de larges bractées. Les fleurs sont zygomorphes, à 3 sépales connés, dont un beaucoup plus grand que les autres, 1 étamine sillonée embrassant le style. En outre, il y a 4 staminodes, dont 2 sont larges et soudées, formant une pièce de type **labelle** (une synapomorphie des Zingibéracées), et 2 autres réduites, et 3 carpelles connés, accompagnés d'un seul style et d'un seul stigmate. L'ovaire est infère. Le calice, en fait réduit à un lobe plus ou moins tubulaire, est séparé de l'étamine et du limbe des pétales par un **tube** corollaire, à l'intérieur duquel court le style. À la sortie du tube corollaire, le style est enveloppé par l'unique étamine, de telle sorte qu'il ne soit jamais nu et que seul le stigmate apparaisse découvert, au-dessus de l'anthère (*figure 3.24*). Ainsi la fleur des Zingibéracées est remarquable par les **glissements de fonction** des pièces florales : l'attraction des pollinisateurs est réalisée par l'androcée (staminodes) et non pas par les pétales, le port de l'essentiel de la fleur est assuré par la corolle (tube) et non pas par le pédoncule floral.

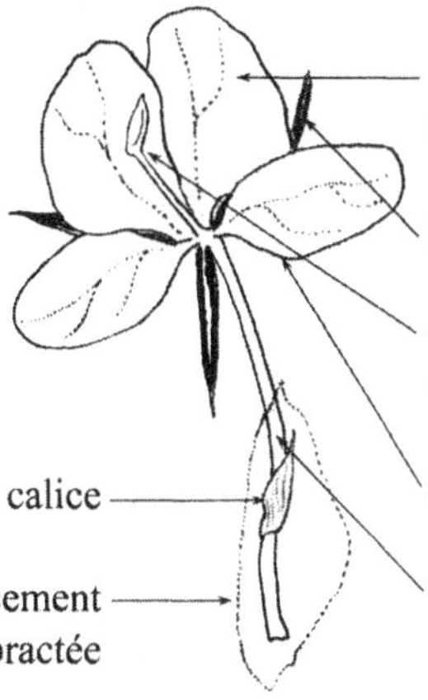

Figure 3.24 Représentation schématique d'une fleur détachée de Zingibéracée en vue externe.

3.4.3 Bractées et remaniements

a) Généralités

La bractée est un élément de l'architecture florale. Certains réservent (à tort) le terme de bractée aux cas où elle présente une différenciation spectaculaire. Pourtant, une telle distinction n'a pas lieu d'être : la bractée constitue une entité parfaitement définie, apparaissant dans certains taxons sous une forme dérivée très modifiée, soutenant l'ensemble de la structure florale. Nous avons vu (chapitre 1) son importance dans la structure des inflorescences des Chloranthacées. Chez les Tricolporées, elle peut remplacer les sépales (ex. *Thunbergia*, Acanthacées, voir *figure 3.19*), ou assurer d'autres fonctions. Parmi les Monocotylédones, les bractées sont différenciées en **glumes** chez les Poacées, et en coupe ou en étui chez les Zingibérales. La bractée joue en effet un rôle très important dans le plan d'organisation de ce dernier groupe.

b) Bractée, coupe et étui floraux (Zingibérales)

De façon générale, les fleurs des Zingibérales sont enveloppées dans des bractées coriaces, colorées ou non. Chez les Zingibéracées, on parle de **coupe**, contenant chacune une fleur, dont l'essentiel est à l'extrémité du fragile tube corollaire. Chez les Strétliziacées, comme l'Oiseau de Paradis, on observe une inflorescence de type cyme unipare à 4 fleurs, enveloppées dans la bractée d'ordre I, verte et coriace, et dont l'ouverture est dirigée vers le haut, formant ainsi un **étui**. Les fleurs possèdent 3 sépales oranges, 3 pétales violacés, dont un (adaxial) réduit et filiforme, 5 étamines (l'étamine adaxiale a disparu), 3 carpelles soudés. Non seulement l'inflorescence est en « bateau » à cause de la bractée, mais les fleurs aussi ont une conformation en bateau : les 2 pétales abaxiaux sont connés, abritant les étamines (géantes) et le style (*figure 3.25*). Les fleurs se déploient et sortent de la bractée les unes après les autres. Cette architecture n'est pas sans rappeler celle des Fabacées où la carène, constituée de 2 pétales soudés, abrite les étamines et le style (sous tension) : il s'agit à nouveau d'un phénomène de **convergence**.

L'ensemble est très solide et élastique, adapté à la pollinisation par des organismes peu légers : Oiseaux, petits Mammifères (Lémuriens). Les Héliconiacées ont une architecture florale similaire aux Strétliziacées; bien que les inflorescences soient pendantes et non dressées, l'ensemble n'est pas inversé, les fleurs ont la tête en bas. Une différence cependant : la bractée de chaque fleur est développée en étui. À l'inverse, chez les Marantacées[1], les inflorescences définies ont une vingtaine de bractées, renfermant chacune 16 à 20 fleurs. Les bractées sont en revanche membraneuses et molles chez les Cannacées[1] (famille monogénérique : *Canna*), et renferment 1 ou 2 fleurs.

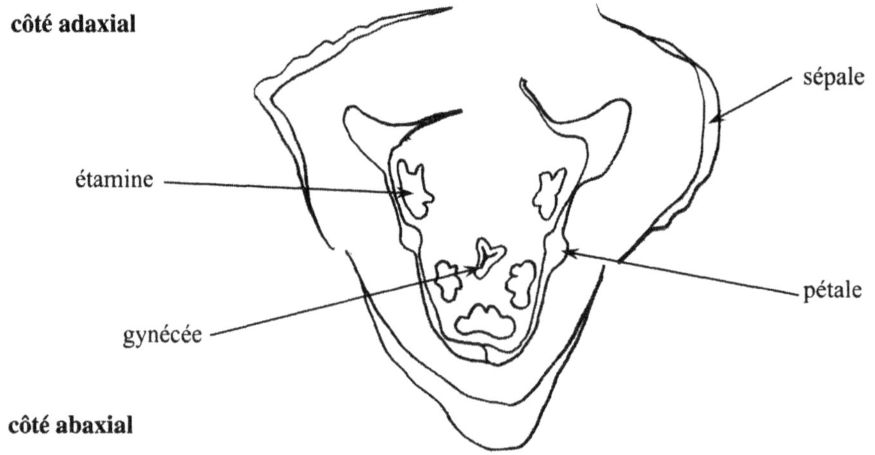

Figure 3.25 Allure générale d'une fleur de Stretlizia en coupe transversale. Le pétale adaxial n'apparaît pas car, étant réduit, il ne passe pas par le plan de coupe.

La bractée joue donc un rôle très important chez les Zingibérales, ce qui a des répercussions sur la structure florale : l'enfermement des fleurs dans une même bractée conduit à un aplatissement et à un agencement superposé des fleurs d'une même cymule, donc finalement à l'acquisition d'une latéralisation florale; les fleurs des Zingibérales sont en effet profondément zygomorphes. Les Cannacées ou les Marantacées ne possèdent qu'une seule étamine et des staminodes. La transition vers un état staminodial des étamines est assez caractéristique des Zingibérales.

1. La struture florale des Cannacées et des Marantacées ne sera pas plus détaillée, car elle est très compliquée, notamment du point de vue de l'androcée.

Chapitre **4**

Architecture florale et réalisation de la pollinisation

Les aspects relatifs à la réalisation de la **pollinisation**, transport du pollen depuis les anthères jusqu'au stigmate, peuvent être traités de façon systématique, c'est-à-dire groupe botanique par groupe botanique, afin de donner une large gamme des possibilités offertes par les fleurs des Angiospermes. Cependant, nous n'allons pas suivre cette démarche, car le but n'est pas ici d'être exhaustif, mais de montrer que la réalisation de la pollinisation (et la fertilisation) pose une série de problèmes biologiques, et que l'on observe diverses stratégies pour les surmonter.

Les problèmes biologiques liés à la pollinisation ne s'envisagent pas de la même manière chez les plantes autogames et allogames. Les plantes sont dites **allogames** lorsque la pollinisation d'un stigmate donné est réalisée par un grain de pollen provenant d'un autre pied. Elles sont en revanche qualifiées d'**autogames** si elles pratiquent l'autofécondation (stricte ou geitonogame, voir chapitre 5).

Dans le cas des Angiospermes allogames, le problème majeur est celui du **transport du pollen**, qui recouvre trois aspects : le départ du pollen, la réception du pollen, et l'agent de transport. Par ailleurs, les Angiospermes pratiquant l'allofécondation stricte sont *a priori* susceptibles d'être l'objet du dépôt d'un grain de pollen qui leur est propre, et donc à l'**autofécondation.** Cela signifie que deux problèmes en un se posent : favoriser l'allofécondation et empêcher l'autofécondation. La raison pour laquelle, **dans une certaine mesure**, les plantes autogames sont contre-sélectionnées serait d'ordre génétique, car des croisements consanguins mèneraient à une **dépression de consanguinité** (voir chapitre 5).

4.1 DISPERSION ET COLLECTE DU POLLEN DES PLANTES ALLOGAMES

4.1.1 Caractères généraux

Une sorte de classification des modes de pollinisation peut être réalisée en considérant les **vecteurs**, c'est-à-dire les agents de transport du pollen. On distingue les plantes à vecteurs **biotiques** (insectes, Oiseaux, etc.), dites **zoophiles** ou zoogames, et **abiotiques** (agents dits « physiques » : vent, eau, etc.). Les agents biotiques comprennent essentiellement les insectes, et l'on parle d'**entomophilie**, les Oiseaux (ornithophilie), les Chauve-Souris (chiroptérophilie), ou d'autres petits Mammifères. Les Oiseaux et les insectes n'ont pas la même forme, le même comportement, et donc les contraintes sont différentes dans les deux cas. Les modes de pollinisation sont également très différents d'un ordre d'insectes à l'autre. Les interférences entre modes de pollinisation peuvent être source d'un amoindrissement de l'efficacité de la pollinisation, c'est pourquoi il existe souvent une grande spécificité entre fleur et agent de transport pollinique. Les plantes adaptées à un transport biotique pourraient être structurées de telle sorte que le vent et surtout l'eau n'emportent pas les grains de pollen. De même que les fleurs pendantes feraient office de parapluie, il a par exemple été proposé que certaines fleurs zygomorphes possèdent une lèvre supérieure étendue dont la fonction est la protection des anthères vis-à-vis des gouttes de pluie, et du nectar vis-à-vis de la dilution (Neal *et al.*, 1998).

Avant de commencer à décrire les détails structuraux liés à la pollinisation, nous allons donner quelques indications générales concernant les adaptations florales aux différents types de vecteurs.

a) *Entomophilie*

➤ Lépidoptères

Il est possible de distinguer trois catégories de Lépidoptères : les Noctuidés, les Sphingidés, et les Rhopalocères. Les plantes adaptées à un mode de pollinisation *via* les Lépidoptères présentent en général des corolles allongées voire tubulaires, dans lesquelles peut aisément s'engager la spiritrompe (*galea* maxillaires) de l'insecte. Les papillons de type Sphinx sont plutôt actifs au crépuscule ou la nuit : les fleurs sont blanches ou claires, c'est-à-dire repérables même lorsque la lumière est faible. Les fleurs produisent du nectar, certes, mais aussi du parfum, selon un rythme circadien, avec un pic d'émission la nuit (ex. *Stephanotis*, Asclépiadacées). Ce type de fleur peut également comporter un **éperon**. Ce cas constitue d'ailleurs un exemple fameux en biologie florale depuis Darwin. Ce dernier supposa qu'il existait une course aux armements entre l'Orchidée et l'insecte : la fleur aurait tendance à allonger de plus en plus son éperon afin que l'insecte cogne sa tête contre les étamines et le stigmate, et l'insecte allongerait de plus en plus sa spiritrompe afin d'atteindre facilement le nectar. Ainsi, on formula l'hypothèse que les Orchidées à éperon long et les insectes à spiritrompe longue seraient sélectionnés, menant à un agrandissement considérable de ces deux structures, c'est-à-dire une course en faveur de la longueur. Et cela semble être bel et bien le cas : des expériences tendent à montrer que la réduction de la longueur de l'éperon réduit les *fitness* mâle et femelle de l'Orchidée, à la suite d'une pollinisation moins efficace.

Les plantes dont la pollinisation est assurée par les Noctuidés ont une morphologie proche, bien que présentant des tubes plus courts (la spiritrompe des Noctuidés est en général plus petite), et des couleurs plus vives. À l'inverse des plantes pollinisées par les papillons de nuit, les plantes psychophiles (pollinisateurs Rhopalocères) s'ouvrent plutôt le jour, ont des tubes courts, et ont une sorte d'« aire d'atterrissage » pour les insectes.

➤ Diptères

Outre les Hyménoptères, les Diptères constituent un groupe très important de pollinisateurs ; certains se nourrissent également du pollen. Il a été supposé que les Diptères étaient des pollinisateurs archaïques, notamment parce que des Magnoliidés sont pollinisées par des mouches. Cependant, cette hypothèse reste à confirmer. Les mouches sont relativement peu spécifiques, visitant de nombreuses sortes de fleurs, et utilisant le nectar, les sécrétions stigmatiques ou bien le pollen. Les fleurs émettent des parfums musqués voire nauséabonds (des amines comme la cadavérine, la spermine, etc., à odeur putride). Cela mime les odeurs de cadavre ou de déjections, conduisant certaines espèces d'insectes à pondre sur la fleur ; cependant, la larve ne peut pas se développer et meurt. De ce point de vue, la plante **parasite** l'insecte, en tuant les larves à son profit. De même, certaines fleurs miment les champignons hôtes où se développent normalement les larves, là encore bien souvent par les odeurs (*Asarum sp.*, Aristolochiacées). Certaines fleurs **myophiles** (pollinisées par des mouches) font partie des plus grandes du monde, comme *Rafflesia sp.* (Rafflésiacées).

➤ Coléoptères

Les fleurs **cantharophiles** (pollinisées par des Coléoptères) produisent des quantités importantes de pollen, voire même des tissus spéciaux destinés à la nutrition des insectes, dans les étamines ou le périanthe. Des parfums sont également produits.

➤ Hyménoptères

Les Hyménoptères pollinisateurs sont en majorité des Bourdons, des Abeilles, ou des Xylocopes. Les fleurs pollinisées par les Xylocopes sont généralement plus solides que les fleurs pollinisées par des insectes plus petits comme les Abeilles. En outre, elles possèdent des sources de nectar masquées, qui ne peuvent être atteintes qu'en forçant. Dans les régions tempérées, le genre *Bombus* constitue un groupe de pollinisateurs très répandu. Les fleurs pollinisées par les insectes de ce genre produisent en général du nectar, sauf en particulier les Orchidées dites « tricheuses » (voir chapitre 5). Il a été supposé que les fleurs pollinisées par les Bourdons étaient souvent zygomorphes à cause d'une préférence de la symétrie bilatérale par ces insectes. Bien qu'il soit possible que la symétrie bilatérale soit associée, dans une certaine mesure, à la possibilité de formation d'une lèvre inférieure permettant l'atterrissage des insectes, et à la facilité de mémorisation et d'apprentissage par les pollinisateurs (Neal *et al.*, 1998), ces hypothèses restent aujourd'hui à préciser, en particulier car les expériences testant les préférences symétriques des pollinisateurs aboutissent à des résultats assez variables d'une espèce à l'autre.

Nous citerons l'exemple du Laurier de Saint-Antoine (*Epilobium angustifolium*, Onagracées), chez lequel il a été montré une préférence des pollinisateurs (Bourdons) pour les morphes floraux symétriques (Møller, 1998). Occasionnellement, les fleurs pollinisées par d'autres Hyménoptères peuvent être visitées par des Guêpes, qui utilisent le nectar. Celles-ci possédant des pièces buccales en général assez courtes, elles recherchent plutôt les fleurs sans tube profond.

➤ Autres insectes

Quelques autres insectes, comme les Thrips (Thysanoptères) visitent des fleurs à la recherche de pollen, et éventuellement de nectar. Les fleurs spécialisées dans ce mode de pollinisation sont blanches, petites et étroites, et les étamines sont prostrées.

b) Ornithophilie

Les Oiseaux pollinisateurs comprennent bien sûr les Colibris, mais aussi occasionnellement d'autres groupes, comme des Psittaciformes (par exemple, certains Mimosas – *Acacia* – d'Australie sont pollinisés par la Perruche omnicolore). Les fleurs ornithophiles sont voyantes (la vue est un sens très développé chez les Oiseaux), notamment rouges (voir chapitre 5) et agréablement odorantes. Les Oiseaux comme les Colibris possèdent un long bec et une langue très allongée, leur permettant de pomper le nectar. Ce dernier remonte par capillarité dans la langue repliée sur elle-même, et l'animal déglutit (l'oiseau n'aspire pas comme avec une paille, contrairement à une idée répandue). Les fleurs ornithophiles par conséquent tubulaires, produisent un nectar abondant et peu visqueux rendant possible l'alimentation de l'oiseau. En outre, des tissus sclérifiés sont présents sur le pourtour de certains organes, évitant à la fleur d'être endommagée par les éventuels coups de bec. Ce mode de pollinisation n'est pas exclusif, puisque dans certains cas, l'animal se pose sur la fleur et transfère le pollen par ses pattes (*Strelitzia*, Strélitziacées). Enfin, il semble qu'il existe une corrélation entre l'épiphytisme et l'ornithophilie, notamment chez les Gesnériacées (Wiehler, 1983).

c) Chiroptérophilie

En milieu tropical, il arrive que des Chauve-Souris soient des pollinisateurs (Bignoniacées, Fabacées, etc.). Ces animaux, actifs la nuit, sont attirés par les parfums émis par les fleurs (processus soumis à un rythme circadien). Les fleurs mucilagineuses produisent une quantité importante de pollen, dont se nourrit également la Chauve-Souris. Fréquemment, ces animaux se posent directement sur les fleurs pour s'alimenter ; ainsi, les fleurs chiroptérophiles sont grosses et les plantes ont, pour la plupart, un port arborescent, conférant une certaine solidité.

Il existe des espèces pollinisées par d'autres Mammifères qui ne volent pas. C'est notamment le cas de Protéacées et de Myrtacées d'Australie, pollinisées par des petits Marsupiaux, et d'Hypéricacées de Madagascar, pollinisées par des Lémuriens. Plus rarement, certains Rongeurs pollinisent des fleurs, en particulier chez des Mélastomatacées du Costa Rica (Endress, 1994).

d) Hydrophilie, anémophilie

De nombreuses Angiospermes sont pollinisées par le vecteur abiotique qu'est le vent (**anémophilie**). De façon générale, les plantes pollinisées par le vent ne présentent pas de pièces florales attractives, et se composent essentiellement des pièces fertiles : étamines et/ou carpelles. C'est le cas notamment de certaines Salicacées, où ce type de dispersion pollinique constitue, parmi les Malpighiales, une stratégie dérivée (et non ancestrale). La pollinisation anémophile a émergé indépendamment plusieurs fois chez les Angiospermes (ex. Platanacées, Fagacées, Bétulacées, etc.). Par exemple, chez le Peuplier (*Populus sp.*), les fleurs sont agencées en chatons. Le vent emporte le pollen, produit en grande quantité. Le développement des inflorescences a lieu **avant** la mise en place des feuilles, de telle sorte que l'action du vent ne soit pas freinée par ces dernières, et que la réception des grains de pollen sur le stigmate soit aisée. Cela étant, il existe des Salicacées dont les fleurs, bien que disposées en chatons, comportent des nectaires et sont pollinisées en partie par les insectes : c'est le cas des Saules (*Salix sp.*). La pollinisation entomophile du genre *Salix* constitue, au sein des Salicacées, une stratégie dérivée. La pollinisation anémophile existe dans d'autres familles d'Angiospermes arborescentes comme les Platanacées (Protéales), ainsi que les Fagacées, les Bétulacées ou les Juglandacées (Fagales), et toutes ces familles ont pu être à tort rapprochées à cause (précisément) de leur mode de pollinisation anémophile. En fait, les regroupements et la réduction des fleurs constitue une **convergence** évolutive des trois groupes (Fagales, Platanacées, Salicacées), tournée vers la dispersion du pollen par le vent.

Enfin, un cas remarquable de dispersion pollinique anémophile est celui des Monocotylédones que sont les Typhales, les Juncales et les Poales (voir encart suivant).

Typhales, Poales, et Juncales

Ces plantes herbacées présentent des inflorescences en épis, les fleurs étant unisexuées ou non. Chez les Typhacées, les fleurs sont toujours unisexuées, et les fleurs de même sexe réunies en épis denses, l'inflorescence ayant globalement chez *Typha* une partie supérieure staminée, et une partie inférieure carpellée. Les fleurs possèdent un périanthe membraneux parfois réduit à des barbules, et les filets des étamines sont plus ou moins connés, de telle sorte que la fleur mâle est presque réduite aux anthères *(figure 4.1)*. Chez *Sparganium*[1], les étamines des fleurs mâles comportent un filet relativement long, exposant ainsi les anthères au vent *(figure 4.1)*. Les Poacées comportent des étamines pendantes à long filet, et un stigmate plumeux, favorisant le départ et la réception du pollen respectivement (voir *figure 2.27*). Chez les Cypéracées, le stigmate bifide et les anthères dépassent largement de la bractée axillant la fleur hermaphrodite *(figure 4.1)*. Toutes ces familles produisent, comme précédemment, du pollen en quantité considérable (plusieurs centaines ou milliers de grains de pollen par anthère).

1. Ce genre, anciennement inclus dans les Sparganiacées, est rattaché aujourd'hui aux Typhacées.

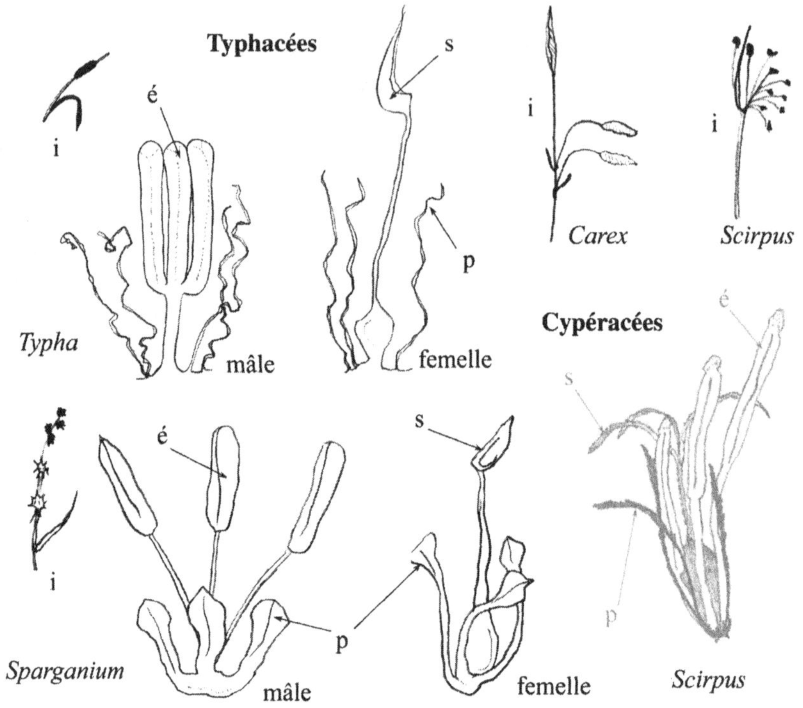

Figure 4.1 Représentation schématique des inflorescences (i) et des fleurs des Typhacées (Typhales) et des Cypéracées (Juncales).
é, étamine; s, stigmate; p, périanthe.

Des plantes très curieuses réalisent la pollinisation grâce à l'eau (**hydrophilie**). C'est le cas, notamment, des Angiospermes aquatiques de la famille des Hydrocharitacées (Élodée, Vallisnérie). Chez la Vallisnérie, plante dioïque, les fleurs femelles restent attachées par un long pédoncule et flottent à la surface de l'eau, tandis que les fleurs mâles se détachent, gagnent la surface, et « naviguent » comme des petits bateaux. Le pollen atteint le stigmate de la fleur femelle par contact direct ou à la suite de l'agitation de l'eau. Chez l'Elodée (*Elodea canadensis*), au contraire, le pollen dérive à la surface de l'eau jusqu'à la rencontre du stigmate filamenteux. D'autres Hydrocharitacées, comme *Thalassia sp.*, réalisent la pollinisation entièrement sous l'eau (le pollen est libéré dans une sécrétion mucilagineuse). D'autres familles proches, les Posidoniacées et les Zostéracées, réalisent la pollinisation entièrement sous l'eau. Ainsi, ces quatre familles, de même que les Ruppiacées, les Naïadacées, et les Zannichéliacées[1], possèdent, parmi les Alismatales, des modes de pollinisation dérivés, adaptés à la vie aquatique. Il a été supposé que ce mode de pollinisation était dérivé de l'anémophilie. Pourtant, il semble bien qu'il n'en soit rien : les autres familles des Alismatales ont une pollinisation réalisée par des insectes (Alismatacées, Butomacées, et Aracées), suggérant que l'hydrophilie est

1. Et dans une moindre mesure, les Potamogétonacées.

née d'une spécialisation concomitante à la conquête du milieu aquatique, à partir d'un ancêtre sans doute entomophile (*figure 4.2*).

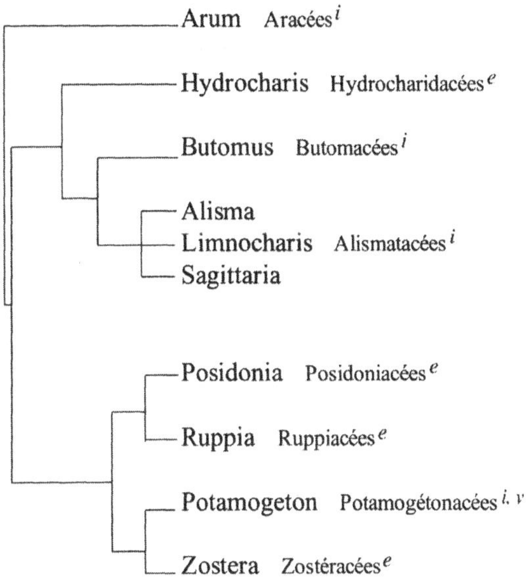

Figure 4.2 Arbre phylogénétique des Alismatales, basé sur l'analyse des séquences rbcL.
Les modes de pollinisation de chaque famille sont indiqués en exposant : *i*, pollinisation entomophile; e, pollinisation hydrophile; *v*, pollinisation anémophile. Les Potamogétonacées comportent certaines espèces à pollinisation anémophile c'est pourquoi le symbole *v* a été figuré. (Modifié, d'après Bremer *et al.*, 2000)

4.1.2 Stratégies d'attraction du vecteur

La dispersion du pollen est sous la dépendance, chez les Angiospermes zoophiles, des vecteurs de la pollinisation ; ainsi, la variété des structures et des compositions florales sont entre autres intimement liées aux stratégies d'attraction des pollinisateurs. Nous distinguerons, pour la clarté de l'exposé, plusieurs niveaux d'étude : l'échelle populationnelle, l'échelle de la fleur, et l'échelle moléculaire. Parce qu'il n'est pas possible d'être exhaustif, nous développerons, à chaque étape, un ou des exemples démonstratifs, en évitant le « catalogue ».

a) *Un effet de groupe*

Les fleurs ne sont pas, en général, isolées car, d'une part, elles sont portées par une inflorescence, et d'autre part appartiennent à une plante elle-même entourée de congénères de la même espèce ou non.

➤ Inflorescences

Comme nous l'avons déjà suggéré (voir chapitre 1), les fleurs sont groupées en inflorescences plus ou moins contractées. Un grand nombre de fleurs a tendance à accroître l'attraction exercée sur les pollinisateurs, car l'émission de parfum est plus intense, les fleurs sont plus visibles, etc. Par ailleurs, le regroupement des fleurs en inflorescence offre la possibilité d'une **différenciation florale.** Cela est particulièrement visible chez les Astéracées (voir chapitre 2, § 2.2.1), dans la sous-famille des Astéroïdés. Les fleurs externes sont différenciées sous la forme d'une ligule. Cela a des répercussions importantes sur la structure florale : les fleurs externes sont en général partiellement stériles et zygomorphes, contrairement aux autres fleurs de l'inflorescence. Par ailleurs, les fleurs externes n'ont parfois pas la même couleur que les autres : blanches dans le cas de la Marguerite, mauves chez l'Aster, etc. Les sépales sont toujours très modifiés, étant réduits à l'état de pièces filamenteuses, plumeuses, ou soyeuses, formant un **pappus.** La différenciation peut aussi impliquer une réduction des fleurs dans leur ensemble, au profit de la bractée, qui endosse le rôle attractif. Par exemple, chez la Lavande (*Lavandula stœchas*, Lamiacées), les fleurs de l'extrémité de la grappe présentent des bractées violettes en forme de plumet, aisément repérable par les pollinisateurs (la destruction de ces bractées entraîne en effet une chute considérable du nombre de visites par les Bourdons ou les Abeilles).

➤ Regroupements homospécifiques

La juxtaposition de pieds de la même espèce augmente, dans certains cas, considérablement le nombre de visites par les pollinisateurs, pour les mêmes raisons que celles évoquées ci-dessus. Par exemple, chez la Lavande, le nombre de visites est très bas lorsque les populations sont très clairsemées (*figure 4.3*). À l'inverse, les populations plus denses ont un taux de visite plus élevé, et produisent des graines statistiquement plus grosses, favorisant ainsi probablement la germination ultérieure grâce à la plus grande quantité de réserves. Cette différence provient vraisemblablement du fait que les populations clairsemées sont sujettes à l'autofécondation geitonogame, contrairement aux populations plus denses ; le

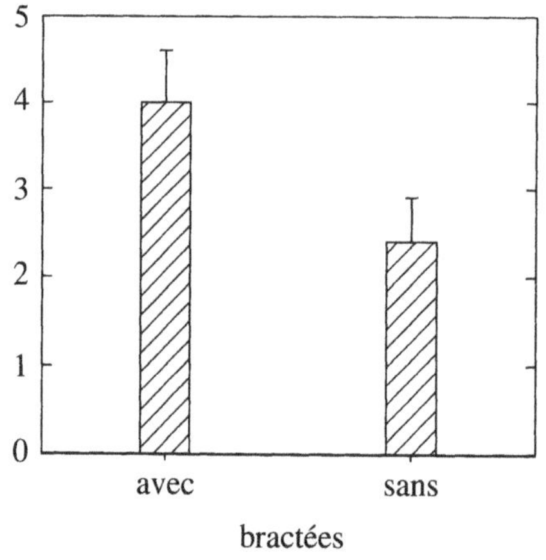

Figure 4.3. Représentation du nombre moyen de visites effectuées par les pollinisateurs (Abeilles) durant 30 minutes sur des pieds de Lavande (*Lavandula stœchas*) avec ou sans bractées apicales.

Dans cette expérience, une paire de deux pieds de Lavande, dont l'un est dépourvu de ses bractées, est isolée et on observe le choix du pollinisateur. Dans ces conditions, les insectes préfèrent les individus ayant leurs bractées. (Modifié, d'après Herrera, 1997)

temps de vol entre deux fleurs étant relativement petit, le pollinisateur, en population très clairsemée, choisit le plus souvent de se poser sur une fleur du même pied. Chez certaines plantes, la multiplication végétative forme des touffes, ce qui augmente localement le nombre de fleurs, et joue également dans le même sens ; c'est le cas chez le Lupin (Fabacées).

➤ Regroupements hétérospécifiques

De la même manière, des espèces différentes peuvent être juxtaposées, et augmenter l'attraction exercée sur les pollinisateurs. Seulement, cela marche d'autant mieux s'il existe une **ressemblance** entre les deux espèces. Sans forcément impliquer de juxtaposition ou de regroupements massifs, des espèces peuvent profiter de l'attrait exercé par une autre espèce en les imitant. On comprendra par là que l'**imitation** (en anglais *mimicry*) n'est pas rare parmi les Angiospermes. L'espèce imitatrice utilise l'apprentissage subi par le pollinisateur pour reconnaître l'espèce imitée, et est dès lors abondamment visitée, sans offrir forcément de récompense (nectar) ; l'imitation est, de ce point de vue, positif pour l'espèce imitatrice, accroissant son taux de visite et sa *fitness*.

On distingue deux types d'imitation : l'imitation **batésienne** et l'imitation **müllerienne**. Ces deux types se distinguent par la dynamique de l'abondance de l'espèce imitatrice (*figure 4.4*). Dans le cas **batésien** (ex. *Orchis israelitica*, Orchidacées, et *Bellevalia flexuosa*, Liliacées), l'espèce imitatrice est de plus en plus abondante dans un premier temps, profitant des pollinisateurs de la fleur imitée. Puis, les pollinisateurs « abusés » par l'imitatrice apprennent à faire le lien entre la fleur (de l'imitatrice et de l'imitée, qui se ressemblent) et l'absence de récompense, de telle sorte que l'insecte finisse par délaisser ce type de fleur. La pollinisation baissant, l'espèce imitatrice voit son abondance chuter. Enfin, alors que l'espèce imitée retrouve une fréquence plus élevée, le pollinisateur apprend de nouveau à faire le lien entre la fleur (imitée) et l'approvisionnement en nectar. Il arrive donc qu'il visite à nouveau l'imitatrice, et le cycle recommence. Il existe donc dans ce cas un **effet négatif** de l'abondance sur l'accroissement de la population de l'imitatrice. Dans le cas **müllerien** (ex. *Senecio integerrimus* et *Helenium hoopesii*, Astéracées), c'est le contraire : le taux d'accroissement dépend positivement de la fréquence de l'imitatrice. Dans l'imitation müllerienne, deux espèces ou plus trouvent un avantage adaptatif à fleurir ensemble en populations denses, accroissant la probabilité de visite. Ces espèces ont un ou des points communs, issus de **convergence** évolutive. Ces deux cas d'imitation sont donc très différents : l'imitatrice batésienne n'offre jamais de récompense (nectar) au pollinisateur, ce qui n'est pas forcément le cas des imitations mülleriennes. De plus, si l'espèce imitée et imitatrice sont évidentes dans le cas batésien, il n'en est rien dans le cas müllerien, pour lequel on ne sait pas, *a priori*, quelle espèce est le « modèle ».

Les imitations ont cependant un inconvénient potentiel, celui des transferts interspécifiques de pollen. Chez les Orchidées, où il existe un grand nombre d'espèces imitatrices, les pollinies ne s'emboîtent correctement que dans les fleurs de la même espèce. Chez d'autres espèces (Zingibéracées), les fleurs se maintiennent jusqu'à ce qu'un grain de pollen homospécifique soit déposé sur le stigmate (Roy *et al.*, 1999). Mais de façon générale, il est probable que si la sélection puisse jouer, dans certains cas, en faveur de la similitude, il existe aussi vraisemblablement une pression de sélection favorisant l'émergence de différences amoindrissant le taux de transferts dits « impropres » de pollen.

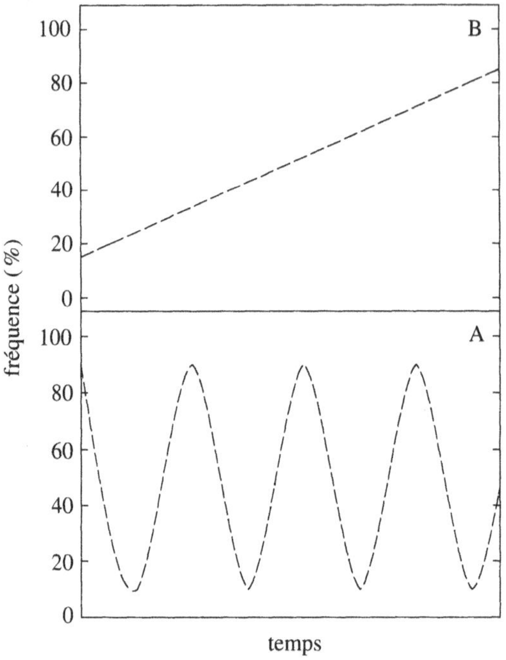

Figure 4.4 Allure de l'évolution en fonction du temps de la fréquence de l'espèce imitatrice dans le cas batésien (A) ou müllerien (B). (Modifié, d'après Roy *et al.*, 1999)

b) Remaniements floraux

On entendra par « remaniements » l'acquisition de structures florales dérivées, spécialisées dans un type de pollinisation particulier. Nous prendrons trois exemples : les Orchidacées, les Lamiales, et les Renonculales, qui constituent de beaux cas de spécialisation-divergence à partir d'ancêtres respectivement actinomorphe-type 3, zygomorphe-type 5, et actinomorphe-spiralé.

➤ Orchidacées

Les Orchidacées, qui appartiennent à l'ordre des Asparagales, possèdent une structure zygomorphe (voir chapitre 4) de type 3. Le périanthe, la partie la plus visible est composé de 3 sépales pétaloïdes (tépales), et de 3 pétales dont l'abaxial[1] est différencié en **labelle.** Outre cette marque de zygomorphie, la structure florale est très complexe : les étamines n'ont plus leur structure typique filet-anthère, mais sont réduites à des loges dans lesquelles s'insèrent le pollen aggloméré en pollinies. Les pollinies comportent un socle collant (le rétinacle), un pédoncule, et un corps. Les pollinies sont opposées au pétale abaxial, ce qui permet de supposer qu'elles dérivent de l'étamine adaxiale, les autres ne se développant pas. Le gynécée comporte 3 carpelles soudés à placentation pariétale. Le stigmate, très modifié, présente une partie non réceptive constituée d'un rostellum, faisant « obstacle » entre l'étamine et la zone réceptive du stigmate, et d'un viscidium, collant et

1. Remarquer l'inversion de la polarité adaxial-abaxial chez les Orchidées, voir chapitre 4.

relié aux pollinies. La fleur comporte en outre des caractères à l'origine de la spécialisation vis-à-vis d'un pollinisateur ou d'un ensemble de pollinisateurs : ornementation du labelle rappelant le corps de l'insecte (*Ophrys sp.*), émission de parfums imitant des phéromones sexuelles de l'insecte (*Ophrys, Cryptostylis)*, correspondance de la taille florale avec celle de l'insecte. Certaines Orchidées produisent aussi du nectar, d'autres non (*Cypripedium*).

Ce schéma descriptif s'applique en particulier aux Orchidoïdés. En effet, chez les Apostasioïdés, par exemple, les étamines, au nombre de 3, sont presque normales et légèrement adnées au gynécée *(Figure 4.5*). Ce dernier est de plus à placentation axile et non pariétale. Enfin, il n'y a pas de pollinies et le pollen se présente sous la forme « classique » de grains individuels. Les autres sous-familles (Orchidoïdés, Cypripédioïdés, Vanilloïdés) ont un pollen aggloméré et collant, ainsi qu'un stigmate asymétrique. Chez les Cypripédioïdés, l'étamine adaxiale est transformée en staminode, et il n'existe pas de pollinie. Les Vanilloïdés, enfin, ont une seule étamine fonctionnelle (l'adaxiale), et, parfois, sont dépourvues de pollinies. Ainsi, on distingue les Orchidées monandriques (Vanilloïdés et Orchidoïdés)[1], groupe probablement monophylétique (Freudenstein *et al.*, 1999), des Orchidées **polyandriques** (Apostasioïdés et Cypripédioïdés), sans doute paraphylétiques.

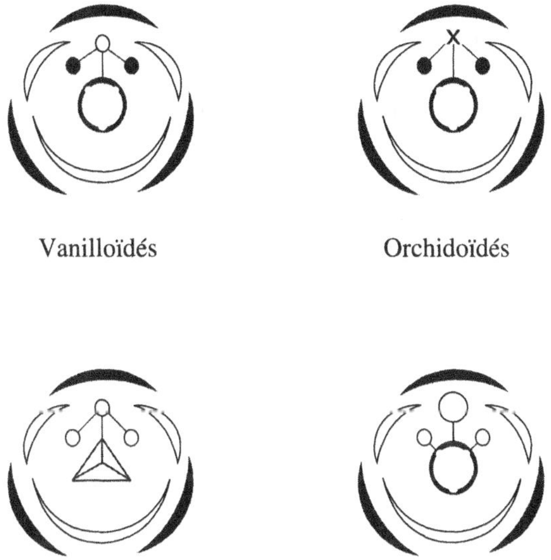

Figure 4.5 Diagrammes floraux des sous-familles d'Orchidées.

Les Apostasioïdés ont un ovaire eusyncarpe (placentation axile), tandis que les autres sous-familles ont des ovaires parasyncarpes (placentation pariétale). Chez les Cypripédioïdés, l'étamine supérieure est modifiée en staminode(s). Chez les Orchidées monandriques (Vanilloïdés et Orchidoïdés), il existe des pollinies. L'étamine supérieure est fonctionelle (Vanilloïdés) ou non (Orchidoïdés). Parfois, les sépales inférieurs sont soudés chez les Cypripédioïdés (non figuré).

1. Parfois, les Orchidées monandriques sont scindées en trois sous-familles : Vanilloïdés, Orchidoïdés, et Épidendroïdés (ex. *Epidendrum*), ce dernier groupe comprenant majoritairement des Orchidées épiphytes.

De façon générale, les pollinisateurs attirés par les fleurs d'Orchidées se posent sur le labelle, et gagnent l'intérieur de la fleur à la recherche du nectar, processus lors duquel les pollinies se collent sur leur tête ou une autre partie du corps. Les pollinies percutent le stigmate de la fleur suivante lors d'une visite ultérieure, ce qui assure la fertilisation. Les traits floraux d'ordre visuel ou olfactif permettent certes une grande **spécificité plante-pollinisateur**, mais ne garantissent pas l'absence d'autofécondation *s.l.* En effet, certaines Orchidées sont sujettes à l'autofécondation geitonogame (voir chapitre 5) voire stricte, comme la Vanille. Chez cette espèce (*Vanilla planifolia*), un petit diptère (*Melipona*), lorsqu'il visite la fleur, déclenche l'autopollinisation en écartant le rostellum.

Sur cette organisation dérivée très modifiée, parmi les Asparagales, des Orchidées, d'autres caractères viennent se surajouter, en relation avec la spécialisation florale à laquelle nous faisions allusion (voir encart suivant).

Exemples de spécialisation florale des Orchidées

Prenons trois cas très différents d'Orchidoïdés des zones tempérées de l'hémisphère Nord : *Ophrys holoserica*, *Anacamptis pyramidalis*, et *Listera cordata*. Chez *Ophrys*, les sépales sont réduits, le labelle comporte des sortes de plumules et un motif brillant foncé, le **sperculum**, conférant une apparence d'insecte du type Apidé. La fleur émet par ailleurs une odeur. L'ensemble attire efficacement les Abeilles mâles (*Eucera*). Chez *Anacamptis*, en revanche, la fleur presque uniformément rose clair, est munie d'un long éperon, où le nectar est produit et à l'intérieur duquel des **papillons** diurnes peuvent engager la spiritrompe. La fleur de *Listera cordata*, enfin, est d'une couleur verdâtre ou violacée, peu voyante ; le labelle est clairement bifide. Le pollen est projeté de façon explosive dans une suspension gluante. La fleur émet une odeur repoussante de putréfaction. Cette dernière attire des Diptères (moucherons), qui se retrouvent, une fois posés, englués dans le pollen.

Ces organismes possèdent donc des architectures et plus généralement des traits floraux différents, adaptés à des modes de pollinisation aussi très différents, alors même qu'il s'agit de trois espèces assez proches phylogénétiquement, montrant par-là combien la radiation adaptative des Orchidées est spectaculaire.

➤ Lamiales

Comme les Orchidacées, les Lamiales constituent un groupe au sein duquel cohabitent des espèces qui, bien que toutes construites à partir d'une architecture zygomorphe de type 5, présentent des différences structurales, témoins des adaptations à des modes de pollinisation variés. Les différentes familles composant l'ordre des Lamiales ont déjà été citées dans le chapitre 3.

Les fleurs des Lamiales comportent des pétales connés (corolle gamopétale); par conséquent la fleur a fréquemment une allure tubulaire. Cependant, alors que le tube est court ou large chez les Lamiacées, les Plantaginacées, etc., il est long et fin chez *Buddleia*. Par ailleurs, ce dernier genre ne montre pas, au niveau de la corolle, la zygomophie de telle sorte qu'on n'observe pas de lèvre inférieure dilatée. Autrement dit, le *Buddleia* est d'ores et déjà particulier dans la mesure où la fleur, dépourvue de « zone d'atterrissage » et formant un tube effilé, est adaptée à la pollinisation par les **papillons**. En outre, la fleur émet un parfum attractif pour ces insectes. Le *Buddleia*, ou Lilas chinois, est à ce titre parfois nommé Arbre à papillons. Les Lamiacées, en revanche, ont une lèvre inférieure développée, une symétrie bilatérale marquée, et des ornementations ou des trichomes qui sont autant de guides pour les pollinisateurs. Certaines espèces possèdent également un dispositif de dépôt du pollen constitué par des étamines à « pédales », dont un exemple typique est celui de la Sauge (*Salvia sp.*). En effet, lorsque l'insecte progresse dans la fleur, il appuie sur la partie proximale des étamines adaxiales, provoquant l'abaissement de la partie distale, et donc des anthères. Les Orobanchacées sont quant à elles pollinisées le plus souvent par des Diptères, et les fleurs, peu colorées et peu voyantes, produisent un parfum putride.

Enfin, certaines espèces, parmi les Gesnériacées ou les Lamiacées, ornithophiles, possèdent une structure florale tubulaire très effilée, dans laquelle s'insère parfaitement le bec des oiseaux pollinisateurs que sont les Colibris.

➤ Renonculacées

La variété de ces Renonculales, rarement abordée, est pourtant remarquable (*figure 4.6*). Les Renonculacées présentent aussi bien des fleurs actinomorphes (*Ranunculus*) que zygomorphes (*Aconitum*). Tandis que les fleurs jaunes, actinomorphes ne sont pas spécialisées du point de vue du mode pollinique, les fleurs violettes (ou jaunes) zygomorphes attirent le plus souvent des insectes Hyménoptères. Certains genres possèdent des nectaires au niveau des pétales (parfois effilés en éperon ou dilatés en casque – *Aconitum*), produisant des quantités importantes de nectar (*Delphinium*, *Aquilegia*), attirant principalement des Abeilles ou des Bourdons. Chez *Caltha*, les nectaires sont à la base des carpelles. *Anemona* et *Clematis*, en revanche, ne produisent pas de nectar, et attirent des insectes qui récoltent le pollen. À l'opposé, des Renonculacées sont anémophiles, comme *Thalictrum* : les pièces du périanthe tombent rapidement, les étamines sont nombreuses et voyantes, ce qui permet une dispersion efficace du pollen par le vent.

c) *Nectar*

➤ Généralités

De nombreuses fleurs produisent un liquide sucré dont les pollinisateurs se nourrissent, le nectar. Le nectar est fabriqué au niveau d'organes spécialisés, les **nectaires** floraux. Les fleurs ne sont pas les seules parties de la plante à produire du nectar : il existe chez certaines espèces des nectaires dits extrafloraux, comme chez les Passifloracées. Le nectar constitue une sorte de « récompense » destinée au pollinisateur, ce dernier apprenant finalement à faire le lien entre la fleur (l'espèce) et la présence de nectar. Ce dernier est

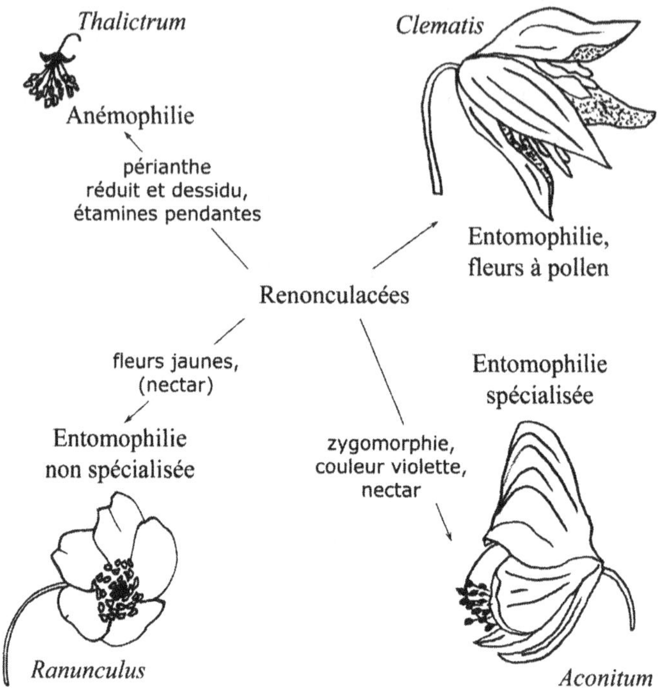

Figure 4.6 Quelques exemples de modes polliniques des Renonculacées. Dans chaque cas, un genre est cité à titre d'exemple (voir texte). Ce diagramme n'est pas une phylogénie.

composé d'eau, de sels minéraux, d'acides aminés, de saccharose et d'hexoses tels que le fructose et le glucose. Les acides aminés sont présents en faible quantité, environ 1 million de fois moins que les hexoses. Se trouvent également des vitamines, des alcaloïdes, des composés phénoliques, des antioxydants, et des saponines en faibles quantités.

Les nectaires peuvent se trouver sur les différentes pièces florales : sépales, pétales, étamines, carpelles. Les cas les plus courants sont les **disques nectarifères**, situés entre étamines et carpelles chez les Dicotylédones (*figure 4.7*), et les nectaires **septaux**, situés dans les septums de l'ovaire, chez les Monocotylédones (Endress, 1994). Au sein même d'une fleur, on distingue plusieurs types de nectaires. Par exemple, chez les Brassicacées, il existe des nectaires **latéraux** (associés aux 2 étamines courtes, latérales), et des nectaires **médians** (associés aux étamines longues). Les espèces de la famille des Brassicacées possèdent les deux ou un seul type de nectaire. Ces deux types diffèrent du point de vue de la composition glucidique : les nectaires latéraux ont un rapport glucose/fructose de 1,1 environ, tandis que les nectaires médians ont un rapport de 0,2 à 0,9. De plus, les nectaires latéraux possèdent une vascularisation phloémienne importante et profonde, ce qui n'est pas le cas des nectaires médians (Davis *et al.*, 1998). La signification biologique de cette hétéromorphie des nectaires reste aujourd'hui à préciser.

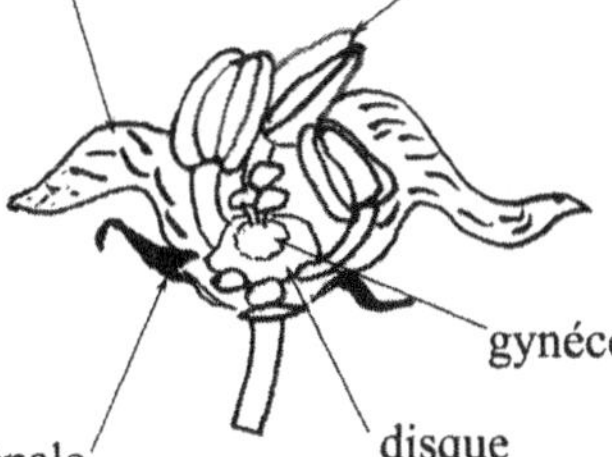

Figure 4.7 Représentation schématique d'une fleur d'Anacardiacée montrant un disque nectarifère à la base des étamines. Deux étamines et une partie du périanthe ont été ôtées afin de voir l'intérieur de la fleur.

➤ Typologie et modalités de production

Le nectar est produit directement par l'épiderme (nectaires **épidermiques**), par le mésophylle (nectaires **mésophylliens**), ou bien par des trichomes spécialisés (nectaires **à trichomes**). Les nectaires mésophylliens et épidermiques comportent à leur surface des stomates, dont les cellules ont perdu la capacité à fermer l'ostiole. Autrement dit, ces stomates ne constituent pas un moyen de régulation du flux de nectar. Si les nectaires épidermiques et mésophylliens se rencontrent souvent, y compris parmi les nectaires extrafloraux, les nectaires à trichomes sont plus rares (ex. Malvacées, Dipsacacées). Le phloème irrigue les nectaires, fournissant les molécules organiques – qui sont utilisées dans la fabrication de nectar – et en particulier les photosynthats. Les cellules productrices de nectar comportent de l'**amidon**, issu vraisemblablement de la polymérisation du glucose venant de la conversion du saccharose importé. Cet amidon est ensuite utilisé pour produire du glucose, du fructose ou du saccharose, qui s'accumuleront dans le nectar.

Il a été supposé que la sécrétion du nectar avait lieu par le biais d'un transport actif des hexoses ou du saccharose par un transporteur membranaire (Lüttge, 1969), de façon similaire au chargement apoplastique du phloème en assimilats. Pourtant, il semble bien que le nectar soit sécrété par exocytose. Les vésicules d'exocytose proviennent directement des citernes du reticulum endoplasmique (Ed Echeverria, 2000). Cependant, il est possible qu'une partie des structures supposées réticulaires dans les préparations microscopiques soient issues d'une fragmentation artefactuelle de la vacuole lors de la fixation (Verbelen *et al.*, 1998). Quoi qu'il en soit, l'implication de la vacuole dans la synthèse du nectar est aujourd'hui incertaine; il a été suggéré que des vésicules d'origines réticulaire et vacuolaire pourraient fusionner, formant les vésicules effectivement exocytées. Enfin, les cellules productrices de nectar présentent des invaginations de leur membrane plasmique, témoin de leur importante activité d'exocytose (Fahn *et al.*, 1970).

➤ Nectar et pollinisation

La composition du nectar change remarquablement d'un mode de pollinisation à l'autre : les fleurs pollinisées par les Colibris, les Papillons, et les Diptères dotés d'un labium allongé ont un rapport saccharose/hexoses élevé, tandis que les fleurs pollinisées par les Mouches, des Oiseaux percheurs, ou les Chauve-Souris ont un rapport saccharose/hexoses faible.

Les préférences des Hyménoptères comme les Abeilles ne sont pas aujourd'hui bien définies. En revanche, ces insectes préfèrent les fortes concentrations en glucides, ce qui n'est pas le cas des Colibris ou des Papillons. Ces derniers utilisent probablement les nectars les moins visqueux, plus adaptés à leur manière de l'avaler, c'est-à-dire à l'aide d'un fin conduit (respectivement langue et spiritrompe).

Cela étant, il existe une grande **variabilité** dans la composition du nectar d'une fleur à l'autre dans une inflorescence ou d'une plante à l'autre, de même que d'un moment à l'autre. La production de nectar a été particulièrement étudiée dans le genre *Epilobium* (Onagracées). Chez *E. canum*, la production de nectar varie de 6 à 117 % d'une fleur à l'autre. L'environnement influence également la production de nectar, dans la mesure où la sécheresse ou la faible lumière induisent une baisse significative de la production de nectar (Boose, 1997). Chez *E. angustifolium*, une sécheresse prolongée (12 jours) provoque une chute de la production de nectar, mais n'induit pas de changement dans la concentration en glucides (Carroll *et al.*, 2001). Enfin, la production de nectar dépend, chez cette même espèce, de l'architecture florale : les fleurs asymétriques produisent significativement moins de nectar que les fleurs symétriques. La symétrie florale est donc perçue par les pollinisateurs comme une indication de la quantité disponible de nectar (Møller, 1995).

Enfin, rarement, une fois la pollinisation réalisée, il existe une réabsorption, dans une certaine mesure, du nectar restant. Par exemple, chez l'Orchidée du genre *Aerangis*, la pollinisation induit une réabsorption d'environ 70 % des sucres solubles (Koopowitz *et al.*, 1998). Il est probable que la réabsorption des composés glucidiques du nectar constitue un moyen de limiter le coût énergétique de sa production.

d) Autres ressources offertes par les fleurs

Outre le nectar, des fleurs produisent d'autres ressources utilisées par les insectes : le **pollen** et les **huiles**.

➤ Le pollen

Les fleurs offrant leur pollen comme ressource ne produisent pas de nectar et sont en général pollinisées par des Coléoptères ou des Apidés. Le pollen comporte des molécules de réserves comme de l'amidon, ou des lipides, utilisés ultérieurement lors de la germination du grain. Ainsi, les grains de pollen constituent pour les insectes une ressource intéressante d'un point de vue nutritif. Le pollen est produit par un nombre réduit d'étamines à déhiscence le plus souvent poricide (ex. Solanacées) ou bien par de très nombreuses étamines (ex. Papavéracées, Magnoliacées). Dans ce dernier cas, le pollen peut être léger et pulvérulent (Papavéracées) ou bien collant (Magnoliacées). Les fleurs ayant peu d'étamines sont parfois à l'envers (Douce-Amère, Solanacées) et les vibrations provoquées par l'insecte font tomber le pollen, par les pores des anthères. Ces fleurs possèdent des anthères grandes et voyantes, des filaments courts, et des étamines souvent connées, mettant ainsi en évidence l'androcée (*figure 4.8*). Dans certaines espèces, il existe une hétéromorphie staminale : on distingue des étamines petites et voyantes produisant le pollen effectivement utilisé par les insectes, et des étamines plus grandes mais discrètes formant le pollen destiné à couvrir le corps de l'insecte (ex. Lécythidacées). Le pollen des étamines nourricières est le plus souvent stérile. La chute du pollen est « canalisée » par des expansions de la corolle qui font face aux anthères (ex. Sapotacées, *figure 4.9*), ou bien par un **capuchon** (ou cucullus) d'origine staminale (ex. Commélinacées) ou corollaire (ex. Fabacées Césalpinioïdés). Le capuchon enserre plus ou moins les anthères, ce qui guide le jet de pollen, et limite la quantité déversée à chaque visite.

Figure 4.8 Exemple de fleur « à pollen » : la Douce-Amère (Solanacées).

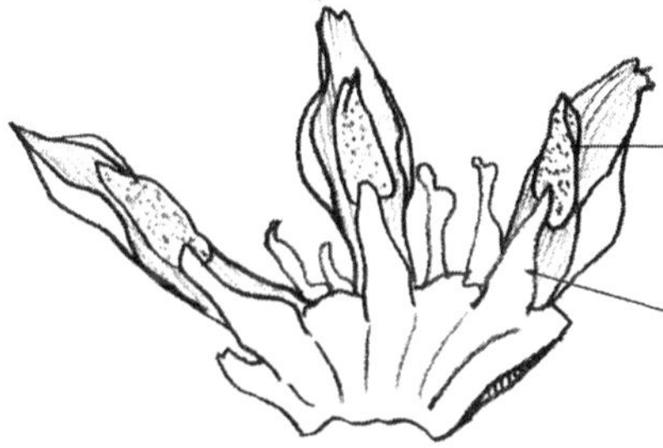

Figure 4.9 Représentation schématique d'une portion de fleur de Sapotacée montrant les lobes corollaires à fonction de « guide pollinique ».

➤ Huiles

Certaines fleurs, tropicales pour la plupart, offrent des huiles à des pollinisateurs spécialisés (Hyménoptères), qui utilisent ces composés pour nourrir les larves (Vogel, 1979, 1988). Les huiles sont produites par des glandes spécialisées, les **élaïophores**. Les huiles sont récupérées par les insectes non pas à l'aide des pièces buccales, mais avec les pattes ou l'abdomen. On distingue les élaïophores **épidermiques** des élaïophores **à trichomes** (ex. *Calceolaria*). Dans le premier cas (ex. Malpighiacées, Orchidacées), l'huile s'accumule sous la cuticule et suinte à la faveur d'une fragilité locale de cette dernière. Dans le second cas (ex. Iridacées, Primulacées), la cellule productrice d'huile (qui est l'unique cellule du trichome ou la cellule terminale des trichomes pluricellulaires) forment une véritable ampoule contenant l'huile. Les huiles sont composées de mono- ou de diglycérides, les acides gras (notamment en C18 : 1) étant fréquemment hydroxylés.

e) *Couleurs*

➤ Généralités

La couleur des fleurs participe à l'attraction optique des pollinisateurs. Les longueurs d'onde correspondantes appartiennent au spectre visible ou non ; des pigments émettent en effet dans l'ultraviolet, auquel sont sensibles les Abeilles. Les photorécepteurs mammaliens sont de type bleu, vert et rouge (de même que ceux de certains Oiseaux) ce qui n'est pas le cas des insectes. Le rouge, notamment, n'est pas repéré par les Apidés, mais les Oiseaux, en revanche, le voient. Ainsi, les fleurs jaunes sont visitées par une large gamme d'insectes (ex. Renoncule), et caractérisent des plantes non spécialisées. Par contre, les fleurs pollinisées surtout par les Abeilles ou les Bourdons sont bleues (ex. Sauge) ou violacées (parfois roses). Les fleurs pollinisées par les Colibris sont souvent rouges (voir aussi chapitre 5). Les fleurs s'épanouissant la nuit, enfin, sont plutôt claires, voire blanches.

➤ Pigments

Il existe une assez grande variété de pigments floraux d'un point de vue biochimique (*tableau 4.1*). On distingue les **flavonoïdes** (comprenant les flavones, les anthocyanes, les chalcones, et les aurones) des bétalaïnes et des caroténoïdes (comprenant les carotènes et les xanthophylles). La voie de biosynthèse de même que la localisation cellulaire sont différentes d'une classe de pigments à l'autre. Les flavonoïdes sont en général dans la vacuole, tandis que les caroténoïdes sont dans les plastes. Les pigments ne sont pas simplement stockés tels quels dans la cellule. Les anthocyanes, et même la majorité des flavonoïdes, sont présents en solution dans la vacuole, **conjugués** à des glucides. Chez l'Ipomée (*Ipomea tricolor*), l'ensemble est composé d'une molécule de péonidine, 6 molécules de glucose et 3 molécules d'acide caféique (*figure 4.10*). Les flavones (et les flavonols, qui ne diffèrent des flavones que par une oxygénation en C_3) sont très souvent conjugués à un hexose (*i.e.* glycosylés) comme le glucose ou le rhamnose. Les bétalaïnes sont également associées à des oligosaccharides et d'autres composants, comme le DOPA dans la bougainviléine. Les caroténoïdes sont présents dans des vésicules ou des tubules. Les phospholipides vésiculaires (ou tubulaires) et les caroténoïdes sont stabilisés par des protéines particulières, comme Chrc, isolée de la corolle du Concombre (Cucurbitacées). La synthèse de ces protéines est coordonnée à celle des caroténoïdes, car l'inhibition de la biosynthèse des caroténoïdes avec du norflurazon provoque une diminution de la traduction des ARN codant ces protéines (Vishnevetsky *et al.*, 1999). La régulation de la production de Chrc passe aussi par les hormones : les gibbérellines et l'éthylène activent la synthèse des pigments et de cette protéine, tandis que l'acide abscissique a l'effet inverse.

TABLEAU 4.1 PIGMENTS FLORAUX

Nom	Flavones	Anthocyanes	Bétalaïnes	Chalcones, aurones	Carotènes	Xanthophylles
Couleur	Blanc à jaune	Rouge à bleu	Rose-rouge	Jaune	Jaune à orange	Jaune
Exemple	Lutéoline	Péonidine	Bougainvilléine	Butine	Lycopène	Violaxanthine

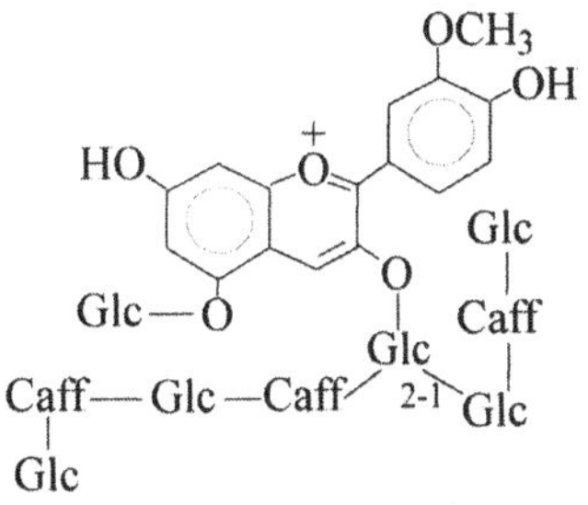

Figure 4.10 Structure chimique du pigment des pétales bleus de l'Ipomée (*Ipomea tricolor*).

Le pigment consiste en une molécule de péonidine (anthocyane) liée à 6 molécules de glucose (Glc) et 3 molécules d'acide caféique (Caff). Les liaisons caféate-glucose sont des liaisons ester attachées en 6 du glucose et les liaisons glucose-caféate sont des liaisons éther attachées en 1 du glucose. La liaison glucose-glucose est de type 2-1. L'ensemble est situé dans la vacuole.

Certains groupes botaniques produisent des composés qui leurs sont spécifiques. Ainsi, il est possible de s'aider des compositions chimiques des plantes pour établir une classification (**chémotaxinomie**). C'est le cas de certains pigments : si les anthocyanes sont largement représentés chez les Angiospermes, les bétalaïnes sont caractéristiques des Caryophyllales.

Les couleurs de certaines fleurs résultent d'un **effet structural**. L'existence d'espaces intercellulaires abondants dans le mésophylle a pour effet de diffuser la lumière, donnant un aspect blanc (*figure 4.11*). La majorité des fleurs blanches sont dans ce cas. Plus rarement, des flavones donnent une teinte blanche. Cet effet structural existe également pour les fleurs colorées. Les pigments sont contenus en général dans l'épiderme, et les espaces intercellulaires situés en dessous (dans une couche nommée **tapetum optique**) rendent la couleur plus vive. Par contre, il n'existe pas de couleur à proprement parler (c'est-à-dire différente du blanc) d'origine purement structurale, comme on l'observe chez les Oiseaux (plumes de la gorge du Pigeon, queue du Paon).

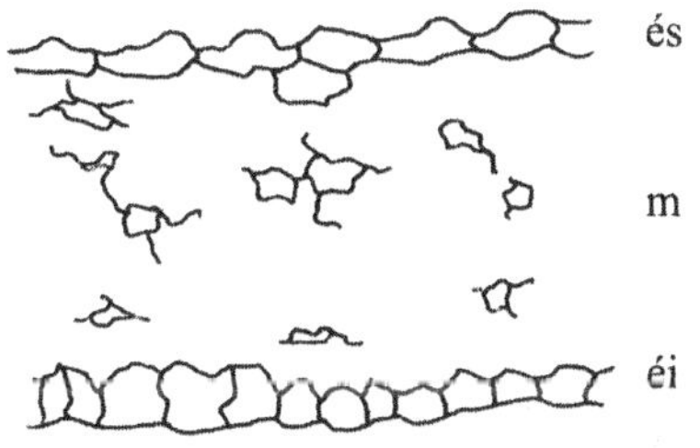

Figure 4.11. Allure d'une coupe transversale d'un pétale comportant un mésophylle riche en espaces intercellulaires jouant un rôle de tapetum optique (m).

Si les cellules épidermiques sont dépourvues de pigments, l'ensemble réfléchit la lumière efficacement et l'organe apparaît blanc. Lorsque l'épiderme supérieur comporte un pigment, le tapetum optique rend la couleur plus vive. Seules les parois cellulaires sont visibles sur cette figure. és, épiderme supérieur; éi, épiderme inférieur.

Dans certaines fleurs, il y a juxtaposition (les cellules adjacentes n'ont pas la même couleur) ou superposition (plusieurs couches pigmentaires) de pigments. Dans le premier cas, on dit que la couleur florale est **additive**, dans l'autre, **soustractive**.

➤ Vision des couleurs et attraction

La typologie des modes de pollinisation a souvent été mise en relation avec la vision des couleurs par les pollinisateurs, de telle sorte qu'il était possible d'utiliser la couleur observée comme indicateur non ambigu du type d'insectes fréquentant la fleur. Or les choses ne sont pas si simples : il existe des couleurs que les insectes voient et que nous ne voyons pas ou, de façon plus générale, les insectes ne « voient » pas les fleurs de la même façon que nous. Tout d'abord, on distingue trois types de photorécepteurs chez les insectes : un récepteur au bleu, au vert, et à l'ultraviolet (les longueurs d'ondes changent un peu d'une espèce à l'autre). Les Abeilles voient ainsi les couleurs allant de 360 à 530 nm. De là à dire que les insectes ne voient pas les Coquelicots (*Papaver rhoeas*, Papavéracées), il n'y a qu'un pas, qui a été souvent franchi. En fait, certains insectes voient des longueurs d'onde dans le rouge, comme des Papillons, des Guêpes, et des Coléoptères ; les autres insectes, qui n'ont pas cette faculté, repèrent tout de même une « tache » sur un fond donné, ne serait-ce que par contraste et parce que des fleurs rouges réfléchissent une partie suffisante de la lumière bleue, qui peut suffire aux insectes ayant une sensibilité chromatique dans le vert-jaune (vers 540 nm). En outre, on suppose aujourd'hui que les effets de bord et de contrastes (théorie du **champ récepteur**) entre deux zones colorées sont pour beaucoup dans le repérage des fleurs et de leur forme par les insectes (Horridge, 1998). Par exemple, une fleur rouge sur un fond vert apparaît comme une tache noire sur un fond coloré, et les fleurs jaune vif comme une tache très lumineuse sur un fond sombre. Cela signifie que les insectes ne « voient » pas les fleurs comme nous, c'est-à-dire qu'ils n'en retirent pas les même informations que nous : tandis que les humains s'attardent sur la nature de la couleur, les insectes regardent d'autres renseignements de la morphologie florale, comme le contraste, les bords, la forme, la symétrie.

Enfin, plusieurs traits floraux peuvent ne pas être indépendants, et notamment la couleur, qui se trouve liée, chez le Muflier, à la rugosité de l'épiderme. En effet, les mutants *mixta* de Muflier sont moins visités que le sauvage ; chez ce mutant, la surface plate et non conique des cellules épidermiques confère une couleur rose clair, à la différence du sauvage qui est magenta (Waser et Chittka, 1998). Dans les populations naturelles de Muflier, il semble que les fleurs rose clair produisent moins de nectar, ce qui expliquerait la préférence des pollinisateurs pour les fleurs magenta. De plus, la différence de rugosité épidermique, que les insectes perçoivent avec les récepteurs tarsaux, pourrait intervenir dans la préférence des pollinisateurs. Les fleurs albinos de Muflier (*nivea*) sont également moins visitées que celles du sauvage, sans doute parce que la corolle reflète, chez ces mutants, les rayons ultraviolets, ce qui fait apparaître ces fleurs non colorées aux yeux des insectes.

f) Parfums

Les parfums émis par les fleurs, qui ont bien évidemment été considérablement utilisés en parfumerie et dans la fabrication de cosmétiques, constituent une partie importante de l'attraction exercée sur les pollinisateurs. Ils sont en général constitués d'un mélange de molécules odorantes. Ces molécules sont des **terpénoïdes** (polymères d'isoprène), entre 0,1 et 0,25 kD, essentiellement des monoterpènes (C_{10}) et sesquiterpènes (C_{15}), et des composés phénoliques et dérivés du benzène (Dudareva *et al.*, 2000, [a]). Des dérivés d'acides gras, ainsi que des composés soufrés et azotés sont parfois présents (ex. amines des Aracées). Les enzymes impliquées dans la synthèse des parfums floraux n'ont pas toujours été identifiées avec précision; de plus, certaines n'ont pas encore été trouvées dans les tissus floraux mais seulement dans les tissus végétatifs.

➤ Lieu de synthèse des parfums

Les parfums sont fréquemment produits et émis par les mêmes cellules, au niveau des pétales[1]. C'est notamment le cas chez le Muflier (*Antirrhinum majus*). Cependant, certaines fleurs possèdent des structures spécialisées dans l'émission odorante (voir *infra*). Chez le Muflier, l'émission et la production de benzoate de méthyle ont lieu dans les pétales, comme le montrent les expériences d'hybridation *in situ* utilisant une sonde complémentaire de l'ARN codant pour la S-adénosyl-méthionine benzoate méthyltranférase (Dudareva *et al.*, 2000, [b]), enzyme catalysant la dernière réaction de fabrication du benzoate de méthyle. Chez *Clarkia breweri*, le stigmate possède également une capacité de synthèse, comme le suggèrent les expériences d'hybridation *in situ* concernant la linalol-synthase. Dans les deux cas, ce sont des cellules épidermiques qui fabriquent les molécules odorantes. Ces dernières, volatiles, s'en échappent directement. Lorsque la vie de la fleur arrive à son terme, l'émission de parfum s'arrête. Cela ne provient pas d'une diminution des quantités d'enzymes de synthèse, mais de la **conguгaison** des molécules odorantes, formant des glycosides non volatils (Dudareva *et al.*, 2000, [b]).

L'émission du parfum suit un **rythme circadien** (voir aussi *infra*), le maximum d'émission ayant lieu le jour. Il a en outre été supposé que le parfum floral d'une espèce était spécifique, c'est-à-dire ciblait une catégorie d'insectes précise, et repoussait les autres catégories – et en particulier les « tricheurs » – mais ces considérations restent à préciser. Quoi qu'il en soit, le parfum floral peut évoluer au cours de la vie de la fleur : le parfum précoce attire des pollinisateurs spécifiques, le parfum tardif des pollinisateurs plus généralistes.

➤ Structures productrices spécialisées

Un exemple remarquable et bien connu de structure spécialisée est celui des Aracées (Vallade, 1999). Chez *Arum maculatum*, les parfums floraux sont émis par des glandes productrices de parfum, ou **osmophores**. L'émission du parfum est facilitée par la production de chaleur, ou **thermogenèse**. L'inflorescence de l'Arum est un spadice. La **spathe** entoure un phallus de fleurs femelles, disposées dans la partie basse, et les fleurs mâles, disposées dans la partie haute. Au-dessus des fleurs mâles, on trouve les osmophores, sorte de filaments de fleurs stériles. Attirés par le parfum, les pollinisateurs (diptères) entrent dans le spadice, gagnent les fleurs femelles et les pollinisent s'ils ont visité d'autres Arums précédemment. Les fleurs stériles portent d'ailleurs des soies raides

1. Chez les Chloranthacées, par exemple, où les fleurs sont dépourvues de pétales, le parfum est produit par les étamines. Chez les Solanacées, le parfum est produit par les anthères.

tournées vers le bas, qui empêchent plus ou moins les insectes de repartir, jusqu'à ce que les fleurs mâles arrivent à maturité (l'Arum est **protogyne** *:* les fleurs femelles arrivent à maturité avant les fleurs mâles). Ainsi, en ressortant, les diptères se couvrent de pollen. Les groupes cellulaires producteurs de parfum, les osmophores, produisent de la chaleur. Les fleurs mâles produisent de l'acide salicylique, ce qui induit un découplage de la chaîne respiratoire[1], et finalement la production de chaleur. La température peut atteindre 40 °C environ. La thermogenèse existe également chez les Cyclanthacées, les Arécacées, et les Nymphéacées.

On distingue deux types d'osmophores : les osmophores **épidermiques** (les cellules osmophoriques sont épidermiques ; ex. Asclépiadacées) et les osmophores **mésophylliens** (cellules du mésophylle ; ex. Aracées). La volatilisation des molécules odorantes est favorisée par la forme protubérante de l'osmophore ou bien parce que les cellules osmophoriques sont **papilleuses** (*i.e.* partiellement disjointes). De plus, la cuticule est plus fine. Chez certaines fleurs dites **fleurs à parfum** (Orchidacées, Gesnériacées, etc.), les osmophores occupent une surface importante. Le parfum y est récupéré par les insectes pollinisateurs (Euglossines mâles), qui l'utilisent comme précurseur de phéromones sexuelles.

➤ Point de vue écologique

La relative spécificité entre le parfum floral et le pollinisateur a suggéré un modèle de spéciation par glissement de parfum. Autrement dit, le changement du parfum floral entraînerait celui du (ou des) pollinisateur(s), menant à l'isolement reproducteur de la sous-population considérée. Cela conduirait à une divergence et donc à la spéciation. La spécificité entre le parfum floral et le pollinisateur est par exemple très étroite chez les Orchidées, dont certaines synthétisent des phéromones, induisant le pollinisateur mâle en erreur ; ce dernier peut aller jusqu'à copuler avec la fleur.

La capacité à produire un parfum semble être un trait « facile » à perdre au cours de l'évolution car, au sein d'un ensemble d'espèces d'un même genre, certaines plantes sont productrices et d'autres ne le sont pas. Dans le genre *Clarkia*, les espèces qui ne produisent pas de parfum diffèrent des espèces productrices uniquement par les séquences régulatrices de la linalol-synthase. La différence, dans ce cas, repose donc sur la **régulation de l'expression génétique** et non sur la possession ou l'absence des gènes codant les enzymes de synthèse. Des études supplémentaires restent à réaliser dans d'autres genres, afin de déterminer si cela est généralisable ou pas.

Certaines fleurs, en particulier des Orchidées, « trichent », c'est-à-dire possèdent un parfum attractif, mais n'offrent pas de nectar (voir aussi chapitre 5). Cependant, il semble que dans la majorité des (autres) cas, l'émission de parfum s'arrête lorsque la production de nectar s'amenuise (Dudareva *et al.*, 2000, [b]) parce qu'il est probable que, dans le cas contraire, l'insecte associerait les fleurs à l'absence de nectar et ne les visiterait plus, finalement au détriment de la plante. D'ailleurs, le plus souvent, l'émission de parfum baisse considérablement dès que la pollinisation est effectuée, à la suite de la glycosylation des molécules odorantes (voir *supra*) et finalement de la fanaison des pièces florales.

1. Le gradient de protons créé lors du transit des électrons le long de la chaîne d'oxydo-réduction n'est pas utilisé pour la production d'ATP, mais écoulé *via* une protéine spéciale, ce qui produit de la chaleur.

g) « Horloge » et timing floraux

Le contrôle temporel des processus de la vie de la fleur sont de deux ordres : l'un relié au **dynamisme** floral, l'autre à la **durée de vie** de la fleur. On entend ici par dynamisme les processus soumis à variations au cours de la vie de la fleur, ce qui recoupe les mouvements des organes floraux, l'émission des parfums, voire la production de nectar.

➤ Dynamisme et rythme

Les mouvements des organes floraux des fleurs qui durent plusieurs jours sont rythmiques, de même que la production de molécules odorantes. L'ouverture des fleurs et la synthèse des parfums sont donc soumises à un **rythme circadien**, sous le contrôle de l'« horloge interne ». Ce terme désigne un ensemble d'interactions génétiques qui déterminent, dans chaque cellule, une rythmicité d'expressions génétiques et d'activités enzymatiques. Bien que les gènes gouvernant les rythmes circadiens ne soient pas tous déterminés avec précision, certains sont connus, comme *lhy* ou *cca-1* (*figure 4.12*). L'entrée de l'oscillateur cellulaire (*input*) comporte le phytochrome (*phy*), sensible à la lumière rouge, et le cryptochrome (*cry*) sensible à la lumière bleue. Par des voies impliquant notamment le GMPc et le Ca^{2+}, l'oscillation génétique (*lhy, cca-1*) est continuellement calée sur l'alternance jour-nuit de l'environnement. L'oscillateur génétique est à l'origine de la régulation de l'expression de gènes en aval, qui comporte des éléments d'activation ou de répression transcriptionnels. En outre, les flux ioniques impliquant le Ca^{2+} ou le K^+ peuvent être à l'origine de régulation d'activités enzymatiques par le biais de phosphorylations. Bien que la régulation circadienne de l'activité des enzymes de synthèse des parfums floraux reste à préciser, il est vraisemblable qu'elle s'intègre dans un schéma global comme celui que nous venons d'indiquer. Par analogie avec les *pulvinus* des Fabacées, il semble bien que le contrôle des mouvements des organes floraux du périanthe, qui sont dus à des variations de potentiel hydrique des cellules, repose sur des flux ioniques sous la dépendance du phytochrome et du cryptochrome.

Un processus similaire à ce que nous venons de décrire se produit probablement dans les fleurs ne durant qu'un jour, puisqu'en général, l'heure d'ouverture florale n'est pas quelconque. La constance de l'heure d'ouverture (et de fermeture) florale dans une espèce, observation très ancienne, est bien à relier à la mesure cellulaire du temps et à l'existence d'une « horloge interne » (*tableau 4.2*).

TABLEAU 4.2 QUELQUES EXEMPLES D'HEURES D'OUVERTURE FLORALE.

Nom	Famille	Heure d'ouverture
Œillet	Caryophyllacées	01h00
Nénuphar	Nymphéacées	07h00
Volubilis	Convolvulacées	10h00
Belle-de-nuit	Nyctaginacées	17h00

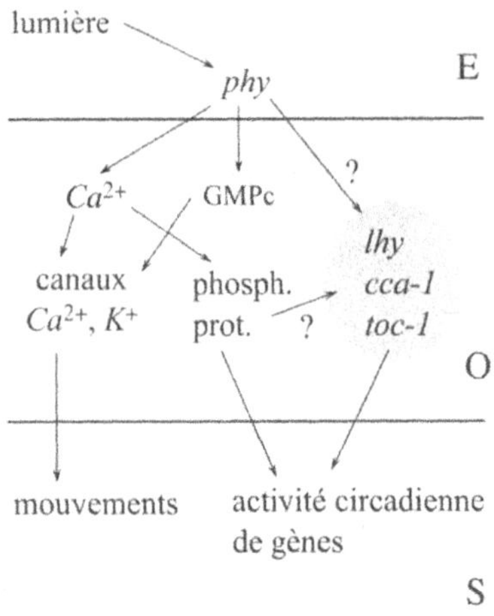

Figure 4.12 Schéma très simplifié du déterminisme du rythme circadien.

Le processus cellulaire de contrôle des activités circadiennes est découpé en entrée (ou photoréception, E), oscillateur (O) et sortie (S). Les signaux de l'entrée, lumineux en particulier, agissent sur le phytochrome (*phy*), et contrôlent la libération de calcium, la production de GMPc, et, par une voie aujourd'hui incomplètement connue, l'expression des gènes du rythme circadien que sont *lhy*, *cca-1* et *toc-1*. La quantité des ARNm de ces derniers oscille en effet au cours de la journée. Cela aurait pour effet de contrôler l'expression d'autres gènes qui sont sous leur dépendance. Par ailleurs, le calcium entraînerait la phosphorylation de protéines (phosph. prot.) par l'intermédiaire de kinases contrôlées par la calmoduline, ce qui pourrait également avoir un effet sur la transcription de gènes et le contrôle de l'activité de protéines. Les flux ioniques (Ca^{2+}) sont à l'origine des changements osmotiques et de mouvements dits « de turgescence », comme les mouvements des pétales (ou des folioles chez l'Oxalis). Le phytochrome, sensible au rouge, influence l'activité des canaux ioniques dans les cellules de type « extenseur », tandis que le cryptochrome, sensible au bleu (non figuré), induit l'activité des canaux ioniques dans les cellules de type « fléchisseur ». L'alternance circadienne de lumière riche en longueurs d'onde rouges et bleues conduirait ainsi périodiquement à l'extension et au fléchissement des organes munis de ces types cellulaires, comme par exemple des pétales.

Il est probable que l'heure d'ouverture et de fermeture de la fleur soit un caractère soumis à sélection, dans la mesure où l'accessibilité de la fleur doit coïncider avec la période d'activité du pollinisateur. Par exemple, chez la Nymphéacée *Victoria*, il a été observé depuis fort longtemps que la fleur, ouverte la journée, se referme rapidement dans la soirée, emprisonnant des coléoptères pollinisateurs. La réouverture des fleurs le lendemain libère les insectes couverts de pollen.

➤ La fanaison de la fleur

Généralités

Après un certain temps, la fleur subit un processus de fanaison au cours duquel l'architecture florale évolue, dans la mesure où le périanthe disparaît en général complètement, de même que les étamines. Certains organes tombent ou d'autres meurent simplement. La chute des pièces du périanthe est rendue possible par la mise en place d'une **zone**

d'abcission. Celle-ci est caractérisée par des activités enzymatiques dégradatives (cellulase, endoglucanase), dont les enzymes correspondantes changent probablement au cours du temps. Par exemple, il a été montré que plusieurs cellulases se succèdent lors de l'abcission du pédoncule floral : des cellulases précoces induites par l'éthylène, et des cellulase tardives (Campillo *et al.*, 1996).

Point de vue physiologique

La fanaison des pièces stériles de la fleur est due à la **mort cellulaire programmée** (MCP) des cellules qui les constituent. La MCP des pétales a été particulièrement étudiée chez l'Ipomée (*Ipomea sp.*, Convolvulacées; Mohr et Schopfer, 1994) ou le Pétunia. Chez ce dernier, la MCP est caractérisée par la modification des quantités d'ARN, de protéines, l'expression de RNases, la fragmentation de l'ADN, et la rupture de la membrane plasmique. Les DNases double brin et simple brin sont simultanément exprimées lors de ce processus, et sont activées par le Ca^{2+}, de façon similaire au processus apoptotique chez les animaux. En revanche, contrairement au processus apoptotique, la libération du cytochrome *c* de la mitochondrie n'a pas été constatée dans la MCP des pétales (Xu et Hanson, 2000). Les voies métaboliques à l'origine du déclenchement et du contrôle de la MCP dans les pétales reste aujourd'hui, pour une large part, à préciser et, en particulier, il reste à déterminer dans quelle mesure l'on peut les mettre en parallèle avec la MCP xylémienne (Fukuda *et al.*, 1998).

D'un point de vue hormonal, la sénescence de la corolle est généralement déclenchée par l'éthylène, lui-même produit à la suite de la pollinisation, avant même la germination du grain de pollen (ex. Pétunia, Œillet, Cyclamen, Orchidées). Cependant, il existe des cas de fanaisons florales indépendantes de la pollinisation, comme chez l'Ipomée, dont le périanthe entre en sénescence 12 à 18 heures après l'épanouissement de la fleur. L'implication de l'éthylène a été montrée simplement en utilisant des inhibiteurs de la production d'éthylène ou bien bloquant sa perception (les gènes et les enzymes impliqués dans la production d'éthylène ont été par ailleurs déterminés, voir encart suivant). La production d'éthylène est également déclenchée par un traitement à l'auxine, une blessure à la fleur, ou l'émasculation chez de nombreuses Orchidées (*Cattleya*, *Cymbidium*, *Phalaenopsis*, *Vanda*).

Point de vue écologique

Outre l'influence de la pollinisation, la longévité des fleurs dépend également de l'espèce. Les espèces alpines ont par exemple une durée de vie florale plus grande que les espèces de basse altitude. Il est probable que ce trait de vie ait été sélectionné en relation avec la rareté des pollinisateurs en altitude. Enfin, selon les familles, il existe des fleurs ne durant qu'un jour (ex. Convolvulacées) à plusieurs mois (ex. Orchidacées).

La fanaison de la fleur entraîne dans certains cas l'arrêt de la production de nectar et de parfum, ou bien par une glycosylation précoce des molécules odorantes (voir *supra*), ou bien parce que ce sont les pièces du périanthe qui portent les cellules productrices de parfum. Quoi qu'il en soit, il est probable que l'arrêt de l'émission de parfum lorsque la fleur se fane soit un caractère **adaptatif**, évitant que les pollinisateurs, attirés, fassent l'association entre la fleur et l'absence de récompense sous forme de nectar.

Déterminisme de la production d'éthylène menant à la fanaison florale

D'un point de vue physiologique, la réponse à la pollinisation n'est pas la même selon sa nature compatible ou incompatible (O'Neill, 1997). Chez le Pétunia, la pollinisation compatible conduit à une production d'éthylène biphasée (pics à 3 et 20 heures), tandis que la pollinisation auto-incompatible ne provoque que la première phase. Cela a permis d'entrevoir qu'il existe **deux étapes** (primaire et secondaire) dans la production d'éthylène, contrôlées, au moins partiellement, de façons différentes. D'un point de vue moléculaire, il a précisément été montré chez l'Œillet (*Dianthus caryophyllus*, Caryophyllacées) et le Pétunia (Solanacées) que les gènes codant l'ACC-synthase[1] et l'ACC-oxydase présente une expression accrue à la suite de la pollinisation, ou bien d'un traitement à l'auxine (Jones *et al.*, 1999). De la même manière, les ARN_m de l'ACC-synthase sont également induits lors de la sénescence florale et à la suite de la pollinisation de *Phalaenopsis sp.* (O'Neill *et al.*, 1993). Chez cette Orchidée, l'activité enzymatique ACC-synthase augmente considérablement dès 12 heures après pollinisation dans le stigmate, et dès 24 heures dans l'ovaire ou le labelle. Cependant, il existe au moins trois gènes codant pour l'ACC-synthase (*Phal-ACS1*, *Phal-ACS2*, et *Phal-ACS3*), et il semble bien que *Phal-ACS1* et *Phal-ACS2* s'expriment dans le stigmate tandis que *Phal-ACS3* s'exprime dans l'ovaire. En outre, tandis que *Phal-ACS1* est induit par l'éthylène (il existe donc un rétrocontrôle positif sur l'expression de ce gène) et non par l'auxine, la situation est inverse pour *Phal-ACS2* et *Phal-ACS3* (Bui *et al.*, 1998). Par ailleurs, bien que les taux d'ACC-synthase soit élevés dans l'ovaire, ceux d'ACC-oxydase et d'éthylène sont très bas, ce qui suggère que la conversion d'ACC en éthylène est très faible dans cet organe. De plus, l'ARN_m codant pour l'ACC-synthase et l'activité ACC-synthase sont très faibles ou absentes dans le périanthe, verticille qui, à l'inverse du gynécée, entre en sénescence après pollinisation. Enfin, l'éthylène à doses élevées provoque la mort du gynécée. Cela permet de supposer qu'il existe une translocation (dont le mode reste à préciser) de l'ACC produit dans le gynécée vers les organes du périanthe.

Des données voisines ont été obtenues chez l'Oeillet, qui comporte au minimum trois gènes codant pour l'ACC-synthase : *DcACS1*, *DcACS2*, *DcACS3*. De la même façon, *DcACS3*, qui s'exprime dans l'ovaire, semble induit par l'auxine mais s'exprime à des niveaux très faibles *in planta* (Jones *et al.*, 1999). En revanche, les ARN_m de l'ACC-oxydase sont fortement présents dans le gynécée, et il est possible que l'ACC soit transporté des autres verticilles vers le gynécée, qui

1. Ou acide 1-amino-cyclopropane-carboxylique-synthase. Cette enzyme, impliquée dans la synthèse de l'éthylène, catalyse la réaction S-adénosyl-méthionine → ACC, lequel est alors converti en éthylène par l'ACC-oxydase.

forme à son tour l'éthylène. Ce dernier induit la sénescence du périanthe tandis que le gynécée est stimulé vers la formation du fruit. Ainsi, aussi bien chez l'Œillet que l'Orchidée *Phalaenopsis*, la pollinisation déclenche probablement, par le biais de l'auxine, l'expression dans l'ovaire de l'ACC-synthase (du type ACS3) et/ou de l'ACC-oxydase, ce qui mène à une production d'éthylène (étape primaire, voir *supra*). Ce dernier agit sur les autres verticilles, y exerçant un rétrocontrôle positif sur l'expression de gènes codant pour l'ACC-synthase (du type *ACS1*), démultipliant alors la quantité d'éthylène (étape secondaire). Cela induit la sénescence du périanthe et donc la fanaison de la fleur (*figure 4.13*). Le stigmate présente également un processus voisin, l'auxine stimulant primitivement le gène codant pour l'ACC-synthase du type *ACS2*. Le lien entre la pollinisation et la production d'auxine reste à préciser ; cependant, chez *Phalaenopsis*, les pollinies contiennent directement cette hormone. Enfin, il n'est pas exclu qu'il existe d'autres facteurs que l'auxine déclenchant la sénescence.

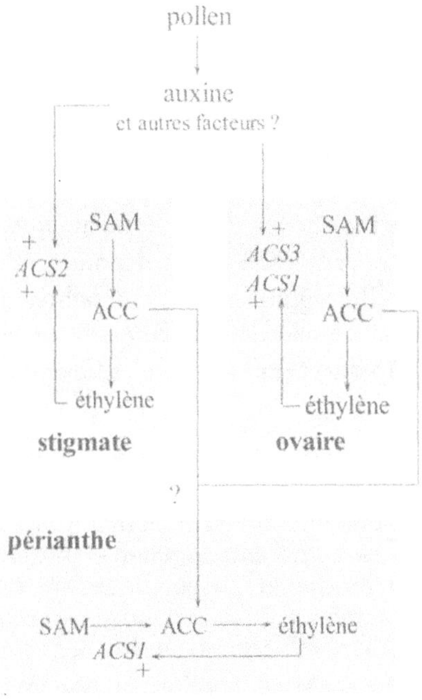

Figure 4.13 Déterminisme physiologique de la fanaison chez les Orchidées.
La réalisation de la pollinisation conduit à augmenter l'activité ACC-synthase (ACS) en accroissant la transcription des gènes *ACS1* dans le stigmate et *ACS3* dans l'ovaire. L'éthylène produit exerce un rétrocontrôle positif sur la transcription des gènes *ACS* (et aussi *ACO*, codant pour l'ACC-oxydase, non figuré). L'ACC (et aussi probablement l'éthylène) est transporté vers le labelle où il est converti en éthylène. Les modalités de ce transport restent à préciser (?). SAM, S-adénosyl-méthionine; ACC, acide 1-amino-1-cyclopropane carboxylique; +, activation. (Modifié, d'après Bui *et al.*, 1998)

h) Syndromes floraux et préférences des pollinisateurs

➤ Généralités

Les fleurs spécialisées du point de vue des pollinisateurs présentent, nous l'avons vu au travers des paragraphes précédents, un certain nombre de caractères typiques du mode de pollinisation. C'est pourquoi, comme nous l'avons suggéré, l'on utilise certains traits floraux caractéristiques comme indicateurs du type de pollinisateur : c'est la théorie du **syndrome floral**. Cependant, soulignons qu'en réalité, c'est un **cortège** de traits floraux qui permet de trancher entre un mode de pollinisation et un autre, car les divers traits floraux ne sont pas indépendants, et parce que les pollinisateurs repèrent vraisemblablement **plusieurs** éléments d'une même fleur. Ces deux aspects introduisent d'ailleurs un flou sur la notion de **préférence** des pollinisateurs : quels sont les caractères floraux réellement utilisés par les pollinisateurs pour discriminer les fleurs et quelles sont les conséquences (en termes de sélection) sur les plantes ? Certaines approches utilisant des mutants ou des hybrides ont été réalisées, comme par exemple chez *Mimulus* (anciennement Scrophulariacées). L'utilisation d'hybrides F_2 entre *M. cardinalis* (pollinisé par des Colibris) et *M. lewisii* (pollinisé par des Abeilles ou des Bourdons) permet de montrer qu'un allèle provoquant une augmentation du nectar ou des pigments de la corolle (caroténoïdes ou anthocyanes) diminue considérablement le taux de visite par les Abeilles (Schemske *et al.*, 1999, *figure 4.14.A*). En revanche, le taux de visite par les Abeilles augmente avec la surface projetée de la corolle. Bien qu'il semble exister une préférence des Colibris pour le rouge (Campbell *et al.*, 1997 ; voir chapitre 5), cette étude ne montre pas de lien évident entre la couleur florale et le taux de visite par ces Oiseaux. La concentration en caroténoïdes a donc un effet négatif sur les visites par les Abeilles et pas d'effet significatif sur les Colibris : il est possible que la teneur élevée en caroténoïdes dans la corolle de *M. cardinalis* ait pour fonction première de **décourager** les pollinisateurs Apidés et non d'attirer les Oiseaux.

Figure 4.14 (A) Représentation du coefficient de régression obtenu pour l'intensité de visite des fleurs en relation avec différents paramètres chez *Mimulus*. (B) Représentation du nombre de visites par les insectes en fonction de la symétrie florale chez *Epilobium angustifolium*. (C) Représentation de la courbe moyenne reliant le volume de nectar disponible à l'asymétrie corollaire chez *E. angustifolium*. ▶

(A) Tandis que l'intensité des visites par les abeilles est négativement reliée à la teneur en caroténoïdes ou en anthocyanes et au volume de nectar disponible, les insectes visitent davantage les fleurs ayant une importante surface projetée. La situation est inverse pour les Colibris. (Modifié, d'après Schemske *et al.*, 1999)

(B) Les individus « symétriques raccourcis » ont des fleurs symétriques dont les pétales inférieurs ont été raccourcis de 1 mm tout en respectant leur forme. Les fleurs symétriques sont significativement plus visitées que les fleurs asymétriques. (Modifié, d'après Moller, 1995)

(C) Les individus comportant un décalage de longueur des pétales inférieurs dépassant 1,5 mm ne produisent presque pas de nectar. Ce phénomène expliquerait la préférence des insectes pour les morphes symétriques constatée en (B). (Modifié, d'après Moller, 1995)

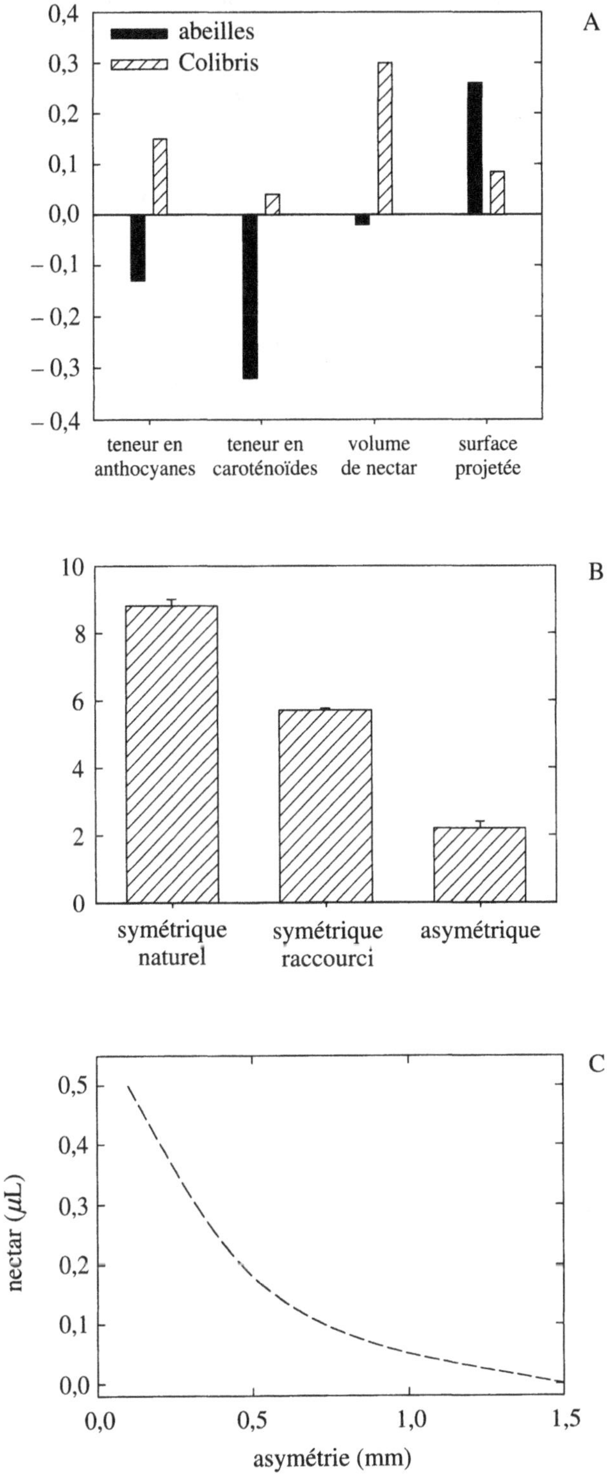
A
abeilles
Colibris
0,4
0,3
0,2
0,1
0,0
– 0,1
– 0,2
– 0,3
– 0,4
teneur en anthocyanes
teneur en caroténoïdes
volume de nectar
surface projetée
B
10
8
6
4
2
0
symétrique naturel
symétrique raccourci
asymétrique
C
nectar (μL)
0,5
0,4
0,3
0,2
0,1
0,0
0,0
0,5
1,0
1,5
asymétrie (mm)

De la même manière que chez *Mimulus*, les Bourdons discriminent contre les fleurs d'*Epilobium angustifolium* (Onagracées) de petite taille et asymétriques, qui se trouvent contenir (significativement) moins de nectar (*figure 4.14.B*). Les plants d'Épilobe poussant dans des conditions de faible lumière ou de faible apport en eau produisent des inflorescences moins garnies, des fleurs petites, asymétriques et plus pauvres en nectar que les plants croissant dans de bonnes conditions. Cela signifie que les variants génétiques, ou plus généralement les individus ou les clones à petites fleurs asymétriques sont contre-sélectionnés.

➤ Syndromes floraux et environnement

L'occurrence des différents modes polliniques dépend fortement de la **latitude**, de l'**altitude**, ainsi que de la **strate forestière**, particulièrement dans les zones tropicales. En effet, les forêts tropicales sont structurées en sous-bois, subcanopée, et canopée. Chaque strate est marquée par la présence de familles particulières (ex. les Rubiacées s'observent plutôt dans la subcanopée et le sous-bois), et par des conditions environnementales particulières, ce qui se répercute sur les modes polliniques (*tableau 4.3*).

TABLEAU 4.3 FRÉQUENCES DES DIFFÉRENTS MODES POLLINIQUES DANS LA FORÊT TROPICALE HUMIDE, EN FONCTION DE LA STRATE.

Pollinisateur	Canopée (%)	Subcanopée et sous-bois (%)
Chauves-Souris	4	4
Colibris	2	18
Type apidé*	52	39
Coléoptères	—	15
Lépidoptères	15	11
Guêpes	4	2
Autres insectes	23	8
Vent	—	3

*On entend par pollinisateur de « type apidé » les insectes appartenant aux Apidés, Andrénidés, Anthophoridés, Halictidés, et Mégachilidés. (Modifié, d'après Bawa, 1990).

Si les modes polliniques exploitant des Vertébrés sont relativement rares dans la canopée, leur fréquence est plus importante dans le sous-bois (~ 20 %). De façon générale, il semble bien que les modes polliniques soient plus variés dans le sous-bois que dans la canopée, ce qui reflète probablement la plus grande diversité spécifique des Angiospermes dans la strate inférieure. Nous remarquerons par ailleurs que l'anémophilie est inexistante dans la canopée, ce qui est sans doute en relation avec la présence continue de feuilles dans cette strate, facteur limitant considérablement le transport du pollen par le vent.

Dans les forêts tempérées, les modes polliniques ne font pas intervenir les Vertébrés, exceptés en Australie et en Afrique du Sud, au profit des insectes et du vent. En effet, la fréquence de la pollinisation anémophile augmente progressivement avec la latitude (~ 90 % vers le cercle polaire). Sans doute peut-on mettre cela en relation avec (1) la rythmicité climatique (les feuilles sont absentes au début du printemps et ne freinent pas le transport du pollen par le vent), et (2) la raréfaction des pollinisateurs aux grandes latitudes.

Les fleurs des montagnes tropicales sont davantage ornithophiles (Colibris) et entomophiles généralistes, l'altitude, comme les grandes latitudes, s'accompagnant d'une raréfaction des insectes. De même, la pollinisation chiroptérophile est plus rare en altitude. Enfin, conséquence probable de l'imprévisibilité de la pollinisation, les fleurs des montagnes (en particulier tropicales) durent également plus longtemps, et les espèces d'arbres autocompatibles sont plus fréquentes.

4.1.3 Dispersion et collecte du pollen

a) *Généralités*

Quel que soit le mode de pollinisation, biotique ou abiotique, les modalités de dispersion et de collecte (par le stigmate) du pollen sont **liées**, parce qu'elles sont en relation avec l'agent de transport pollinique. Concernant les modes polliniques biotiques, on peut distinguer au moins deux types du point de vue du pollinisateur : l'un **passif**, l'autre **actif**. Dans le mode passif, le dépôt et la collecte du pollen sur son propre corps ont lieu à son insu. Dans ce cas, les pièces fertiles peuvent être animées d'un mouvement ou non. Dans le mode actif, en revanche, l'insecte est contraint à exercer un mouvement particulier qui conduit au dépôt et/ou à la collecte du pollen. La distinction entre ces deux modes est parfois floue car il demeure difficile de savoir à partir de quel moment l'on peut affirmer que le comportement du pollinisateur est modifié. Par exemple, l'attraction florale modifie déjà le comportement du pollinisateur dans la mesure où cela affecte sa trajectoire. Nous nous bornerons aux cas manifestes de mode actif, au cours desquels le pollinisateur effectue un mouvement autre que la recherche pure et simple de nectar. Enfin, un dernier grand type de mode pollinique biotique est celui des **mutualismes**, dans lesquels les reproductions du pollinisateur et de la plante sont liées.

En général, les fleurs anémophiles possèdent des étamines bien exposées, avec des filets allongés (voir *supra*). Le stigmate possède une grande surface de réception, développant une forme plumeuse (ex. Poacées). Les fleurs à pollinisation anémophile ont parfois un périanthe très petit, ce qui fait d'autant moins obstacle lors du transport des grains de pollen par le vent (ex. Salicacées). Les caractères floraux liés à la pollinisation hydrophile, assez voisins, ont été discutés plus haut (voir § 4.1.1).

b) *Mode pollinique biotique passif*

Non seulement il est possible de classer les différents cas entrant dans ce mode par l'existence ou l'absence de mouvement des pièces florales, mais aussi par la nature des pièces florales impliquées dans ce mouvement (stériles ou fertiles).

Un exemple typique de mode pollinique passif qui n'implique pas de mouvement floral lors de la pollinisation est celui de beaucoup d'Orchidées (voir *supra*). Il existe par ailleurs d'autres nombreux exemples, y compris parmi les fleurs ornithophiles. Beaucoup de fleurs non spécialisées d'un point de vue pollinique se rangent parmi des plantes à mode passif (ex. des Renonculacées, des Magnoliacées, etc.).

Les plantes à mode passif et mettant en œuvre un mouvement floral regroupent aussi bien des organismes appartenant aux Fabales qu'aux Lamiales, et de façon générale, ayant plutôt des fleurs zygomophes. La Sauge (*Salvia sp.*, Lamiacées) constitue un exemple typique de dispositif mettant en jeu les étamines « à pédale » (voir *supra*). Les Fabacées, que nous allons voir maintenant, constituent également un cas remarquable de dispositif apte à se mouvoir de façon explosive.

L'ordre des Fabales comporte en particulier deux familles abondamment représentées en Europe Occidentale : les Fabacées et les Polygalacées. La fleur des Fabacées et des Polygalacées est zygomorphe et de type 5. Chez les Fabacées, la pièce abaxiale de la corolle, composée de deux pétales soudés, est nommée **carène**. Le pétale supérieur, l'**étendard**, bien visible et muni d'un sillon central, n'est pas issu d'une soudure de deux pétales : il s'agit d'un pétale élargi à disposition inverse de celle observée par ailleurs chez les fleurs zygomorphes, à savoir adaxiale. Les deux pétales latéraux, les **ailes**, encadrent la carène. Enfin, il arrive que des étamines soient soudées par le filet, l'androcée étant alors structurée en 9 étamines abaxiales soudées + 1 étamine adaxiale (androcée **diadelphe**). Une fleur présentant une telle architecture est dite **papilionacée** (*figure 4.15*). La disposition **inversée** (voir chapitre 3) de la fleur permet de disposer la carène en position inférieure; celle-ci, repliée comme un bateau, masque les étamines et le gynécée, qui sont **sous tension**. Lorsqu'un insecte se pose sur la fleur, l'appui sur la carène déclenche la remontée brutale des pièces fertiles, conduisant les anthères et le stigmate à toucher le corps du pollinisateur : dépôt et collecte du pollen sont donc couplés (ex. chez *Genista*, *Medicago*).

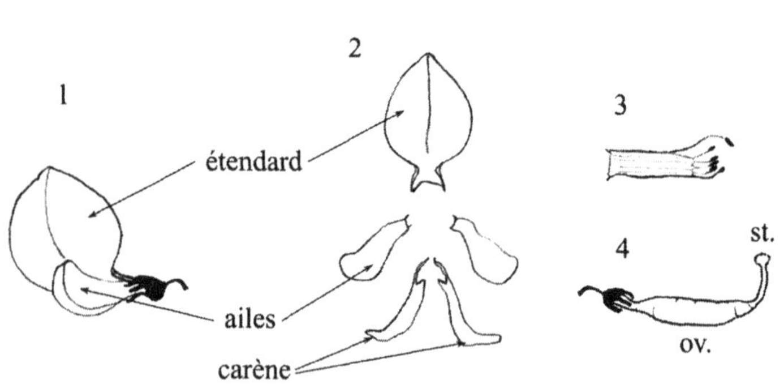

Figure 4.15 Représentation schématique d'une fleur papilionacée de Fabacée.
(1) Vue externe. (2) Corolle disséquée. (3) Androcée isolée vue de profil, montrant son organisation didyname en 9 + 1 étamines. (4) Fleur dont on a ôté la corolle et l'androcée afin de mettre en évidence le gynécée; ov., ovaire; st., stigmate.

Mode pollinique des autres Fabacées

La description ci-dessus n'est pas valable pour toutes les Fabacées : si l'on observe cette architecture chez les Faboïdés, les Mimosoïdés présentent des fleurs actinomorphes à corolle réduite et plus de dix étamines à filet très long. En outre, la disposition de la fleur n'est pas inversée. Chez les Césalpinioïdés[1], la structure florale est voisine de celle des Faboïdés, exceptés le pétale adaxial qui est interne et non externe, et l'absence de soudure des deux pétales abaxiaux.

Les Césapinioïdés comportent de remarquables exemples de pollinisation par des Lépidoptères. Chez *Caesalpinia*, les filets des étamines et le style sont très allongés, très voyants, et légèrement redressés (*figure 4.16*). La corolle est intensément colorée. Le pollen est libéré de l'anthère sous la forme d'agrégats collants. Le stigmate, enfin, comporte une dépression entourée de trichomes. Le nectar est produit par un nectaire disposé à la base du gynécée, et n'est accessible que par le tube formé par le pétale adaxial. Les trichomes des filets empêchent en effet l'accès au centre de la fleur. L'insecte approche de la fleur, et engage sa spiritrompe dans le tube du pétale supérieur, tout en continuant à battre des ailes car il n'existe pas de surface d'« atterrissage » ; c'est lors de ce vol stationnaire que le pollen des anthères se colle sur les ailes et que celui porté par l'animal est réceptionné par le stigmate.

Les Mimosoïdés comme *Acacia* ont des étamines parfois très nombreuses. Les fleurs sont disposées en inflorescences denses souvent globulaires (*figure 4.16*). La floraison conduit ainsi à une très grande production de pollen, menant potentiellement à des autofécondations geitonogames. En fait, on observe que ces espèces sont protogynes, et également auto-incompatibles (auto-incompatibilité gamétophytique – voir *infra*). Les pollinisateurs sont des Hyménoptères recherchant du pollen. Les *Acacia* d'Australie, au moins pour certains, comportent des **nectaires extrafloraux**, attirant des Oiseaux.

c) *Mode pollinique biotique actif*

Les fleurs ayant une structure telle qu'elle contraint le pollinisateur à effectuer un mouvement particulier se trouvent aussi bien chez les Monocotylédones (ex. Iridacées, Aracées) que chez les Dicotylédones. Ces fleurs produisent parfois du nectar et ont un dispositif architectural particulier obligeant l'insecte à changer de posture. Contrairement à ce que l'on pourrait croire, nous classons beaucoup d'Orchidées parmi les fleurs à mode passif : les pollinies sont déposées sur le corps de l'insecte à son insu, alors qu'il cherche le nectar[2].

1. Cette sous-famille constitue un groupe paraphylétique.
2. Dans certains cas, cependant, l'insecte est contraint de suivre un chemin particulier dans la fleur, comme chez *Cypripedium*, cas que nous rattachons alors au mode actif. Voir aussi le cas de la Vanille (voir *supra*).

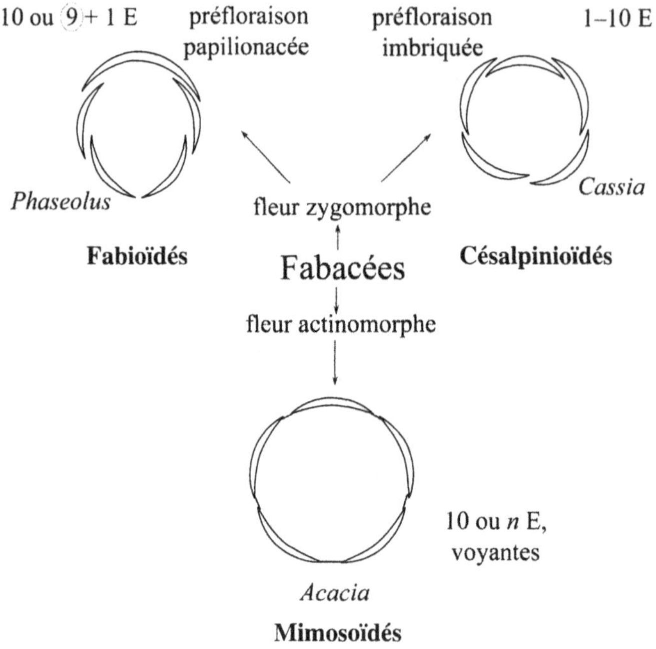

Figure 4.16 Clef des Fabacées utilisant des critères floraux.

Pour chaque sous-famille, un genre est cité à titre d'exemple. Les trois dessins illustrent la forme de la corolle, mettant en évidence sa préfloraison. Ce diagramme ne représente pas la phylogénie; d'ailleurs, le groupe des « Césalpinioïdés » est paraphylétique.

Par exemple, chez l'Iris, il existe des **ornementations** sur les tépales qui, outre leur rôle probable d'attraction, sont redressées comme des poils, obligeant l'insecte à relever son abdomen lors de sa progression dans la fleur. Cela le conduit à entrer en contact avec l'étamine. Une stratégie similaire existe chez des Lamiacées comme le Lierre terrestre, dont la lèvre inférieure est garnie de poils redressés (*figure 4.17*).

d) Mutualismes

➤ Généralités

Les interactions plante-pollinisateur liées à la reproduction impliquent une interdépendance des deux espèces dans la mesure où, sans l'un des partenaires, la reproduction de l'autre est impossible. C'est typiquement le cas des **Figuiers** (Moracées), du **Trolle** (Renonculacées) et du **Yucca** (Agavacées), qui ont été abondamment étudiés ces dernières années d'un point de vue naturaliste et théorique. Le cas du Figuier a été traité par ailleurs (Vallade, 1999) et nous y renvoyons le lecteur. Nous préciserons cependant qu'à la différence du Yucca et du Trolle, le pollen du Figuier est dispersé par des Guêpes émergeant de la figue et donc ces dernières offrent quelque chose en retour de leur croissance dans le gynécée (Anstett *et al.*, 1997). Autrement dit, tandis que le Figuier est sélectionné pour « élever » la progéniture des Guêpes, le Trolle et le Yucca sont *a priori* sélectionnés pour la tuer. Nous ne développerons ici que l'exemple du Yucca.

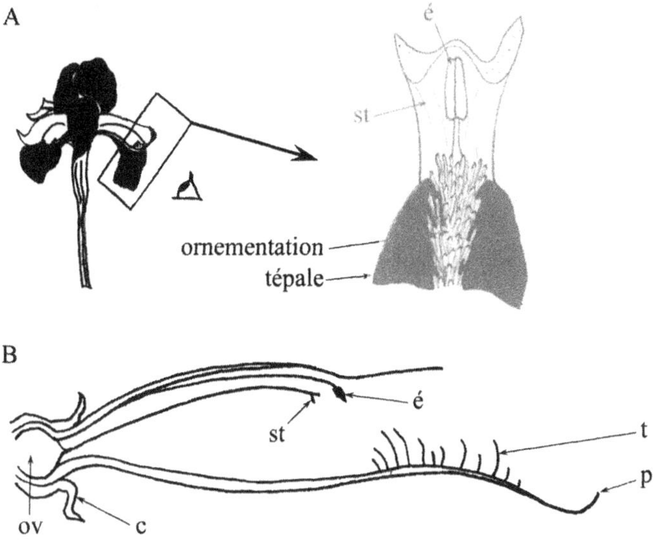

Figure 4.17 Représentation schématique d'une fleur d'Iris en vue externe (A) et d'une coupe de fleur de Lierre terrestre (B).

(A) L'allure générale de la fleur est figurée à gauche, et le détail de l'intérieur de la fleur, vue en contre-plongée (œil), à droite. Remarquer la grande dilatation du stigmate. (B) Légende : ov., ovaire; c., calice; st., stigmate; é., étamine; t., trichomes; p., corolle.

➤ Cas du Yucca

La pollinisation des *Yucca* est effectuée en association avec des Lépidoptères Prodoxidés ou « mites du *Yucca* ». Ces insectes usent de pièces buccales spécialisées pour collecter le pollen, et finalement le déposer sur le stigmate de la fleur suivante, après avoir injecté un œuf dans l'ovaire. La larve du papillon, encore enfermée dans le pistil, se nourrit de graines en cours de développement. Une fois suffisamment développée, la larve sort de l'ovaire, tombe sur le sol, et s'enterre pour hiberner et éventuellement entrer en diapause. Lorsque des conditions favorables sont réunies, la larve se métamorphose; le papillon sort du sol et s'accouple dans une fleur de *Yucca*. Une fois l'accouplement effectué, la femelle collecte le pollen, et s'envole vers une autre fleur. L'adulte (*imago*) ne s'alimente pas en général et meurt au bout de trois ou quatre jours. Trois genres d'insectes sont associés aux *Yucca* (*tableau 4.4*) : *Prodoxus*, *Tegeticula*, et *Parategeticula*. La relation n'est pas de type 1/1 (1 espèce de *Yucca* pour 1 espèce de pollinisateur), une espèce de *Yucca* possèdant un ensemble d'espèces de pollinisateurs au mutualisme plus ou moins marqué.

L'architecture florale est quelque peu modifiée par rapport aux autres Agavacées : l'ovaire est élargi, les étamines courtes (*figure 4.18*). Les fleurs sont protogynes, et auto-incompatibles. Ces caractères abaissent considérablement les possibilités d'autoféconda-tion. Les fleurs produisent très peu de nectar, ce qui limite l'attraction exercée sur d'autres pollinisateurs non spécifiques. Enfin, cette association est rendue possible par la synchronisation entre l'émergence des imagos et l'épanouissement floral.

Tableau 4.4 Genres d'insectes présentant une relation plus ou moins mutualiste avec les *Yucca*. (Modifié, d'après Powell, 1992)

Genre	Ex. de *Yucca* partenaires	Transport du pollen	Position des œufs
Prodoxus (~10 espèces)	*Y. arizonica*, *Y. baccata*, etc. (une dizaine)	non	dans des tissus stériles du *Yucca*
Tegeticula (3 espèces)	*idem*	oui	dans les loges carpellaires
Parategeticula (1 espèce)	*Y. schottii* *Y. elephantipes*	oui	dans la tige ou le périanthe

Figure 4.18 Représentation schématique d'une fleur de *Yucca* dont le périanthe a été légèrement écarté afin de voir les pièces fertiles. Remarquer l'allure trapue des étamines.

L'investissement de la plante en nombre de fleurs semble être maximal, le nombre de pollinisateur n'apparaissant pas comme limitant. La prévalence (taux d'infestation des ovaires par les larves) est de l'ordre de 0,5 à 6 larves par fruit de *Yucca*. La proportion d'ovules perdus est inférieure à 30 %, mais atteint parfois 60 % (*Y. filamentosa*). Ainsi, le coût de l'association est donc **très variable** en termes de graines sacrifiées. De plus, d'une espèce à l'autre, le comportement de l'insecte n'est pas toujours le même ; certaines espèces injectent un œuf dans toutes les loges carpellaires (soit 6 œufs par fleur), et d'autres se limitent à un ou deux œufs par fleur : la perte en graines d'une fleur est donc elle aussi très variable (Powell *et al.*, 1992).

Il arrive que certaines variétés locales d'une espèce de *Tegeticula* donnée ne possèdent pas les pièces buccales adéquates pour réaliser la collecte du pollen (Pellmyr *et al.*, 1999). Ces animaux exploitent tout de même la plante et injectent un œuf dans le pistil : il s'agit de **tricheurs**. De même, il pourrait exister des variétés de *Yucca* ne permettant pas le développement de la larve dans le pistil ; de tels *Yucca* profiteraient de la pollinisation effectuée par les adultes sans perdre de graines (individus tricheurs). Le développement de tricheurs menace la stabilité de l'association, car les variants tricheurs n'offrent rien en contrepartie et sont libérés du coût de l'association, ce qui signifie qu'ils peuvent avoir temporairement un meilleur succès reproducteur que les non-tricheurs, et détrôner ces derniers. Dès lors, comment expliquer la stabilité observée de l'association ? Le développement mathématique du système à deux partenaires mutualistes, sous forme d'équations différentielles, semble indiquer qu'il n'existe que deux possibilités, en fonction des ressources offertes par les partenaires : la coexistence, ou bien la disparition du système (un mutualiste n'investissant pas assez, le système est conduit à l'extinction). Ensuite, selon la nature symétrique ou asymétrique des **coefficients de compétition** pour l'accès aux ressources offertes réciproquement par les partenaires, le système évolue vers l'extinction – cas symétrique – ou converge vers un équilibre – cas asymétrique – (Ferrière, non publié).

4.1.4 Pollinisation et partenaire sexuel

Les stratégies florales des plantes allogames favorisent, par définition, l'allogamie, c'est-à-dire la fertilisation du stigmate par un grain de pollen provenant d'un autre pied. Mises à part les stratégies développées vers l'attraction des pollinisateurs, d'autres se tournent vers un contrôle plus direct de l'origine pollinique, et en particulier vers l'évitement de l'autofécondation stricte ou geitonogame, et conduisent finalement à une sorte de **choix du partenaire sexuel**.

a) *Effets anatomiques*

La disposition des organes floraux peut notablement limiter les possibilités d'autofécondation, soit parce qu'il existe un obstacle entre étamines et stigmate (**herkogamie**) ou bien parce que les organes n'arrivent pas à maturité au même moment (**dichogamie**). Les fleurs sont d'abord mâles (**protandrie**), ou bien femelles (**protogynie**). Un cas typique d'herkogamie est celui de l'Iris, dans lequel l'ensemble style-stigmate, très important et trifide, sépare les étamines de la zone réceptive du stigmate, ou bien celui des Orchidées (voir *supra*). Les architectures **étagées** comme chez la Passiflore séparent aussi spatialement les anthères (tournées vers le bas) du stigmate (voir chapitre 3).

On pourrait rattacher la **dioécie** (existence de pieds mâles et de pieds femelles séparés) et donc la sexualisation de l'organisme aux stratégies d'évitement de l'autofécondation et ce point sera traité plus bas. Sans aller jusqu'à cet extrême, certaines espèces présentent deux **morphes floraux**, l'un tourné vers la fonction mâle, l'autre vers la fonction femelle, phénomène dénommé **hétéromorphie**. C'est le cas, très célèbre, de la Primevère (Primulacées). Les fleurs tournées vers la fonction mâle possèdent des étamines allongées, atteignant une hauteur plus grande que le stigmate dans le tube floral (*figure 4.19*). Le stigmate n'y présente pas de surface papilleuse. Les grains de pollen sont gros et richement ornementés. Les morphes tournés vers la fonction femelle ont, en revanche, un stigmate arrivant bien plus haut que les étamines, un pollen petit et peu ornementé. L'ensemble concourt à favoriser le transfert de pollen depuis les morphes mâles vers les morphes femelles. L'existence de deux types de fleurs, l'un à style long et l'autre à style court, comme chez *Primula*, porte le nom d'**hétérostylie.** Il existe des cas intermédiaires chez lesquels seule la différence de longueur de style est observée, et n'est pas accompagnée de remaniements staminaux ou polliniques, comme par exemple chez certains Narcisses (*Narcissus sp.*, Amaryllidacées), où l'on parle simplement de **distylie** (Arroyo *et al.*, 2000). L'hétérostylie de la Primevère est doublée d'un mécanisme de contrôle moléculaire, à la base du système d'**auto-incompatibilité**, que nous allons voir maintenant. Remarquons enfin que si l'auto-incompatibilité est soulignée par l'hétéromorphie chez la Primevère, ce n'est pas le cas chez certaines plantes **homomorphiques** comme par exemple les Brassicacées (voir aussi *tableau 4.5*).

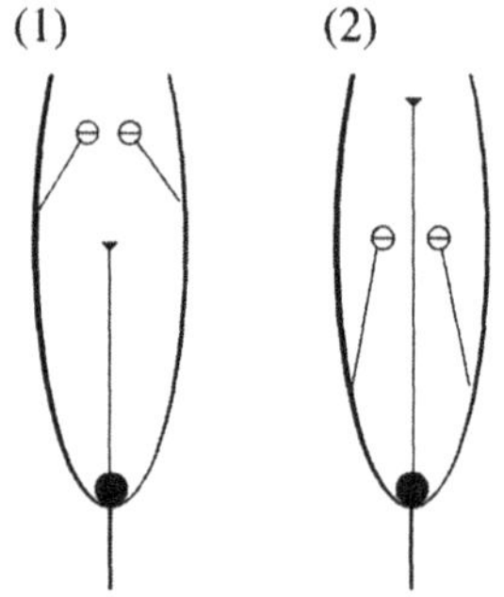

Figure 4.19 Représentation très schématique des morphes floraux chez la Primevère. (1) morphe mâle, (2) morphe femelle. Le morphe mâle possède des étamines longues et un style court, à l'inverse du morphe femelle (voir texte).

b) Effets cellulaires et moléculaires : auto-incompatibilités

Loin de vouloir détailler tous les processus moléculaires intervenant à l'occasion des auto-incompatibilités, et parce que cela ne concerne pas directement l'architecture florale *s.s.*, nous nous bornerons à donner l'essentiel des données actuelles sur ce problème. L'auto-incompatibilité signifie le **rejet du « soi »**, ce dernier étant représenté par des protéines, codées par les gènes du **locus S** (pour *Self-incompatibility*). Lorsqu'un grain de pollen possède un déterminant similaire au stigmate, il y a réaction de rejet, ou **réponse auto-incompatible.**

Tout d'abord, il convient de distinguer l'auto-incompatibilité de type **sporophytique** (AIS) ou de type Chou (ex. Brassicacées, Astéracées) de celle de type **gamétophytique** (AIG) ou de type Tabac (ex. Onagracées, Liliacées, Solanacées, Fabacées). D'un point de vue descriptif, dans le cas sporophytique, un grain de pollen incompatible avec un stigmate ne germe pas ou la germination s'arrête extrêmement vite. D'ailleurs, chez les Brassicacées, le tube pollinique d'un grain incompatible ne perce pas toujours la cuticule stigmatique. De façon générale, l'incompatibilité sporophytique est caractérisée par l'**apparition de callose** très rapidement lorsque la germination débute. Dans le cas gamétophytique, en revanche, le grain commence nettement à germer et s'arrête, alors que le tube pollinique est dans le style (sauf chez les Onagracées, où le grain de pollen ne germe pas). Les tubes stoppés présentent un épaississement pariétal (ex. Pétunia) ou bien éclatent à leur extrémité (ex. Tomate) (Heslop-Harrison, 1975). D'un point de vue génétique, le déterminisme des auto-incompatibilités repose sur les gènes du locus S : les deux allèles de la plante mère du grain de pollen pour l'AIS, et seul l'allèle porté par le grain de pollen pour l'AIG. D'un point de vue moléculaire, les mécanismes des réactions incompatibles sporophytiques et gamétophytiques ne sont pas identiques et sont traités ci-dessous (voir encart suivant).

Il a été proposé une correspondance AIG-stigmates humides et AIS-stigmates secs (Dickinson, 1975 ; voir aussi chapitre 2), dans la mesure où (1) les plantes à AIS ont un stigmate sec, et (2) le comportement du tube pollinique émanant d'un grain incompatible est en relation avec la nature du stigmate : début de germination dans la sécrétion abondante des stigmates humides, et arrêt précoce sans percer la cuticule des stigmates secs. Cependant, la correspondance n'est pas exacte, puisque par exemple les Graminées (Poacées), plantes à AIG, ont également un stigmate sec.

Enfin, remarquons que si les plantes homomorphiques présentent aussi bien une AIS qu'une AIG, le système d'auto-incompatibilité des plantes hétéromorphiques connues est exclusivement sporophytique (*tableau 4.5*). Ce dernier est généralement déterminé par un locus à deux allèles seulement, dont l'un est dominant.

Tableau 4.5 Les systèmes d'auto-incompatibilité chez les Angiospermes et leur déterminisme en termes de génétique formelle. (Modifié, d'après Heslop-Harrison, 1975)

Morphologie	Type	Génétique	Exemple
Homomorphique	AIS	1 (ou plus) locus à *n* allèles ; Divers degrés de dominance	Brassicacées
Homomorphique	AIG	1 (ou plus) locus à *n* allèles ; Co-dominance	Solanacées
Hétéromorphique	AIS	1 locus à 2 allèles, l'un étant dominant	Primulacées

c) *Sexualisation florale*

➤ Définitions

Si la majorité des Angiospermes ont des fleurs **hermaphrodites** (90 %), c'est-à-dire possédant simultanément des pièces mâles et femelles, certaines plantes ont des fleurs unisexuées (10 %). Les espèces **dioïques** comportent des pieds mâles à fleurs staminées, et des pieds femelles à fleurs carpellées (ex. Mercuriale, Euphorbiacées). Les espèces **monoïques** sont constituées d'individus ayant simultanément des fleurs mâles (staminées) et des fleurs femelles (carpellées). Il existe des cas intermédiaires : les espèces **andromonoïques** ont simultanément des fleurs mâles et des fleurs hermaphrodites, les espèces **gynomonoïques** ont des fleurs femelles et des fleurs hermaphrodites.

Déterminisme moléculaire des auto-incompatibilités

Les processus moléculaires permettant à la plante de discriminer le soi par rapport au non-soi ont été particulièrement étudiés dans le genre *Brassica*, seul groupe chez lequel les déterminants polliniques et stigmatiques de l'AIS sont simultanément connus. La réponse auto-incompatible se manifeste par l'inhibition de l'hydratation et de la germination du grain de pollen. D'un point de vue génétique, il existe dans ce genre environ 50 allèles connus au locus S. Rappelons que le phénotype du grain de pollen est déterminé par les deux haplotypes S de la plante mère hérités des cellules du tapis (l'auto-incompatibilité est sporophytique). L'aptitude du stigmate à reconnaître les grains de l'autopollen naît environ 1 jour avant l'ouverture florale.

Différents acteurs de l'AIS ont été mis en évidence, mais il existe des incertitudes, au moins pour certains, concernant leurs rôles, c'est pourquoi nous nous appuierons sur des données expérimentales. La première molécule à avoir été identifiée dans les cellules stigmatiques est SLG (*S locus glycoprotein*), présente dans les parois des cellules des papilles stigmatiques. Au niveau de la membrane plasmique, ces cellules portent la protéine transmembranaire SRK (*S locus receptor kinase*). Le domaine extracellulaire de SRK présente une similitude de séquence avec SLG assez importante. L'implication définitive de ces protéines dans l'AIS a été montrée avec des plantes autofertiles, qui existent spontanément dans la nature, ou bien plus récemment avec des plantes transgéniques exprimant un autre allèle SLG/SRK. Par exemple, l'expression du transgène issu de l'ADNc de SRK_{28} dans des stigmates $S_{60}S_{60}$ a conduit au rejet des grains de pollen produit par des homozygotes $S_{28}S_{28}$. En revanche, alors que l'autopollinisation des individus $S_{28}S_{28}$ ne conduit à aucune graine, les transgéniques produisent un très petit nombre de graines, traduisant une réponse auto-incompatible faible. La réponse auto-incompatible « forte » peut être observée intégralement chez des doubles transgéniques $SRK_{28}SLG_{28}$ (Takasaki *et al.*, 2000). Ce type d'expériences suggère que SRK représente vraisemblablement la protéine déterminant la spécificité dans le stigmate, et que SLG ne fait que contribuer à la réponse auto-incompatible.

Plusieurs rôles ont été proposés pour SLG. Tout d'abord, puisqu'un pré-traitement de stigmates avec un anticorps anti-SLG réduit la force d'adhésion du grain de pollen sur la surface stigmatique, il avait été supposé que SLG était impliquée dans l'arrimage du grain de pollen sur le stigmate. Pourtant, des mutants présentant une délétion du gène SLG ont un dépôt et une germination polliniques normaux. Par ailleurs, des mutants présentant une délétion de SLG et homozygotes pour un allèle S ne forment pas de protéine SRK, bien qu'ils produisent les ARNm correspondants. De plus, la surexpression d'un gène SRK dans une plante ayant d'autres haplotypes SRK conduit à la formation d'agrégats de la protéine issue de l'expression du transgène (Nasrallah, 2000). Cela disparaît lorsque l'on introduit le transgène SLG associé. Ces observations corroborent l'hypothèse que SLG intervient dans des processus post-traductionnels de la fabrication de SRK.

La protéine SRK, déterminant stigmatique, est un récepteur-kinase. La partie extracellulaire, similaire à SLG, qui est la partie réceptrice, est la partie variable (en fonction des allèles). La partie intracellulaire possède l'activité kinase. Cependant, les substrats de SRK ne sont pas connus. Alors que le gène SLG ne comporte qu'un exon et que la protéine SLG n'est présente que sous une seule forme, l'ARNm SRK peut subir un épissage alternatif qui conduit à deux formes, SRK ou eSRK, cette dernière ne comportant que le domaine extracellulaire de SRK. Le rôle de eSRK reste aujourd'hui à préciser. Enfin, le déterminant pollinique est une protéine, SCR (*S locus cysteine rich*), exprimée exclusivement dans les anthères au cours du développement du grain de pollen (Nasrallah, 2000). La protéine SCR, riche en cystéine, est sécrétée. Comme précédemment, l'utilisation de plantes transgéniques a montré que SCR constitue le facteur porteur de l'identité pollinique nécessaire et suffisant. La liaison SCR-SRK, peut-être stabilisée par SLG, provoque probablement la phosphorylation de substrats inconnus, ce qui induit la réponse auto-incompatible (*figure 4.20*). Les molécules SRK liant SCR semblent par ailleurs présentes sous forme de dimères (Giranton *et al.*, 2000).

Un bon candidat impliqué dans les processus en aval de l'association SLG-SRK est le gène *mod*, codant pour une protéine ayant une grande similitude de séquence avec les aquaporines ou « canaux à eau » (Ikeda *et al.*, 1997). D'ailleurs, une mutation dans ce gène conduit à la disparition de l'auto-incompatibilité. En outre, il a été montré en utilisant des gènes rapporteurs que le promoteur de *mod* est actif dans les cellules des papilles stigmatiques (ainsi que dans d'autres tissus végétatifs). L'expression de *mod* dans des ovocytes de Xénope montre que la protéine Mod accroît la perméabilité hydrique de la membrane plasmique, ce qui signifie que Mod est probablement une aquaporine fonctionnelle *in planta* (Dixit *et al.*, 2001). La cascade de phosphorylation initiée par SRK mènerait vraisemblablement à la phosphorylation de Mod et, par analogie avec d'autres aquaporines connues (Kjellbom *et al.*, 1999), cela abaisserait sa conductance à l'eau, et empêcherait l'hydratation du grain de pollen.

Enfin, concernant l'AIG, les données moléculaires sont moins nombreuses et les processus moins bien connus. Ce type d'auto-incompatibilité existe chez les Papavéracées et les Solanacées, qui comportent deux modèles d'étude : le Coquelicot (*Papaver rhoeas*) et le Tabac (*Nicotiana tabacum*) respectivement. Chez le Tabac, le gène du locus S code pour une Rnase, sécrétée par les cellules du tissu de transmission. La RNase est prise en charge par le tube pollinique (phénomène dont les modalités restent à préciser) et y détruit les ARNr s'il s'agit de l'autopollen. Chez le Coquelicot, en revanche, où il n'a pas été mis en évidence d'activité RNase mais DNase (Jordan *et al.*, 2000), les indications sont fragmentaires. L'activité DNase est déclenchée par un influx de Ca^{2+} dans le tube pollinique. Une autre conséquence de l'influx de calcium est l'hyper-phosphorylation de la protéine p26, une pyrophosphatase, ce qui réduit son activité catalytique. Les substrats de p26 sont par ailleurs inconnus. Dans le cas des Papavéracées, le produit du locus S est une glycoprotéine sécrétée, dont l'implication dans l'AIG est mal connue.

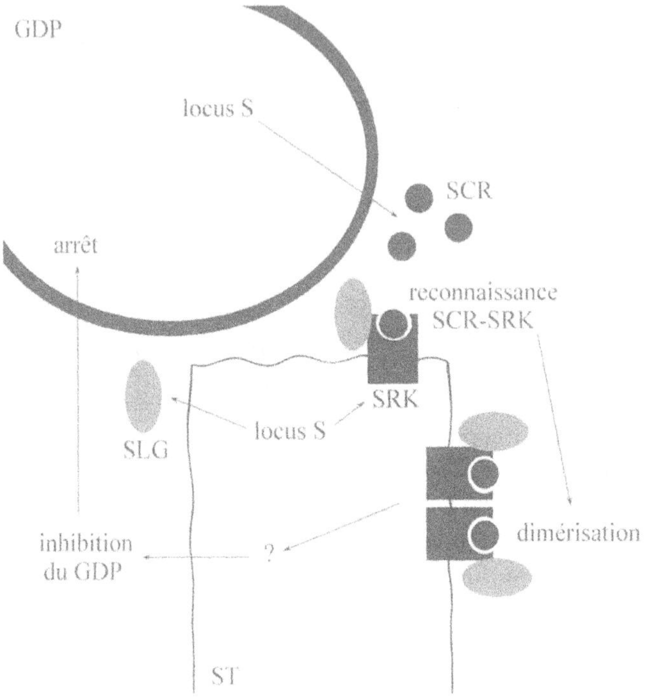

Figure 4.20 Mécanisme moléculaire de l'incompatibilité de type *Brassica*.
Le manteau pollinique possède la protéine SCR, codée au niveau du locus S. De son côté, les cellules stigmatiques ont une protéine pariétale, SLG, et une protéine transmembranaire, SRK, récepteur de SCR. La reconnaissance de SCR par SRK, sans doute aidée par SLG, est suivie de la dimérisation du complexe, de la transphosphorylation de SRK, et probablement de la phosphorylation de protéines cytoplasmiques inconnues. Par une voie de transduction restant à préciser, cela conduit à l'inhibition de la germination du grain de pollen. GDP, grain de pollen; ST, cellule stigmatique. (Modifié, d'après Nasrallah, 2000)

➤ Déterminisme

L'architecture florale est notablement affectée par la sexualisation florale puisque certaines pièces florales sont absentes. Cependant, le développement floral des fleurs unisexuées montre que les primordiums des deux types de pièces fertiles sont présents dans les étapes précoces, et que, par la suite, l'un des types de pièces fertiles avorte (ou forme des pièces stériles, *i.e.* staminodes ou carpellodes), l'autre achevant son développement de façon normale. Cela montre que le plan d'organisation floral est à l'origine hermaphrodite (ou « **bipotentiel** »), et qu'au déterminisme de ce dernier se surajoute celui de la mort programmée des étamines ou des carpelles (d'ailleurs, des réversions sexuelles sont possibles).

D'un point de vue génétique, il existe une grande diversité et parfois une grande complexité des mécanismes établissant le sexe floral. La Silène blanche, plante dioïque, (*Silene latifolia ssp. alba*, Caryophyllacées) possède des gonosomes de type Drosophile (femelles XX et mâles XY). Il a été montré chez cette espèce que deux gènes importants impliqués dans la sexualisation florale sont *SLM2* et *3*. Ces deux gènes s'expriment dans les verticilles 2 et 3 (pétales et étamines). Cette expression est centrale chez le mâle, ce qui empêche le développement des carpelles qui occupent normalement cette place. *SLM2* et *SLM3* sont plus périphériques chez la femelle, ce qui autorise la formation du gynécée. Chez le Maïs, plante monoïque, le gène *tasselseed 2* stimulerait la mort cellulaire programmée des cellules des carpelles, et sa mutation est féminisante. Enfin, il existe des espèces dont les individus sont soit dioïques soit monoïques, comme chez les Cucurbitacées. Chez *Ecballium* par exemple, le caractère dioïque-femelle/dioïque-mâle/monoïque est tout simplement monofactoriel à 3 allèles.

Cependant, le sexe est également sous la dépendance d'hormones, comme les **gibbérellines**. Par exemple, chez le Maïs, la mutation *anther ear 1*, affectant la synthèse des gibbérellines, est masculinisante. Chez le Concombre (*Cucumis sativus*), plante monoïque, la pulvérisation de gibbérellines est également masculinisante. Cette plante constitue un modèle d'étude intéressant dans le déterminisme du sexe, car l'expression du sexe a lieu en trois phases : les fleurs précoces sont mâles, les fleurs intermédiaires sont hermaphrodites, et enfin les fleurs tardives sont femelles. D'un point de vue génétique, le sexe est sous le contrôle de 3 locus à deux allèles : *M*, *F* et *A*. *F* contrôle la féminisation. Les plantes sauvages sont *ff MM*. Les individus *FF MM* ou *FF Mm* ne comportent que des fleurs femelles, tandis que les plantes *ff mm* sont andromonoïques. L'allèle *F* est donc féminisant et épistatique sur *M*, alors que l'allèle *M* est masculinisant. L'allèle récessif *a* accentue le caractère mâle et est épistatique sur *F* : les organismes *aa ff* sont dioïques mâles (ne portent que des fleurs mâles).

Mise à part l'influence de la taille sur le sexe floral (voir chapitre 5), les hormones semblent être des facteurs très importants *in vivo*. Les gibbérellines ont une action masculinisante, l'**auxine** une action féminisante, de même que l'**éthylène**. L'implication de l'éthylène chez le Concombre est à ce titre remarquable : les individus dioïques femelles produisent plus d'éthylène au niveau inflorescentiel que les monoïques, qui en fabriquent eux-mêmes davantage que les dioïques mâles (Rudish, 1976). Il a été constaté que l'éthylène exerce un rétrocontrôle positif sur sa production (plus précisément, sur la transcription du gène codant l'ACC-oxydase) au niveau des apex femelles, et déclencherait l'orientation de la fleur vers le sexe femelle. Les apex mâles, en revanche, sont sujets à un rétrocontrôle négatif de l'éthylène sur sa propre production, ce qui éteint sa fabrication, conduisant à l'avortement des organes femelles (Kahana *et al.*, 1999). La voie de transduction par le biais de laquelle l'éthylène exerce un rétrocontrôle négatif ou positif sur les organes mâles ou femelles est inconnue. Le gène codant pour l'ACC-synthase (ACS) est localisé au locus *F* et il semble bien que le gène codant pour l'ACC-oxydase (ACO) soit au moins lié à *F*. Cela correspond bien aux données de génétique formelle, puisqu'on établit une relation directe entre *F* et l'éthylène, hormone féminisante. Néanmoins, la correspondance entre les allèles *F* ou *f* et les différents allèles *ACO* n'est pas très claire.

4.2 CAS DES PLANTES AUTOGAMES

Les plantes autogames *i.e.* qui réalisent l'autofécondation sont plus rares que les plantes allogames, et les stratégies tournées vers ce mode pollinique sont moins nombreuses que celles tournées vers l'allogamie.

4.2.1 Cléistogamie

On désigne par **cléistogames** les fleurs ne s'ouvrant pas à maturité (ex. Violacées). Dans cette situation, les étamines restent proches du stigmate et un grain de pollen peut germer directement au contact de ce dernier. Seulement, il arrive que les grains de pollen ne soient même pas libérés des loges polliniques, en particulier dans les fleurs cléistogames des Malpighiales. Les grains commencent à germer alors qu'ils sont dans l'anthère, et le tube pollinique transperce la paroi de l'anthère (Violacées) ou bien croît dans le filet (Malpighiacées) et gagne parfois le réceptacle pour remonter finalement vers l'ovule (Callitrichacées) (voir aussi chapitre 2). Chez la Violette, seule les fleurs tardives sont cléistogames, tandis qu'il existe des espèces strictement cléistogames, comme chez les Onagracées. Chez des Poacées (ex. Blé), les fleurs ne s'ouvrent qu'une fois l'autopollinisation réalisée.

4.2.2 Autres cas

D'autres plantes réalisent l'autogamie alors qu'elles sont ouvertes, comme l'Aigremoine (*Agrimonia sp.*, Rosacées), dont les étamines possèdent un **filet recourbé** vers l'intérieur, de telle sorte que le pollen tombe directement sur le pistil lorsque la fleur est agitée. D'autres fleurs possèdent des étamines regroupées en faisceau au travers duquel le style passe en se couvrant de pollen au cours de sa croissance (ex. certaines Solanacées, certaines Astéracées). Chez les Malvacées, il existe des exemples d'autogamie **facultative**. Les styles portent les stigmates en hauteur, au-dessus du tube staminal, et ont la capacité de se recourber vers le bas, faisant entrer en contact stigmates et anthères, si l'allopollinisation n'a pas lieu (*figure 4.21*). Cette courbure est réversible chez certaines espèces, dans la mesure où les styles se redressent si l'allopollinisation s'opère pendant la courbure. Les fleurs cléistogames des Malvacées ont également une conformation « recourbée ».

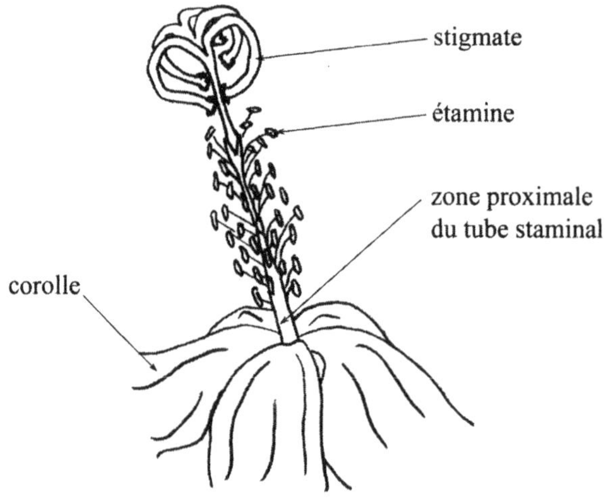

Figure 4.21 Représentation schématique d'une fleur autogame facultative de Malvacée.

Chapitre 5

Vers une théorie globale?

Les Angiospermes sont extrêmement diverses, et cette variété résulte d'une radiation de ce groupe à partir du Tertiaire. Nous avons vu dans les chapitres précédents certaines stratégies adoptées par des espèces d'Angiospermes, en vue de la réalisation de la reproduction sexuée : stratégies d'attraction des pollinisateurs, etc. Ainsi, on conçoit que, dans le cas de la dispersion biotique du pollen, les vecteurs (insectes, oiseaux, Chauve-souris, etc.) interviennent dans les processus de sélection naturelle à l'origine de la fixation d'adaptations au niveau floral. D'un point de vue **qualitatif**, on peut supposer que les pollinisateurs exercent une pression de sélection sur les plantes, au profit de la réalisation de la pollinisation. En revanche, il est *a priori* difficile de **quantifier** les effets de cette sélection sur les plantes, et il est nécessaire, dans cette optique, de décomposer les phénomènes mis en jeu. Concernant la pollinisation biotique, par exemple, on peut distinguer plusieurs niveaux où la sélection va jouer : attraction exercée par la fleur, accessibilité des étamines, dépôt du pollen sur le vecteur, récompense éventuelle (nectar) donnée par la fleur, perte possible du pollen par le vecteur, etc.

Nous allons précisément choisir la pollinisation zoophile pour aborder une étude des processus sélectifs à l'origine de l'évolution de la fleur, en utilisant certains modèles mathématiques qui permettent une approche quantitative, par le biais des calculs des stratégies optimisant la *fitness* (voir *infra*). Les processus évolutifs peuvent être organisés en une « boucle » d'actions et **rétroactions** (Metz *et al.*, 1992). Les individus présentant un certain nombre de traits de vie déterminent la dynamique de la population dans son ensemble, qui à son tour détermine la ou les pression(s) de sélection. Ces dernières déterminent alors les traits des individus, et la boucle est fermée. En fait, nous nous pencherons plutôt ici sur la dernière transition, à savoir sur les pressions de sélection et sur certains modèles traduisant leur action. Les individus ayant des traits de vie donnés possèdent un certain succès reproducteur, que nous nommerons *fitness*.

Nous allons donc donner un aperçu du cadre théorique de mécanismes probables de modification des caractères floraux en disséquant les différentes composantes influençant la reproduction, c'est-à-dire : la dispersion et ses conséquences, les aspects relatifs à la sexualité et la fertilité, et la possibilité d'hybridations.

5.1 DISPERSION ET DIVERSIFICATION

L'origine et la diversification des Angiospermes ont intrigué les biologistes au moins depuis Darwin; leur prolifération à l'échelle du globe a fréquemment été attribuée aux caractéristiques de leur reproduction sexuée, comme la pollinisation et la dispersion des fruits ou des graines. Dans quelle mesure ces paramètres peuvent-ils être à l'origine de cette diversification?

Il a été supposé que la dispersion biotique du pollen (et des semences) augmentait la probabilité de spéciation et abaissait la probabilité d'extinction. En effet, la pollinisation biotique pourrait jouer ces rôles en développant des particularismes reproducteurs issus de variations géographiques ou comportementales des pollinisateurs : la co-évolution plante-pollinisateur conduirait à des changements réciproques, qui, combinés aux processus de sélection sexuelle et de dérive génétique, accéléreraient la diversification. Par ailleurs, la pollinisation par des animaux favoriserait la fertilisation croisée même lorsque la densité de plantes est faible, diminuant ainsi la probabilité d'extinction (Regal, 1977). De plus, les graines dispersées par un agent biotique arriveraient le plus souvent sur des sites comportant moins d'agents pathogènes ou de consommateurs (Tiffney et Mazer, 1995). Enfin, la dissémination biotique pourrait promouvoir la diversification par divergence (spéciation géographique), lorsque des semences sont transportées suffisamment loin.

La dispersion biotique favorise-t-elle effectivement la diversification? Différents travaux ont conduit à des résultats contradictoires : si certaines conclusions tirées de l'étude des Saxifragales ou de 147 familles d'Angiospermes corroborent cette hypothèse, il n'en demeure pas moins que, dans d'autres travaux, les familles à dispersion biotique des semences ne semblent pas comporter davantage d'espèces que celles à dispersion abiotique (pour revue, voir Bawa, 1995).

Cependant, les comparaisons requièrent une certaine équivalence entre espèces, car des différences (dans le mode de croissance par exemple) peuvent masquer des contrastes de diversité entre les groupes. Ainsi, des travaux restreints aux Dicotylédones ligneuses semblent montrer un effet positif de la dispersion biotique sur la diversité spécifique (Tiffney et Mazer, 1995). Ces auteurs mettent cela en relation avec le fait que les arbres ont des graines relativement grosses permettant de démarrer le développement en sous-bois, où la lumière est faible, grâce aux réserves. Or des grosses graines ne peuvent pas être transportées efficacement par le vent, ce qui expliquerait que les arbres aient une dispersion biotique, faisant bien souvent appel à des Vertébrés. Ce type de dispersion, généralement à grande distance, évite également la compétition avec la plante mère. Dès lors, il est probable que les ligneuses présentent une diversité spécifique accrue à cause d'une probabilité d'extinction spécifique plus faible.

En outre, des travaux récents tendent à montrer que la richesse spécifique est corrélée positivement à l'étendue de l'aire de répartition, et qu'elle est supérieure dans les groupes à dispersion biotique et abiotique des semences, par rapport aux groupes n'ayant qu'un seul mode de dispersion (Rickefs et Renner, 1994).

La dispersion du pollen et des graines que nous venons d'aborder d'un point de vue empirique peut être traitée mathématiquement par le biais de la théorie des jeux (Maynard-Smith, 1982), que nous ne traiterons pas ici car elle dépasse le cadre de la morphologie florale au sens strict. Nous nous bornerons à dire qu'il est possible d'étudier théoriquement les stratégies optimisant la *fitness* et concernant l'hétéromorphisme pollinique (nombre d'apertures, Till-Bottraud *et al.*, 1994), ou l'hétéromorphisme des semences (ex. munies ou non d'un parachute, chez *Crepis sp.*, Asteracées).

5.2 SEXUALITÉ ET FERTILITÉ

Nous n'aborderons pas ici le déterminisme du sexe floral, le but étant ici davantage de comprendre l'évolution de la sexualisation florale en relation avec les stratégies de fertilisation. La plupart des espèces d'Angiospermes sont hermaphrodites, ou monoïques et l'on peut s'attendre *a priori* à une possibilité d'autofécondation. Cependant, nous avons vu dans les chapitres précédents qu'il existe un certain nombre de stratégies (au niveau architectural ou moléculaire) évitant un tel processus et favorisant ainsi l'allogamie. Dès lors, il semble probable que l'évitement de l'autofécondation soit une règle générale, pourvu qu'une étude quantitative de l'autofécondation valide cette hypothèse.

Or les choses ne sont pas si simples, non seulement parce qu'il n'est pas si facile de mesurer le degré d'allogamie dans une progéniture donnée. L'utilisation des électrophorèses permettent, grâce aux profils allozymiques (Brown et Allard, 1970), un calcul de la proportion de graines produites par autofécondation, s, et par allofécondation, $t = 1 - s$. Remarquons au passage que cette technique ne s'applique qu'à la fonction femelle de la plante, et non à la progéniture totale. D'autres techniques permettent d'obtenir ce genre de paramètres, comme l'utilisation des microsatellites. Deux types de données vont donc être l'objet d'étude des paragraphes suivants : mesure de la fertilité, et mode de fertilisation (autofécondation, allofécondation, agamospermie[1]).

5.2.1 Fertilité, paramètres de *fitness*

L'étude de la reproduction des Angiospermes regarde bien souvent la production de graines par une plante donnée comme indicateur de la fertilité. Cependant, les Angiospermes sont majoritairement hermaphrodites et, dès lors, on conçoit qu'il est également nécessaire de considérer la contribution mâle à la reproduction sexuée, et que les fonctions mâles et femelles à la fois répondent aux processus évolutifs. À l'échelle de la

1. Il est important de souligner que certaines personnes confondent très souvent ce terme avec celui d'*apomixie*. L'apomixie signifie étymologiquement une reproduction sans union de deux gamètes (de *apo,* sans et *mixis,* union) et regroupe donc l'ensemble des processus de reproduction asexuée (végétative). La formation de graines sans fécondation (organismes parthénogénétiques) est bien l'agamospermie (*a* privatif, *gamos* mariage et *sperma*, semence).

population, puisque chaque plante possède un père et une mère, on suppose que chaque genre concourt également à la reproduction (Charnov, 1982), de telle sorte que la *fitness* d'un individu i d'une population, notée $W(i)$, s'exprime comme la moyenne des *fitness* mâle et femelle relatives (c'est-à-dire divisées par les *fitness* moyennes dans la population), selon :

$$W(i) = \frac{1}{2}\left[\frac{W_f(i)}{\overline{W_f}} + \frac{W_m(i)}{\overline{W_m}}\right]$$

Cela étant posé, se pencher sur des problèmes évolutifs revient à s'intéresser aux variations de W en fonction de certains paramètres. Mathématiquement, on utilise les valeurs dites **marginales** (Llyod, 1988). Par exemple, supposons un trait floral x, susceptible de varier d'une génération à l'autre ; dans ce cas la valeur marginale $m(x)$ de W relative à x sera la dérivée partielle de W par rapport à x :

$$m(x) = \frac{\partial W}{\partial x} \approx \frac{\Delta W}{\Delta x}$$

Par exemple, on peut se demander si la fertilité femelle est limitée par l'accessibilité du stigmate pour le pollen ou bien la disponibilité des ressources pour la maturation ; des travaux semblent montrer que ces deux aspects limitent la fertilité femelle (Haig et Westoby, 1988). Cependant, ce type d'analyse des traits (ou caractères) floraux, voire celle de l'allocation des ressources, pose un problème d'interprétation car il demeure difficile de dissocier certains paramètres non indépendants. Par exemple, une modification de la longueur des pétales diminue l'accessibilité aux étamines, etc. Dès lors, les calculs des $m(x)$ ne permettent pas de savoir quels caractères sont des cibles de la sélection. Par ailleurs, des relations entre paramètres apparemment très éloignés entrent aussi en ligne de compte, comme l'établissement de *trade-off* entre le développement de caractères floraux et la fertilité (production de gamétophytes).

5.2.2 Les problèmes liés à l'autofécondation

Non seulement parce que la majorité des Angiospermes est hermaphrodite, ou bien parce que les fleurs sont souvent disposées dans des inflorescences et ne sont donc pas isolées, les possibilités d'autofécondation ne sont pas négligeables. Ainsi, les Angiospermes ne sont pas à l'abri, semble-t-il, du développement d'une dépression de consanguinité.

a) *Généralités*

Il est possible de réaliser une typologie des processus d'autofécondation, en considérant l'espace ou le temps (Lloyd, 1979). On distingue ainsi : (1) le cas où l'autofécondation est « prioritaire » devant l'allofécondation (les ovules sont spontanément fertilisés sans aucune opportunité d'allogamie), (2) la compétition entre grains de pollen étrangers ou de la plante elle-même, et (3) l'autopollinisation « retardée » (lorsque l'opportunité d'allofécondation est passée, il y a alors autofécondation).

Par ailleurs, le terme général d'autofécondation regroupe deux choses :

– l'autogamie au sens strict où un stigmate est fertilisé par du pollen provenant de la même fleur,
– la geitonogamie où une fleur féconde une autre fleur de la même inflorescence réceptive au même moment.

Même si, *a priori*, on peut envisager d'exprimer la *fitness* d'une plante, $W(i)$, de façon simple grâce aux fertilités mâle et femelle des fleurs ($w_f(i)$ et $w_m(i)$) et du nombre de fleurs, $n(i)$, selon :

$$W(i) = \frac{1}{2}\left[\frac{n(i)w_f(i)}{\overline{W_f}} + \frac{n(i)w_m(i)}{\overline{W_m}}\right]$$

cela ne prend pas en compte les aspects concernant l'autofécondation. La *fitness* globale est notamment affectée par l'autofécondation puisque les zygotes issus de l'autofécondation n'ont pas la même *fitness* (probabilités de survie et de développement) que ceux issus d'allofécondation, ce qui n'autorise pas à multiplier simplement $n(i)$ par $w(i)$.

L'impact des processus évolutifs a par ailleurs probablement un effet sur $n(i)$, qui résulte vraisemblablement d'un compromis entre les conséquences d'une dépression de consanguinité et l'optimisation de la fonction mâle. En effet, des plantes à inflorescences importantes exportent davantage de pollen, mais sont sujettes à plus de fertilisations geitonogames. Ainsi peut-on supposer qu'il existe pour chaque espèce une taille donnée d'inflorescence, ni trop grande ni trop petite, représentant un équilibre entre ces deux types de contraintes évolutives (voir chapitre 1).

b) Importance de l'autofécondation

On a tendance à penser que les Angiospermes montrent une extrême optimisation de la fécondation croisée parfois par des méthodes très sophistiquées d'attraction des pollinisateurs, etc., afin d'éviter à tout prix l'autofécondation. Un argument avancé est que cette dernière peut mener à la formation d'individus homozygotes pour des allèles délétères, à l'origine de la dépression de consanguinité. Cette vision quasi exclusive présente un certain nombre de problèmes qui sont les suivants :

1. Supposons qu'apparaisse, dans une population, un gène promouvant l'autofécondation; la fréquence de ce gène augmentera parce qu'en moyenne, les individus réalisant l'autofécondation transmettent plus de copies des gènes que ne le font les individus allogames. En effet, dans une de ses graines, un individu allogame apporte une copie du gène considéré, par le biais de l'ovule, et dans une graine d'un voisin, il apporte également une seule copie par le biais du grain de pollen. Donc dans un système allogame, la contribution moyenne d'un individu est de deux copies de gène. En revanche, un individu autogame apporte une copie par le biais de l'ovule à la génération suivante, et entre une (autofécondation nulle) et deux (autofécondation à un taux équivalent à celui de l'allofécondation) copies par le pollen, soit au total entre deux et trois copies (cela suppose que l'autofécondation n'exclut pas l'allofécondation). Cette contribution génétique supérieure des autogames non obligatoires (ou allogames non obligatoires)

par rapport aux allogames obligatoires (Fisher, 1941) est désignée sous le terme d'avantage sélectif « automatique » de l'autofécondation.

Ce raisonnement suppose en outre que le stock de pollen n'est pas limitant, c'est-à-dire que les grains de pollen utilisés pour l'autofécondation ne font pas défaut lors de l'allofécondation. Pourtant, une hypothèse de limitation par la quantité de pollen disponible (HLPD) n'est pas à écarter (Holsinger, 1991).

Sous la HLPD, l'allogamie sera favorisée si la *fitness* des individus issus de l'autofécondation, w_s, est inférieure à celle des individus issus d'allofécondation, w_0, de telle sorte qu'on mesure une dépression de consanguinité $\delta = 1 - w_s/w_0$. Il est possible de calculer que l'avantage de l'autofécondation décrit ci-dessus disparaît si $\delta > 0{,}5$, c'est-à-dire lorsque $w_s < 0{,}5\ w_0$ (Charlesworth, 1987). Ainsi, l'on peut supposer que deux cas majoritaires (états stables) vont se présenter : l'autofécondation est très répandue (car $w_s > 0{,}5\ w_0$), ou très peu répandue (car $w_s < 0{,}5\ w_0$), et, beaucoup plus rarement, il y a coexistence (égalité stricte $w_s = 0{,}5\ w_0$). Une ébauche de validation de ces considérations est la mesure de la fréquence d'autofécondation dans des populations végétales : une étude portant sur 129 espèces appartenant à 67 genres et 33 familles montre en effet une distribution bimodale de fréquence d'autofécondation (Barrett et Eckert, 1990).

2. La formation d'homozygotes pour des allèles délétères par autofécondation permet en outre de « purger » la population de ces allèles. L'autofécondation n'est peut-être donc pas aussi nocive qu'on a pu le penser. Par exemple chez la Jacinthe d'eau (*Eichhornia paniculata*, Pontédériacées), des autofécondations systématiques ont été répétées sur 5 générations dans une population initialement allogame, et dans une population initialement autogame. En dernier lieu, une fécondation allogame a été réalisée. Si la *fitness* reste stable dans la population initialement autogame, elle diminue dans la population initialement allogame pour remonter à son niveau d'origine à la suite de la fertilisation finale allogame (Barrett et Charlesworth, 1991). Il est probable que les populations autogames expriment tardivement la dépression de consanguinité, ce qui notamment expliquerait de forts taux constatés de δ dans certains cas, contrairement aux populations allogames où les effets de la dépression de consanguinité seraient rapides. Cependant, un taux élevé de mutation peut contrecarrer partiellement ces effets et donc maintenir une haute valeur de δ dans des populations ne présentant qu'une fréquence modérée d'autofécondation.

Les deux arguments que nous venons de développer tendent à montrer que l'autofécondation (non obligatoire) dans la nature est possible et même qu'elle n'est peut-être pas rare. Comment quantifier l'impact sur δ du taux d'autofécondation ? Une méthode consiste à considérer les coefficients de parenté des individus à deux générations successives dans une population où se déclare l'autofécondation avec un taux s. Le coefficient de parenté moyen des individus adultes à la génération n est noté F_n, celui des zygotes qu'ils forment, F_n^*. Ces zygotes vont subir alors les effets de la sélection, puisque ceux issus d'autofécondation ont une *fitness* w_s et ceux issus d'allofécondation, w_0. La dépression de consanguinité est $\delta = 1 - w_s/w_0$. Le coefficient de parenté des adultes à la génération $n + 1$ est alors F_{n+1}.

Par définition, les individus allogames n produisent des zygotes homoalléliques avec la probabilité F_n. Donc la probabilité d'obtenir des homoalléliques par ce biais est $(1 - s)\ F_n$. La probabilité d'obtenir des zygotes homoalléliques par le biais d'individus autogames homoalléliques n est $s \cdot F_n$, et par celui d'individus autogames hétéroalléliques n est $s \cdot (1 - F_n)/2$. D'où :

$$F_n{}^* = (1-s)F_n + \frac{s(1-F_n)}{2} + sF_n = (1-s)F_n + s\frac{1+F_n}{2}$$

On notera ici :

$$G_n{}^* = (1-s)F_n \quad \text{et} \quad H_n{}^* = s\frac{1+F_n}{2}$$

Quatre groupes de zygotes peuvent être formés : ceux issus d'autofécondation et homoalléliques ou hétéroalléliques, ceux issus d'allofécondation et homo- ou hétéroalléliques. Leurs fréquences respectives sont $H_n{}^*$, $s - H_n{}^*$, $G_n{}^*$, $(1-s) - G_n{}^*$, et leurs valeurs sélectives sont respectivement w_s, w_s, w_o, w_o. Après sélection, les fréquences de ces zygotes sont :

$$\frac{w_s H_n{}^*}{\Gamma}, \frac{w_s(s - H_n{}^*)}{\Gamma}, \frac{w_o G_n{}^*}{\Gamma}, \frac{w_o[(1-s) - G_n{}^*]}{\Gamma} \quad \text{où} \quad \Gamma = sw_s + (1-s)w_o$$

Ainsi :

$$F_{n+1} = \frac{w_s s\left(\frac{1+F_n}{2}\right)}{\Gamma} + \frac{w_o(1-s)F_n}{\Gamma} = \frac{s\frac{w_s}{w_o}\frac{1+F_n}{2} + (1-s)F_n}{s\frac{w_s}{w_o} + (1-s)}$$

Comme $\delta = 1 - w_s/w_o$, on en tire :

$$\delta = \frac{F_n{}^* - F_{n+1}}{H_n{}^* - sF_{n+1}} \approx \frac{F_n{}^* - F_{n+1}}{F_n{}^* - sF_{n+1}} \quad \text{si} \quad F_n{}^* \approx H_n{}^*$$

On voit donc que la dépression δ comporte au numérateur l'écart des coefficients de parenté entre zygotes et adultes formés et que, si l'on représente F au cours du temps (discret puisqu'il est compté grâce aux générations n), on va observer un graphe en dents de scie : F va croître de F_n à $F_n{}^*$ sous l'effet de s, et ensuite diminuer de $F_n{}^*$ à F_{n+1} sous l'effet de δ (*figure 5.1*). Par ailleurs, l'expression de F_{n+1} en fonction de s explicitée ci-dessus permet d'écrire :

$$\Delta F_n = F_{n+1} - F_n = \frac{s(1-\delta)\left(\frac{1-F_n}{2}\right)}{1 - s\delta}$$

Pour un F_n fixé, on voit que l'écart du coefficient de parenté des adultes entre la génération n et $n+1$ est plus faible que s'il était proportionnel à s, à cause du dénominateur. Pour une valeur élevée de δ, cet écart est relativement faible, ce qui est à mettre en relation avec la « stabilité » de la *fitness* observée plus haut dans les populations autogames de Jacinthes d'eau : la purge effectuée par sélection (w_s faible) compense l'expression d'allèles délétères promue par autofécondation.

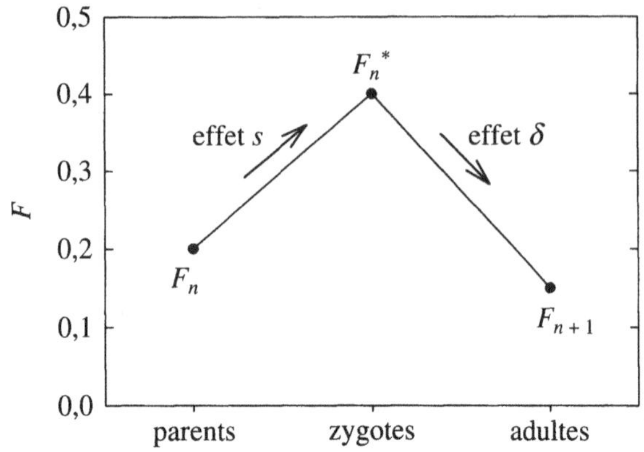

Figure 5.1 Diagramme représentant le coefficient de parenté *F* en fonction de la génération (voir texte). (Modifié, d'après Barrett *et al.*, 1996)

c) *Autofécondation et pollen*

L'étude des processus d'autofécondation autogame et geitonogame concerne également la répartition des grains de pollen. En effet, lorsqu'un pollinisateur visite plusieurs fleurs d'une même inflorescence (ce qui arrive souvent, notamment chez le modèle d'étude qu'est la Jacinthe d'eau), il déplace, dans une fleur donnée numéro j une certaine quantité de grains de pollen, qui se répartit en S_j grains déposés sur le stigmate de la même fleur et T_j grains restant accrochés sur lui. La quantité $Q_j = T_j/(S_j + T_j)$ donne la proportion de grains exportés par la fleur n° j. Lorsque l'insecte visite les fleurs suivantes, une proportion q est déposée et $(1 - q)$ reste accrochée à son corps. Au bout de $k - 1$ visites, le pollinisateur arrive sur la $k^{ième}$ fleur, aura encore la proportion $Q_j\,(1 - q)^{k-1}$ de grains accrochés à son corps, et délivrera sur celle-ci la proportion $qQ_j\,(1 - q)^{k-1}$. Au total, le pollinisateur a déposé :

$$D = \sum_{j=1}^{n-1}\left(Q_j \sum_{k=j+1}^{n} q(1-q)^{k-j-1}\right) = \sum_{j=1}^{n-1} Q_j(1-(1-q)^{n-j})$$

Il est facile de démontrer que :

$$D \underset{n \to \infty}{\to} \sum_{j=1}^{\infty} Q_j$$

si cette somme converge. Autrement dit, pour un grand nombre de fleurs, la presque totalité du pollen exporté des fleurs va être déposée sur les fleurs voisines. Bien sûr, le nombre de fleurs n'est pas infini en réalité, et il faut alors calculer D. Ce qui importe de retenir est que D croît avec n, le nombre de fleurs visitées. Cela ne fait que répéter le résultat intuitif selon lequel l'augmentation de la taille de l'inflorescence accroît les possibilités de geitonogamie, et montre en outre très bien que, pour n suffisamment grand, le pollen exporté des fleurs ne sert plus qu'à l'autofertilisation geitonogame, au détriment de la fécondation croisée. La limitation de ce phénomène peut alors faire intervenir une diminution du nombre de fleurs par inflorescence (n fini), et/ou des changements d'architecture florale minimisant les Q_j.

Les problèmes que nous venons d'évoquer concernent les espèces qui disposent d'un stock de pollen séparable en grains qui vont se répartir d'une façon ou d'une autre. Chez les Orchidées (et les Asclépiadacées), le pollen est aggloméré en pollinies, c'est pourquoi, *a priori,* on pourrait supposer que ces plantes sont particulièrement sujettes à la geitonogamie. Pourtant, des observations réalisées chez *Orchis mascula* et *Orchis morio* (Johnson et Nilsson, 1999) semblent montrer que ce n'est pas le cas. Ces deux espèces sont dites « tricheuses[1] » car elles ne fabriquent pas de nectar[2], et les pollinisateurs sont le plus souvent des insectes du genre *Bombus.* Et en effet, les pollinies prélevées sur une fleur et portées par ces derniers ne sont pas transférées automatiquement sur le stigmate des fleurs suivantes appartenant à la même inflorescence. La raison majeure à cela est que le dépôt d'une pollinie sur un stigmate n'est possible que sous un certain angle. Lorsqu'un insecte s'agite dans une fleur d'Orchidée à la recherche du nectar, il arrive bien souvent qu'il prenne la position adéquate à condition que la phase de recherche soit assez longue (entre 30 et 80 secondes selon les espèces). Chez ces deux espèces, les insectes ne passent que 30 secondes à visiter une inflorescence, probablement parce qu'il n'existe pas de nectar, puisque l'addition artificielle de nectar provoque une augmentation du temps de visite par fleur, et du taux de geitonogamie. Toutes choses égales par ailleurs, une stratégie comme la « triche » ou, plus généralement, d'évitement de la geitonogamie ne semble possible que lorsque les pollinisateurs sont présents en abondance. Or ce n'est pas le cas, au moins concernant ces deux espèces, puisque l'on peut montrer que la quantité de pollinisateurs est un facteur limitant la production de graines. Il est possible que l'absence de nectar résulte chez les Orchidées d'un trade-off entre l'attraction *i.e.* développement du périanthe (et des odeurs) et la production de nectar. Chez les Orchidées productrices de nectar, comme *Platanthera bifolia*, le délai nécessaire avant un bon positionnement est de 80 secondes, c'est-à-dire très élevé.

d) *Structure des populations*

L'ensemble des considérations concernant l'autofécondation et que nous venons de voir nous mène à formuler un certain nombre d'hypothèses relatives à la structure des populations végétales. Parce que les fleurs sont disposées généralement en inflorescences et que les plantes se multiplient également par reproduction asexuée, et parce que par ailleurs les traits floraux promeuvent, dans une certaine mesure, l'allofécondation, on peut supposer qu'une population végétale est composée de « *patches* » peu à moyennement consanguins entre eux et tels que les individus soient proches (F élevés) au sein d'un *patch.* Ainsi, cette hypothèse considère une population comme une mosaïque de sous-populations dans lesquelles l'autofécondation est élevée, l'allofécondation entre sous-populations différentes permettant la diffusion d'allèles à l'échelle de la population totale (Barrett *et al.*, 1996). D'ailleurs, des études génétiques récentes tendent à montrer

1. De l'anglais *deceptive.*
2. La majorité des Angiospermes tricheuses appartiennent aux Orchidacées (on estime à 8 000 les espèces d'Orchidées tricheuses parmi les 19 500 espèces d'Orchidées dans le monde).

que les niveaux de consanguinité des différentes lignées de plantes ne sont pas égaux au niveau global de la population (Mutikainen *et al.*, 1998), ne serait-ce parce que chaque lignée a une histoire donnée, en termes d'autofécondation, de telle sorte qu'elle montre une valeur particulière de δ.

Dans ce cadre, le rôle des pollinisateurs est à souligner car il consiste à réaliser cette « diffusion » allélique, et parce que les comportements particuliers de pollinisateurs variés vont avoir une incidence sur cette diffusion : si certains insectes comme les Bourdons ont tendance à polliniser au sein d'une même sous-population, d'autres insectes comme les Papillons parcourent des distances importantes entre deux fleurs visitées, brassant les allèles entre sous-populations.

5.2.3 Agamospermie et parthénogenèse

Dans certains genres, l'agamospermie (ou ce que certains nomment à tort **apomixie**) a quasiment remplacé la reproduction sexuée telle qu'on la connaît dans la majorité des autres espèces. C'est le cas notamment des Alchémilles (*Alchemilla sp.*, Rosacées). Chez *A. vulgaris*, la production du pollen est grandement altérée car la plupart des tétrades dégénèrent. Cependant, les cas d'agamospermie obligatoire sont bien plus rares que ceux d'agamospermie facultative, comme chez la Piloselle (*Pilosella sp.*, Astéracées). Il y a alors formation d'embryons « apomictiques » sans fécondation ; ceux-ci peuvent accompagner des embryons issus de fécondation et les deux types coexistent y compris dans une même graine, et c'est notamment le cas de l'agamospermie facultative du genre *Citrus* (Rutacées), à l'origine des embryons dits **adventifs**. À la suite de la fécondation de l'oosphère et de la cellule centrale, les embryons (principal et albumen) se développent, ce qui semble activer la production d'embryon adventifs à partir de cellules du nucelle. Ce dernier entre en compétition avec l'embryon principal – et avec d'autres embryons adventifs, lorsqu'il y en a plusieurs – et dans les cas favorables, le supplante complètement. Dans les autres cas, l'embryon adventif et l'embryon albumen coexistent et partagent le même albumen.

> D'un certain point de vue, l'agamospermie apparaît comme un processus complètement asexué puisque c'est une cellule du nucelle qui produit un embryon. Or la parthénogenèse (du grec *parthenos*, vierge) est plus généralement (chez les Angiospermes) la production d'individus sporophytiques sous forme de graines à partir de cellules de la lignée germinale sans fécondation, et, strictement, ne comprend pas l'agamospermie telle que nous venons de la décrire, mais plutôt la production d'embryon à partir de l'oosphère sans fécondation (il y a alors deux possibilités : ou bien l'oosphère a subi une réduction chromatique suivi ultérieurement d'une duplication rétablissant $2n$ chromosomes, ou bien l'oosphère n'a pas subi de réduction chromatique). Ainsi, il règne un certain flou terminologique : alors qu'agamospermie et parthénogenèse apparaissent synonymes, il n'en est rien, car le premier terme est le plus souvent réservé au cas nucellaire, et le second au cas des cellules germinales. Nous appellerons parthénogenèse *s.l.* l'ensemble des deux processus.

Quoi qu'il en soit, la parthénogenèse *s.l.* n'est pas négligeable et amoindrit la quantité d'oosphères susceptibles de former des individus par fertilisation d'un grain de pollen.

En termes de formation de graines, cela n'abaisse pas sensiblement le succès reproducteur de la plante (et peut l'augmenter dans certains cas). Chez *Rubus sp.*, les populations apomictiques ont un polymorphisme de restriction plus faible que les populations pratiquant la reproduction sexuée. Les profils de restriction des graines produites par des lignées apomictiques obligatoires de Pissenlit (*Taraxacum sp.*, Astéracées) sont apparemment très peu variables exceptés ceux issus de quelques rares lignées où l'on suppose l'apparition d'une mutation. D'autres études menées également chez le Pissenlit semblent montrer que les lignées apomictiques ont des niveaux d'hétérozygotie et de polymorphisme de restriction aussi élevés que les lignées non apomictiques allogames, et bien plus grands que les lignées pratiquant l'autofécondation. L'impact de la parthénogenèse reste donc à définir, puisque qu'elle n'apparaît pas, du point de vue génétique, comme équivalente à l'autofécondation (voir pour revue Briggs et Walters, 1997).

5.3 DISPERSION DU POLLEN ET FERTILISATION EN CONDITIONS HÉTÉROGÈNES

L'hétérogénéité de la dispersion pollinique se manifeste à deux niveaux au moins : floristique, et lors du transport du pollen. Dans le premier cas, l'inhomogénéité des fleurs qui se présentent au pollinisateur lui offre la possibilité de « choisir », et a des conséquences sur la fertilité relative de chaque type floral ; dans le second cas, l'hétérogénéité trouve sa source dans le fait que les conditions de transport du pollen ne sont pas constantes, ne serait-ce, par exemple, parce que l'animal pollinisateur n'est pas toujours de la même espèce.

5.3.1 Pollinisation et sélection

a) *Généralités*

La dispersion du pollen par les pollinisateurs constitue un point clef dans la reproduction des Angiospermes zoophiles. Aussi bien l'attraction que le dépôt du pollen constituent des processus susceptibles d'être sujets à sélection. Ainsi, on peut *a priori* supposer que l'architecture florale est sous une pression de sélection liée aux pollinisateurs. Pourtant, cela ne semble pas être évident car des variations relatives aux pollinisateurs n'entraînent pas toujours de changements visibles de la structure florale. Chez *Polemonium sp.* (Polémoniacées), un changement de la taille de la corolle à la suite d'un changement artificiel de pollinisateur a été observé au bout de quelques générations seulement (Lloyd *et al.*, 1996). Un exemple bien renseigné aujourd'hui sur la sélection florale par les insectes concerne la couleur. En effet, le polymorphisme de la couleur de la corolle trouve son origine dans des mutations affectant la synthèse pigmentaire proprement dite ou son contrôle. Les fleurs blanches constituent un cas célèbre de polymorphisme chromatique, qui a été étudié chez la Digitale pourpre (*Digitalis pupurea*, Plantaginacées[1]), la Dauphinelle (*Delphinium nelsonii*, Renonculacées) ou l'Ipomée (*Ipomea purpurea*, Convolvulacées). La discrimination vis-à-vis de variants chromatiques se traduit par une production de

1. Anciennement Scrophulariacées.

graines et une exportation de pollen amoindries, et par un taux d'autofécondation plus élevé que chez le sauvage (Levin et Brack, 1995). Chez la Dauphinelle notamment, les individus à fleurs blanches produisent moins de graines que les fleurs pigmentées. Les insectes visitent effectivement moins les fleurs blanches car celles-ci ont un délai de développement des nectaires plus grand.

Par ailleurs, il semble bien que les pollinisateurs comme les Bourdons (*Bombus sp.*) aient une préférence pour les formes (ou **morphes**) colorées les plus communes de fleurs d'une même espèce, ce qui se traduit par une sélection **positive fréquence-dépendante** donnant l'avantage au morphe le plus courant. Mais chez certaines Orchidées tricheuses (voir *supra*), comme *Dactylorhyza sambucina*, *Orchis caspia*, toutes choses égales par ailleurs (concernant le nectar en particulier), les pollinisateurs préfèrent les morphes rares, ce qui revient à une sélection **négative fréquence-dépendante**, promouvant ainsi le polymorphisme de la couleur de la corolle (Smithson *et al.*, 1997).

De façon générale, les conséquences des processus sélectifs s'exerçant entre les pollinisateurs et l'organisation florale sont mal connues, car elles sont variables d'un taxon à l'autre et peu quantifiables; cependant, des études précises ont ponctuellement été réalisées, concernant par exemple la pollinisation par les Colibris, que nous prendrons comme exemple (Meléndez-Ackerman *et al.*, 1997; Campbell *et al.*, 1996; Murcia et Feinsinger, 1996).

b) *Cas de la pollinisation ornithophile*

Dans le cas de la pollinisation réalisée par les Colibris, la sélection s'opère à trois niveaux : couleur, largeur du périanthe, et architecture florale dans son ensemble.

➤ Architecture florale

Les pollinisateurs visitent bien souvent plusieurs espèces de plantes lors d'une même phase de recherche de nourriture, ce qui mène à des transferts interspécifiques de pollen (TIP), réduisant d'autant le succès reproducteur des individus considérés. Par exemple, des grains de pollen hétérospécifiques peuvent considérablement perturber la germination des grains homospécifiques. De plus, des grains de pollen d'un individu donné peuvent être perdus lors de la visite d'une fleur hétérospécifique par frottements, etc. L'architecture florale tient alors une grande place de ce point de vue, parce que les endroits précis où le pollen est collecté ou déposé par le pollinisateur dépendent du plan d'organisation floral. Dès lors, des fleurs ayant des architectures très différentes ne seront sujettes qu'à peu de TIP. La théorie selon laquelle des plantes sympatriques ayant des pollinisateurs communs divergeraient structuralement (particulièrement du point de vue de l'agencement des organes sexuels) constitue **l'hypothèse relative à l'architecture florale** ou **SAH**[1].

Les Colibris discriminent assez peu les espèces et sont probablement des vecteurs de TIP importants. Des études ont été réalisées dans les forêts du Costa-Rica sur un buisson auto-incompatible, *Palicourea lasiorrachis* (Rubiacées) et son pollinisateur presque exclusif, le Colibri *Lampornis calolaema* (Murcia et Feinsinger, 1996). Les arbustes qui fleurissent

1. De l'anglais, *Sexual Architecture Hypothesis*.

au même moment et partageant le même pollinisateur sont au nombre de cinq : *Cephaelis elata* (Rubiacées), *Hansteinia blepharorachis* et *Dicliptera iopus* (Acanthacées), *Besleria triflora* (Gesneriacées) et *Satyria warszewiczii* (Éricacées). Les observations confirmèrent qu'une seule visite d'une fleur hétérospécifique suffisait à amoindrir considérablement la charge initiale en pollen de *P. lasiorrachis*, cela étant vraisemblablement dû non pas au dépôt des grains de pollen de *P. lasiorrachis* sur le stigmate des fleurs suivantes, mais plutôt à un « raclage » opéré par des parties non sexuelles (corolle notamment). Le TIP réduit ici la quantité de pollen disponible pour la fleur suivante de *P. lasiorrachis* d'environ 75 % ; le raclage est par ailleurs plus efficace lorsqu'il s'agit d'espèces dont le plan d'organisation floral est le plus éloigné de *P. lasiorrachis* : *S. warszewiczii, H. blepharorachis* et *D. iopus.*

➤ Largeur florale

Les aspects que nous venons d'évoquer concernent la qualité de la charge pollinique détenue par le pollinisateur. L'architecture florale, particulièrement par le biais de l'accessibilité au stock de pollen, contrôle également la quantité de pollen exporté. Un paramètre déterminant cette accessibilité est notamment la largeur florale. Chez *Ipomopsis aggregata* (Polemoniacées), les individus à fleurs plus larges exportent davantage de pollen (Campbell *et al.*, 1996). Même si ce type de fleurs produit certainement plus de pollen, phénomène qui pourrait expliquer cette exportation pollinique accrue, il n'en demeure pas moins que cet export est également fortement promu par une pénétration plus importante du bec du Colibri. Il a été également rapporté qu'il existe une sélection en faveur d'une largeur florale plus grande, donc mettant en scène une sorte de « correspondance[1] » structurale plante/pollinisateur.

➤ Couleur florale

Les études concernant les préférences chromatiques des pollinisateurs utilisèrent parfois des fleurs d'architectures différentes, car il existe effectivement un lien structure/taxon/couleur. Dans ces conditions, il reste difficile de conclure car couleur, production de nectar, etc., ne sont pas des paramètres indépendants. Chez *Ipomopsis sp.*, il semble que les pollinisateurs (Colibris du genre *Selasphorus*) préfèrent, dans les populations naturelles, les fleurs rouges d'*I. aggregata* aux fleurs blanches et plus étroites d'*I. tenuituba*, très vraisemblablement à cause d'une production plus faible de nectar chez ces dernières. D'ailleurs, les Colibris préfèrent (1) les fleurs blanches lorsque celles-ci sont plus nectarifères, comme le montrent des expériences d'ajout artificiel de nectar, ou les fleurs d'*I. aggregata* lorsque les fleurs d'*I. tenuituba* sont peintes en rouges, (2) les fleurs rouges lorsqu'on peint des fleurs d'*I. aggregata* en blanc, ou des fleurs d'*I. tenuituba* en rouge. Ainsi, si l'on montre une préférence chromatique des Colibris, et si, de façon générale, on suppose une préférence chromatique des pollinisateurs, il importe de replacer ces considérations dans un contexte écologique : la sélection opérée par les pollinisateurs peut être scindée en composantes indépendantes (couleur, forme, et nectar), mais ces composantes ne sont pas indépendantes du point de vue des fleurs.

1. Ou « *fit* » (de l'anglais *to fit*, avoir la forme adéquate).

5.3.2 Transport du pollen

Le transport du pollen a depuis longtemps suscité des interrogations (travaux de Bateman *et al.*), cette étape constituant un point clef de la reproduction des Angiospermes à dispersion pollinique biotique, car des variations des conditions de transport ont des répercussions sur la fertilité des plantes considérées. Il est précisément possible de distinguer trois niveaux d'hétérogénéité de ce transport :

- l'hétérogénéité « horizontale » : le pollen est déposé sur des endroits variables du corps du pollinisateur (que nous supposerons être un insecte), chacun d'eux ayant des probabilités différentes de perte du pollen (par chute des grains), ou d'abandon sur un stigmate ;
- l'hétérogénéité « verticale » : le pollen collecté au cours des visites successives de fleurs par l'insecte s'accumule en couches sur le corps de l'insecte ; dès lors, le pollen des couches profondes n'est plus directement accessible pour les stigmates ;
- l'insecte n'est pas toujours de la même espèce ; les efficacités de prélèvement et d'abandon du pollen sont alors variables.

a) *Hétérogénéité horizontale*

Le formalisme mathématique le plus simple de l'exportation florale du pollen considère deux paramètres seulement : π, la probabilité de « non-chute » du pollen venant d'être collecté, et ρ, la probabilité de dépôt du pollen sur un stigmate. La $i^{\text{ème}}$ fleur visitée reçoit de la fleur initialement visitée la quantité D_i de pollen, selon :

$$D_i = \pi R \rho (1 - \rho)^{i-1}$$

où R est la quantité de pollen ôtée de la fleur initiale. Deux aspects peuvent être ajoutés pour préciser ce modèle : une possibilité de perte du pollen depuis le corps de l'insecte, et l'existence de deux types de sites de stockage sur le corps de l'insecte : l'un sûr, l'autre exposé, c'est-à-dire d'où le pollen peut tomber (Bertin, 1997). La redistribution du pollen sur le corps de l'insecte a lieu par le biais du toilettage de ce dernier. Quatre stocks de pollen sont donc distingués : R, S, E et D. La quantité de pollen reçue par la fleur n° i s'écrit alors :

$$D_i = \rho_s(S_{i-1} + \Gamma\gamma_s E_{i-1}) + \rho_E(1 - \Gamma)E_{i-1}$$

où S_{i-1} et E_{i-1} sont les stocks sûr et exposé de pollen à la suite de la visite de la fleur n° $i - 1$. Γ est la quantité totale de pollen quittant le site exposé, par chute (probabilité γ_L) ou par glissement vers le site sûr (probabilité $\gamma_S = 1 - \gamma_L$). Le système d'équations de récurrence (pour chaque stock) permet finalement d'écrire l'expression générale de D_i en fonction de i :

$$D_i = R(\omega\chi^{i-1} + \psi\,\xi^{i-1})$$

où :

$$\omega = \rho_s\left(\pi_s + \frac{\pi_c\Gamma\gamma_s(1 - \rho_s)}{\rho_E + \Gamma(1 - \rho_E) - \rho_s}\right) \quad \text{et} \quad \chi = 1 - \rho_s$$

$$\psi = \pi_E(1-\Gamma)\left(\rho_E - \frac{\Gamma\gamma_s\rho_s(1-\rho_E)}{\rho_E + \Gamma(1-\rho_E) - \rho_s}\right) \quad \text{et} \quad \xi = (1-\Gamma)(1-\rho_E)$$

La forme obtenue ressemble à la première équation intuitive à deux paramètres, à laquelle on aurait ajouté un terme correctif en ξ. En particulier, on remarquera que lorsque γ_L est élevé, c'est-à-dire que la probabilité de perte depuis les sites exposés est grande, le terme en ω diminue au profit de celui en ψ, diminuant D_i considérablement car ξ est le produit de quantités plus petites que 1.

b) *Hétérogénéité verticale*

On suppose ici que le pollen s'accumule en trois couches distinctes seulement : superficielle (T), moyenne (U), et profonde (L). Seuls les grains de la couche superficielle peuvent être déposés sur un stigmate. On suppose ici que la couche profonde est un cul-de-sac pour le devenir des grains de pollen : il ne peuvent qu'y rester quand ils l'ont atteinte. La probabilité d'enfoncement dans une couche inférieure est μ. Celle-ci est corrigée par un facteur multiplicatif ξ pour la transition $U \to L$. La probabilité de remontée $U \to T$ ou $T \to D$ est ρ. Le système d'équations de récurrence est le suivant :

$$\begin{cases} T_i = (1-\rho)(1-\mu)T_{i-1} + \rho(1-\mu)U_{i-1} \\ U_i = (1-\rho)\mu T_{i-1} + [(1-\rho)(1-\xi\mu) + \mu\rho]U_{i-1} \\ D_i = \rho T_{i-1} \end{cases}$$

La résolution du système aboutit à une expression générale de D_i, du type :

$$D_i = \frac{R\rho\pi_r}{2K_0}(K_1\lambda_1^{i-1} + K_2\lambda_2^{i-2})$$

c) *Hétérogénéité liée au type de pollinisateur*

S'il était possible, précédemment, de raisonner en termes de flux entre compartiments avec des probabilités de transfert, ce n'est plus le cas ici, car on ne connaît pas toutes les espèces susceptibles de polliniser les fleurs considérées. C'est pourquoi on adopte un raisonnement probabiliste utilisant les espérances des variables (aléatoires) D_i. On suppose que la probabilité de perte initiale dépend de la structure florale seulement et est donc fixée à π. En revanche, le paramètre ρ dépend de l'insecte, et on supposera qu'il suit une loi normale tronquée ($\rho \in [0 ; 1]$). On peut dire que ce que reçoit la fleur n° i est ce que qu'il reste après la visite $i - 1$, moins ce qui reste après la visite i, ce qu'on va traduire par :

$$E(D_i) = \pi R[E((1-\rho)^{i-1}) - E((1-\rho)^i)]$$

où E est la fonction espérance.

Dans la nature, la dispersion pollinique englobe les trois aspects des paragraphes précédents a), b) et c), ce qui se traduit mathématiquement par une combinaison des solutions. Par ailleurs, dans toutes les équations, le paramètre R a été utilisé comme étant fixé ; cependant, ce dernier est fonction de la production de pollen, qui dépend du temps, de la position des anthères, et du degré d'ouverture des loges polliniques.

d) Conséquences sur la morphologie florale

A priori, le paramètre qui importe pour la fleur initiale est la quantité de pollen que l'insecte peut emporter et qui sera effectivement dispersé sur des stigmates. Par ailleurs, d'après le raisonnement que nous avons adopté, il semble que la stochasticité mâle (sur R, π, ...) affecte toute la chaîne de dispersion, ce qui n'est pas le cas du côté femelle où les effets de la variabilité de ρ se font sentir petit à petit, au fur et à mesure des visites ; il en est ainsi car les problèmes sont différents : un pollinisateur étant donné, la fleur initiale a une et une seule opportunité pour distribuer le pollen, tandis qu'il existe n stigmates ayant chacun une opportunité de le recevoir : si i est assez grand il ne reste presque plus rien à la fleur n° i, venant de la fleur initiale. Grâce à un calcul similaire à celui réalisé du paragraphe 5.2.2.c), on peut montrer que si n tend vers $+\infty$, la quantité de pollen ne dépend plus de ρ. Afin de fixer les idées, en revenant à un modèle de dispersion en conditions **homogènes** (*i.e.* de Bateman), la quantité distribuée au bout de la fleur n est W_n :

$$W_n = \sum_{i=1}^{n} D_i = \pi R(1-(1-\rho)^n) \underset{n \to \infty}{\to} \pi R$$

dont la limite ne dépend pas de ρ.

Seulement, cela n'est valable que dans un modèle homogène, précisément. En effet, la limite de W_n en conditions hétérogènes est encore une fonction de ρ (et d'autres paramètres du modèle). Encore une fois, afin de fixer les idées, nous indiquerons que dans le cas d'un modèle à hétérogénéité horizontale, la limite de W_n lorsque n tend vers $+\infty$ est :

$$W = R(\pi_s + \varepsilon\pi_E) + \frac{R\pi_E(1-\Gamma)(\rho_E - \varepsilon'\rho_s)}{\Gamma + \rho_E(1-\Gamma)}$$

où ε et ε' sont deux termes s'exprimant en fonction de Γ, γ_S, et des ρ, et qu'on assimilera ici à des multiplicateurs correctifs, respectivement des π et ρ. Ainsi, dans le cas d'une dispersion en conditions hétérogènes, on peut prédire que la seule optimisation des paramètres π et R ne suffira pas à optimiser la dispersion pollinique. Un moyen de connaître les triplets (π_S, π_E, ρ_S) qui maximisent la dispersion est par exemple de calculer la proportion P du pollen ôté de la fleur initiale et qui est dispersé sur les fleurs n° i, $i > k$, k étant un seuil fixé. Ce seuil k est imposé en relation avec l'auto-incompatibilité entre fleurs d'une même inflorescence : on suppose qu'il faut plus de k visites pour que le dépôt de pollen soit efficace, *i.e.* pour que l'insecte quitte enfin le lot de fleurs incompatibles entre elles.

Dans le cas de l'hétérogénéité horizontale (c'est-à-dire d'insectes à toilettage), on constate alors que P est maximale pour des valeurs élevées de π_{TOT} ($=\pi_S + \pi_E$) et des valeurs faibles de ρ_S (*figure 5.2.A*). Dans le cas de l'hétérogénéité verticale (où le pollen s'accumule en couches), une contribution équitable des parties mâle (π_T) et femelle (ρ) maximise P (*figure 5.2.B*). D'un point de vue anatomique, cela signifie que, dans le premier cas, la tendance va être celle d'un développement important de l'androcée au profit de la dispersion ; dans le second les choses seront moins claires car il n'est pas possible *a priori* d'envisager simultanément un développement mâle et femelle très important parce que pour un π_T donné, P est maximale pour un ρ intermédiaire (et non maximal), et parce qu'il existe un *trade-off* entre les deux.

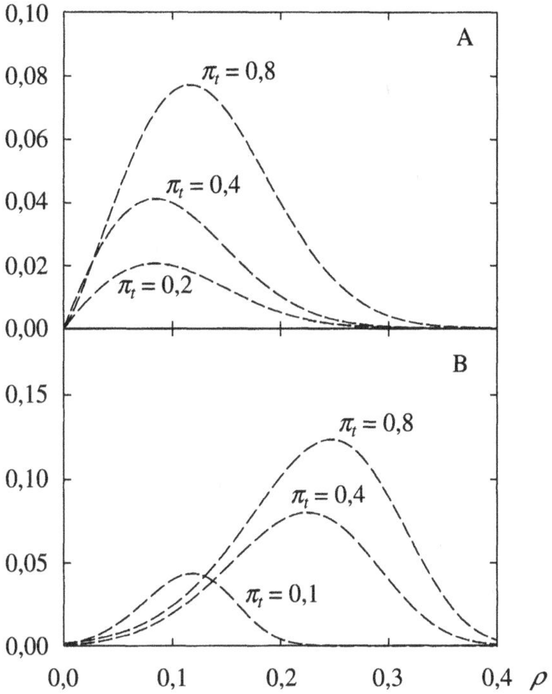

Figure 5.2 Allure des courbes donnant la fraction du pollen ôté puis dispersé sur les fleurs d'indice supérieur à 8, en fonction de ρ, dans le cas de l'hétérogénéité horizontale (A) et verticale (B).

5.3.3 Succès reproducteur et taille

a) *Généralités*

Si l'attraction des pollinisateurs et la réception du pollen sur les stigmates, c'est-à-dire les phénomènes impliqués dans l'« arrivée » du pollen sur la fleur, ont beaucoup préoccupé les biologistes, on ne doit pas amoindrir l'importance des problèmes liés au « départ » du pollen. Comme nous l'avons dit, beaucoup d'études ont concerné le succès reproducteur femelle car les comptages de graines sont une chose aisée, tandis que le suivi des grains de pollen et donc du succès reproducteur mâle l'est beaucoup moins. L'estimation du succès reproducteur mâle (f_m) dans la nature a d'abord été réalisée *via* des méthodes indirectes, comme la mesure du taux de visite par les pollinisateurs, ou de l'exportation de poudre fluorescente appliquée préalablement sur des anthères. Seulement, ces méthodes sont très indirectes et il n'y a pas toujours de relation évidente entre ces mesures et f_m. De plus, f_m inclut également les problèmes de germination pollinique, c'est-à-dire de compétition entre grains de pollen. Ainsi, les méthodes récentes d'estimation de f_m utilisent les marqueurs génétiques ou enzymatiques (Harder et Barrett, 1995).

b) Courbes de gain et sexualisation florale

Le succès reproducteur mâle dépend indirectement du succès reproducteur femelle, car il existe un *trade-off* entre les quantités relatives de ressources allouées à la fonction mâle et à la fonction femelle. Cette dépendance n'est pas toujours déterminée avec précision, de même que la courbe d'évolution de la *fitness* totale (f_t) en fonction de la proportion des ressources allouée à la fonction mâle. En particulier, il se peut que f_t reste ou non constante pour tout couple (f_m, f_f). On désigne sous le terme « courbe de gain » les graphes représentant la *fitness* en fonction des ressources allouées. La courbe de gain de f_t est horizontale (f_t constante) lorsque l'on a une population d'individus de tailles identiques. Lorsque la taille des individus varie, f_t n'est plus constante car l'augmentation de taille peut profiter plus à la fonction mâle que femelle. Les individus ajustent donc l'allocation des ressources en fonction de la taille : cette dernière donne leur forme aux courbes de gain (*figure 5.3*).

La taille peut en effet directement affecter la *fitness* f_m ; par exemple, le pollen d'une fleur disposée sur un arbre sera dispersé sur une large zone et aura donc sans doute un succès reproducteur plus élevé que le pollen d'une plante herbacée du sous-bois. Pour un même investissement (quantité absolue de ressources allouées à la reproduction), les f_m de deux plantes de tailles différentes ne seront pas égales. Ensuite, des plantes de taille importante vont par exemple produire le même nombre de fleurs qu'une plante plus petite et donc posséder la même f_m, mais si la quantité absolue de ressources allouées à la mise en place des fleurs est identique, la proportion de ces ressources par rapport aux ressources totales disponibles est plus petite dans la grande plante. Donc à proportions égales (investies dans la reproduction), une grande plante aura une *fitness* f_m plus élevée[1]. C'est pourquoi la taille a un effet sur les courbes de gain et que cet effet « budgétaire » provoque une distorsion des courbes de gain qu'on aurait pu supposer *a priori* linéaires.

Or ces courbes de gain nous informent sur les possibilités [c'est-à-dire les couples (p_m, p_f), p_m (resp. p_f) étant la proportion des ressources allouée à la fonction mâle (resp. femelle)[2]] optimisant f_t et donc sur les stratégies évolutivement stables ou ESS[3] (voir chapitre 1). D'un point de vue analytique, donc, les courbes de gain peuvent s'exprimer comme des fonctions exponentielles ; comme $f_t = f_m + f_f$, on a :

$$f_t = b_1(Ra)^u + b_2((1-a)R)^v$$

où b_1 et b_2 sont deux paramètres pouvant dépendre de la taille s (effet direct de s sur f, voir *supra*) ou non, auquel cas l'effet budgétaire est tel que $u \neq v$; a est la quantité $p_m \cdot f_t$ est maximale si a annule sa dérivée ($a = a_{max}$). Selon les valeurs des paramètres u et v notamment, l'allocation (donnée par a_{max}) se fera au profit de la fonction mâle ou femelle : les effets budgétaires peuvent affecter la fonction mâle ou femelle de façon différente et ce, en fonction du mode de pollinisation.

1. Ce type de phénomène est dit *effet de budget* ou effet *budgétaire*.
2. Donc ici $p_f = 1 - p_m$.
3. De l'anglais *Evolutionary Stable Strategies*. Cette expression provient de travaux effectués dans le domaine de la théorie des jeux. D'ailleurs, la maximisation de f_t est une condition nécessaire mais pas suffisante pour l'ESS, pour laquelle le produit $f_m \cdot f_f$ est aussi maximal.

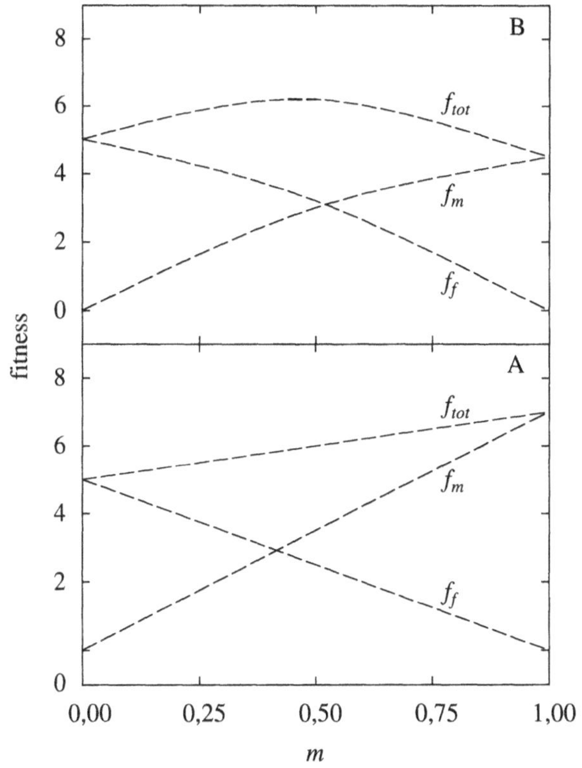

Figure 5.3 Deux exemples de courbes de gain représentant la *fitness* (f_m, *fitness* mâle; f_f, *fitness* femelle; f_t, *fitness* totale) en fonction de la proportion des ressources allouée à la fonction mâle (m).

Dans les deux cas, il existe des différences de taille dans la population correspondante, et les courbes de gain figurées concernent les grands individus. En (A), la *fitness* est maximale lorsque m est égal à 1, de telle sorte que les grands individus sont plutôt tournés vers la fonction mâle. La situation est inverse concernant les petits individus, tournés vers la fonction femelle. En (B), il existe un effet budgétaire; dès lors, la *fitness* n'est plus linéaire en fonction de m (voir texte). (Modifié, d'après Klinkhamer *et al.*, 1997)

Le tableau 5.1 (d'après Klinkhamer, de Jong, et Metz, 1997) résume les principaux effets directs et budgétaires de la taille sur f_m et f_f

Une espèce étant donnée, les courbes de gain permettent de calculer a_{max}, donc de connaître les proportions des ressources allouées à la fonction mâle et femelle, c'est-à-dire l'ajustement du genre à la taille. Cela serait une première justification écologique de la sexualisation florale. Cependant, environ 75 % des Angiospermes sont hermaphrodites et leur taille peut varier de 1 à 100 dans une même espèce : les plantes hermaphrodites ne semblent pas, au vu de nos connaissances actuelles, vérifier la théorie de l'allocation sexuelle. Néanmoins, lorsqu'on restreint les observations aux plantes monocarpiques, comme *Cynoglossum officinale* (Boraginacées), le genre floral semble relié à la taille : les petits individus accentuant la fonction mâle en produisant de nombreuses

TABLEAU 5.1 PRINCIPAUX EFFETS DIRECTS ET BUDGÉTAIRES DE LA TAILLE SUR LES *FITNESS* MÂLE ET FEMELLE. ↑: AUGMENTATION, ↓: DIMINUTION.

	Plantes zoophiles	Plantes anémophiles
Effets directs sur f_m	Mineurs et ↓	Majeurs, ↑ ou ↓ : Meilleure dispersion du pollen chez les grandes plantes. Mais davantage de pollen réceptionné par la plante elle-même
Effets directs sur f_f	Importance variable et ↑ : Meilleure dispersion des graines	Importance variable et ↑ : Meilleure dispersion des graines
Effets budgétaires sur f_m	Majeurs et ↓ : Accroît la geitonogamie Peut mener à la saturation pollinique du pollinisateur	Mineurs et ↓ : Accroît la compétition
Effets budgétaires sur f_f	Majeurs et ↓ : Accroît localement la compétition pour les ressources	Majeurs et ↓ : Accroît localement la compétition pour les ressources

fleurs dont la production de graines est faible, les grands individus favorisant la fonction femelle, en étant dotés d'un nombre plus réduit de fleurs à nombre de graines élevé. De même, les plantes dont le sexe évolue au cours du temps (monoïques et dont le développement des fleurs mâles et femelle ne se fait pas en même temps) débutent leur vie en mâle et évoluent vers le sexe femelle, alors même que leur taille augmente (Freeman, Harper et Charnov, 1980).

Par ailleurs, nous remarquons que les effets budgétaires sont moins importants chez les plantes anémophiles, ce qui implique que leurs courbes de gain sont « plus linéaires » (*i.e.* plus proches de droites) que ne le sont celles des plantes zoophiles; les effets directs de la taille semblent favoriser les grandes plantes (arbustives ou arborescentes). Certains jeux de données comparant des espèces de tailles différentes sont en accord avec cette prédiction, de même que des études au sein d'une même espèce. Par exemple, chez la Mercuriale (*Mercurialis annua*, Euphorbiacées), plante androdioïque (c'est-à-dire présentant des individus mâles et des individus monoïques), le caractère mâle est plus prononcé chez les individus monoïques plus grands.

Nous avons discuté de la sexualisation florale globalement, c'est-à-dire à l'échelle de tout l'individu : la taille réglerait le sexe. Cependant, au sein même d'une inflorescence, le caractère mâle ou femelle peut s'altérer d'une fleur à l'autre. Il a été constaté chez certaines plantes hermaphrodites, comme l'Ancolie (*Aquilegia caerulea*, Renonculacées), que si les fleurs précoces produisent des fruits, les fleurs tardives en produisent moins; il en est de même des graines, car ces dernières avortent le plus souvent avant la fin de leur développement. Le succès reproducteur femelle très faible des fleurs tardives ne trouve pas son origine dans une limitation de pollen, car un ajout artificiel de pollen ne change rien (Brunet, 1996). Ainsi, il semble que les fleurs tardives n'ont pas la même aptitude à mener à terme la progéniture, c'est pourquoi elles apparaissent « spécialisées » dans la fonction mâle *i.e.* la production de pollen; les fleurs précoces se spécialisent en femelles.

Des données assez précises sur ce point ont été obtenues chez les Liliacées en particulier, où il semble bien que les variations d'aptitude à la reproduction des fleurs soient liées à une diminution du nombre d'ovules par fleur lorsqu'on progresse distalement dans une inflorescence. De plus, la forme florale change également : il arrive en effet que la longueur de la corolle soit sujette à modifications le long de l'axe de l'inflorescence. Chez *Solanum hirtum* (Solanacées), plante andromonoïque (c'est-à-dire présentant à la fois des fleurs hermaphrodites et des fleurs mâles), les fleurs hermaphrodites disposées distalement sur une plante dont on empêche la pollinisation, possèdent des anthères, du stigmate, et des ovules de tailles plus petites (*figure 5.4*). Par contre, toutes les fleurs hermaphrodites, quelle

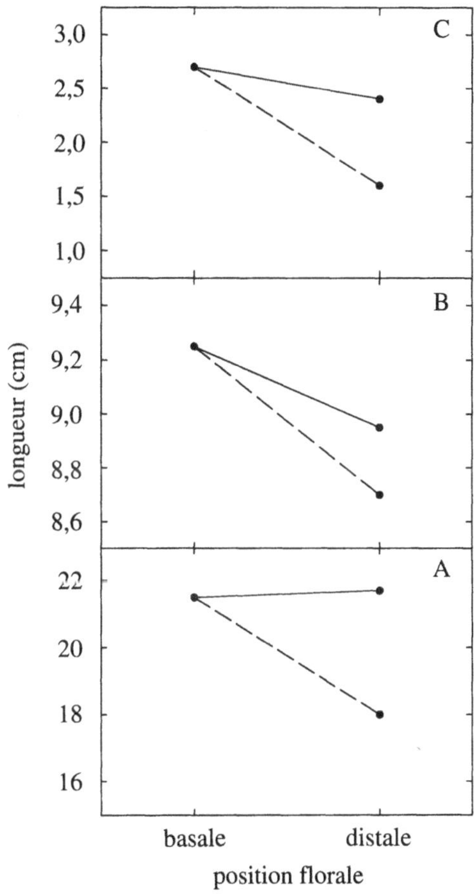

Figure 5.4 Représentation graphique de la longueur de la corolle (A), des anthères (B), et de l'ovaire (C) de *Solanum hirtum*, en fonction de la position florale (distale ou basale), chez des individus témoins (traits continus) ou des individus n'ayant pas été sujets à la pollinisation et étant dépourvus de fruits (traits pointillés).

En (A), seul l'effet du traitement (effet « fruits ») est significatif, tandis qu'en (B), seul l'effet « architectural » est significatif. En (C), les deux effets s'ajoutent. (Modifié, d'après Diggle, 1995)

que soit leur position, sont aptes à former des fruits. En revanche, lorsque l'on laisse la possibilité de réaliser la fécondation, les fleurs disposées distalement sont staminées et ne produisent jamais de fruits (Diggle, 1995). La corolle de ces fleurs est plus petite, et cette réduction de taille est due uniquement à la présence des fruits sur les fleurs proximales (effet « fruits »). Par contre, la longueur des anthères est toujours plus petite dans les fleurs distales, qu'il existe ou non des fruits : il existe donc un **effet « architectural »**. Cet effet se surajoute à l'**effet « fruits »** sus-cité faisant allusion à la répartition des ressources entre différentes parties de la plante. Cependant, l'ordre de grandeur de l'effet des fruits précoces sur le développement de fruits ultérieurs à des positions plus distales reste à déterminer.

c) *Autres facteurs influençant l'allocation sexuelle*

Comme nous l'avons dit, il arrive souvent (lorsque la taille est suffisamment grande) qu'il existe un biais de l'allocation des ressources au profit de la fonction femelle dans les plantes bisexuelles. De nombreuses raisons ont été évoquées, comme l'autofécondation (Charnov, 1982), la quantité de pollinisateurs comme facteur limitant, la compétition entre grains de pollen (Lloyd, 1979), de même que le problème du *trade-off* entre les quantités de ressources allouées à la reproduction ou à la croissance végétative (Burd *et al.*, 1992; Seger *et al.*, 1996). Ce dernier point est cependant assez controversé. Une difficulté des modèles proposés repose sur le fait que l'allocation des ressources n'est pas strictement équivalente entre mâle et femelle. En effet, les ressources, issues indirectement de la photosynthèse, ne sont pas produites au même moment, et en particulier, une fois la fleur fanée, des ressources sont encore allouées au développement du fruit, et donc à la fonction femelle.

Des modèles continus prenant en compte ces aspects temporels montrent qu'il n'est pas possible de maximiser simultanément les ressources totales consacrées à la reproduction (f_t) et le produit $f_f \cdot f_m$ (voir p. 152 note 3), et que la fonction mâle peut néanmoins dominer en termes d'allocation des ressources, notamment si la période fructifère est courte ou que le taux de croissance lors de la période végétative est faible (Sakai *et al.*, 1998). De façon générale, il semble que l'allocation des ressources soit biaisée s'il est impossible d'optimiser simultanément f_t et $f_f \cdot f_m$ (le produit est maximal pour $f_f = f_m$ dans le modèle continu). Le *trade-off* végétatif-reproducteur ne semble pas être finalement à l'origine du biais au profit de la fonction femelle; ce dernier naît lorsque s'additionnent d'autres contraintes comme celles que nous avons évoquées.

5.3.4 Hybridation

L'hybridation est une conséquence immédiate de la proximité de fleurs d'espèces différentes partageant des pollinisateurs communs. Les individus hybrides, quand ils existent, présentent souvent des caractères intermédiaires. La formation d'hybrides peut parfois aboutir à la naissance d'une nouvelle espèce : c'est la théorie de la **spéciation par hybridation**. Il est supposé dans ce modèle que deux gamètes non réduits (d'un point de vue chromosomique) de nombre chromosomiques $2n$ et $2n'$, fusionneraient pour donner naissance à un zygote à $2n'' = 2n + 2n'$ (si les gamètes sont réduits, un chromosome donné de l'hybride ne peut pas *a priori* avoir son homologue lors de la méiose et, à moins d'une endoduplication, cet hybride n'engendrera pas de descendance). Si les caractères supposés intermédiaires de l'hybride lui donne une aptitude à se développer dans des niches écologiques intermédiaires (du point de vue des ressources, des conditions thermiques ou hydriques), il pourra croître sans entrer grandement en compétition avec les espèces qui l'ont engendré. Par ailleurs, un grain de pollen issu de l'hybride ne produira un zygote viable que s'il rencontre une oosphère elle aussi issue de l'hydride ou d'un hybride équivalent, car sinon, le zygote formé est effectivement aneuploïde. Ainsi, une population d'hybride est isolée d'un point de vue reproductif.

Il est néanmoins possible d'envisager la formation d'hybrides sans l'intervention de gamètes non réduits. C'est le cas notamment lorsque les espèces mères sont proches et qu'il existe des similitudes d'organisation chromosomique, ou bien lorsque le zygote hybride subit une endoduplication. Quoi qu'il en soit, la **fertilité** des hybrides (F1) reste un problème car, si ceux-ci peuvent croître, il arrive bien souvent qu'ils soient stériles, au moins partiellement.

L'hybridation n'est pas un processus marginal puisqu'on suppose qu'une grande proportion des espèces d'Angiospermes en serait issue (cela reste difficile à quantifier). Il existe aujourd'hui des exemples manifestes d'hybridation chez les Orchidées ou les Rosacées ; cette dernière famille va nous servir d'exemple pour illustrer les complexes d'espèces, à travers le genre *Geum* (*figure 5.5*).

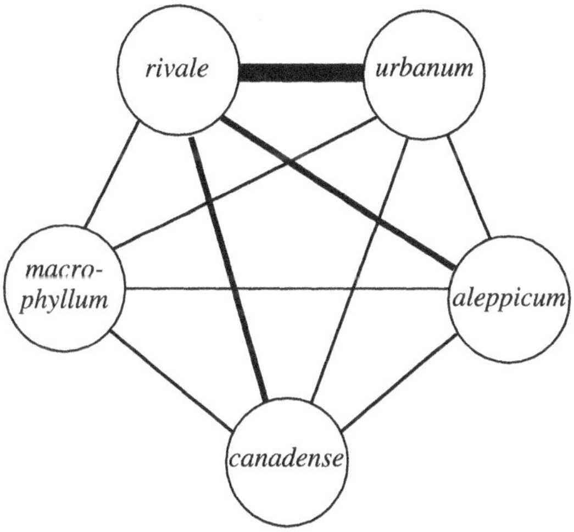

Figure 5.5 Diagramme représentant les modalités d'hybridation entre certaines espèces du genre *Geum* (Rosacées).

En trait très épais : hybrides fertiles ; trait intermédiaire : hybrides partiellement fertiles ; trait fin : hybrides stériles. (Modifié, d'après Briggs *et al.*, 1997)

De façon générale, il semble que l'ensemble du genre *Geum* soit susceptible de former des hybrides. Les deux espèces les plus répandues en Europe sont *G. urbanum* et *G. rivale*. Ces deux espèces sont morphologiquement très différentes, *G. rivale* étant typiquement une plante entomogame « à Apidés » (les pollinisateurs les plus courant sont du genre *Bombus*) c'est-à-dire à fleurs pendantes et allant du beige au pourpre. En revanche, les fleurs dressées, petites et jaune vif de *G. urbanum* ne sont pas spécialisées et sont probablement sujettes à l'autofécondation. Ces deux espèces sont fréquemment sympatriques bien qu'il existe quelques différences de répartition : *G. rivale* pousse dans des zones relativement humides, fraîches et jusqu'à 2 100 mètres d'altitude tandis que *G. urbanum* pousse davantage dans des sous-bois ombragés ou des zones perturbées par l'Homme, sans aller ordinairement au-delà de 1 800 mètres.

Dès la fin du XVIIIe siècle, le botaniste Ehrhart nomma *G. intermedium* une plante aux caractères intermédiaires entre les deux espèces, et qui fut reconnue comme hybride. L'hérédité mendellienne de certains caractères ainsi que les variations de forme du fruit chez *G. intermedium* ont été au centre d'études dans la première moitié du XXe siècle et même un peu plus tard (Marsden-Jones, 1930 et Gajewski, 1957). Ainsi, il apparaît que la probabilité de formation des hybrides varie beaucoup d'un site à l'autre, même lorsque les deux espèces « mères » sont présentes simultanément. Cette probabilité est toujours assez faible, même lors d'essais d'hybridation artificielle. Les hybrides F1 produits sont en revanche fertiles et la génération F2 montre toute une série de lignées aux caractères « parentaux » ségrégés, ce qui permet de supposer l'existence de nombreux gènes indépendants impliqués dans les différences morphologiques. Néanmoins, la formation de *G. intermedium* n'arrive que rarement car :

- les pollinisateurs ne sont pas tout à fait les mêmes,
- les périodes de floraison sont décalées,
- les sites occupés sont différents.

La grande variabilité de présence des hybrides d'un site à l'autre est probablement expliquée par des effets de l'environnement comme le climat : en Angleterre, par exemple, il semble que les périodes de floraison soient très chevauchantes. Par ailleurs, les espèces se trouvent très proches l'une de l'autre, car les régions dégradées par l'action de l'Homme permettent de développement de *G. urbanum*, dans des endroits où *G. rivale* était seul.

L'existence d'hybrides précise également que ces deux espèces ne sont pas encore totalement séparées et qu'elles proviennent vraisemblablement d'une espèce ancêtre commune. Il est tentant de proposer que *G. rivale* proviendrait d'une « spécialisation » d'une lignée de *G. urbanum*, à la suite d'un isolement géographique ou écologique. La perturbation de cet isolement par l'Homme aurait conduit à un mélange des deux espèces.

Même si *G. intermedium* est issu de conditions relativement artificielles (engendrées par des perturbations d'origine anthropique), cette « espèce » reflète la situation du genre *Geum*, où de nombreux hybrides ont été obtenus ou observés. Le caryotype est hexaploïde chez *Geum sp.*, suggérant que ces espèces ont elles-mêmes pris naissance par deux hybridations successives. Les hybridations en cascade ne constituent pas un fait rare, c'est pourquoi on suppose, comme nous l'avons dit, qu'elles occupent une place importante dans la spéciation des Angiospermes.

5.4 CONCLUSION

À chaque étape du processus de reproduction sexuée, il est possible de construire un modèle, qui essaye de refléter au mieux la réalité, et permettant de tirer des conclusions sur les rapport qui existent entre les différents paramètres que sont la *fitness*, la structure florale ou inflorescentielle, la taille, etc. Ainsi, deux approches sont possibles : l'une génétique, qui considère les problèmes de consanguinité, l'autre écologique, qui considère les traits (ou caractères) et essaye de déterminer les valeurs de ces derniers qui optimisent les processus reproducteurs. La première approche nous apprend que les populations d'Angiospermes sont sans doute structurées spatialement et que l'autofécondation n'est vraisemblablement pas aussi rare que ce qu'on a pu penser, probablement en relation avec son rôle de « purge » des allèles délétères. La seconde approche, quant à elle, nous apprend que les caractères floristiques des Angiospermes sont le fruit de processus sélectifs complexes qui intègrent toutes les étapes de pollinisation/fertilisation : les paramètres tels que le nombre de fleurs par inflorescence, la sexualisation florale, la prédominance d'un verticille fertile donné par rapport à celui du sexe opposé, sont notamment issus de compromis évolutifs ou *trade-off*. Nous soulignerons enfin que la prise en compte des particularités des pollinisateurs (existence d'un toilettage, « préférence » chromatique, etc.) est fondamentale, car celles-ci déterminent la forme du modèle utilisé : on a donc bien une *co-évolution* plante/pollinisateur, puisque l'évolution des caractères floristiques est, on l'a vu, couplée à celle des traits du pollinisateur.

Conclusion

La reproduction sexuée des êtres vivants est un processus le plus souvent très contrôlé. Chez les Animaux, on distingue habituellement plusieurs niveaux de contrôle :

- comportemental : il arrive que la femelle réalise un choix du partenaire sexuel, basé sur des traits variés comme l'exubérance du plumage chez les Oiseaux, etc. Ce phénomène participe à la « sélection sexuelle » ;
- physiologique : par exemple, par le biais d'un contrôle d'origine endogène, les organismes hermaphrodites ne possèdent pas les potentialités mâles et femelles simultanément : il y a protandrie ou protogynie ;
- anatomique : l'organe copulatoire de certains insectes mâles est apte à ôter la semence du mâle qui s'est précédemment accouplé à la femelle considérée ;
- cellulaire et moléculaire : les phéromones sexuelles des insectes, les fertilisines de l'Oursin, les récepteurs à la bindine, etc., sont autant d'exemples illustratifs.

On invoque souvent chez les animaux un choix du partenaire sexuel opéré par la femelle, qu'il soit manifeste (au regard de l'éthologiste) ou cryptique (sélection spermatique) ; l'ensemble de ce que nous avons vu au cours des chapitres précédents justifie que, par extension, certains parlent également de « choix du partenaire sexuel » chez les Angiospermes. Ce choix, dont l'existence peut être démontrée expérimentalement par des recherches de paternité (profils allozymiques, microsatellites, etc.), peut être décomposé en différents éléments (Marshall et Folsom, 1991) :

- mécanismes prépolliniques : empêchement de l'autofécondation dans une certaine mesure et optimisation du départ (et de la réception) du pollen, jusqu'au développement de stratégies comme la mise en place de pollinies (Asclépiadacées, Orchidacées) qui rendent délicate l'autofécondation ;
- mécanismes postpolliniques :
  - prézygotiques : contrôle de la germination du grain de pollen (réceptivité du stigmate), compétition entre grains de pollen lors de la croissance du tube pollinique.

Enfin, ce n'est pas le premier ovule trouvé qui est fécondé, mais bien souvent un autre (parfois aucun, comme chez le Radis) ;

- postzygotiques : avortements de graines ou de fruits. Bien que le déterminisme reste incertain, le déclenchement de l'avortement d'embryons n'est pas un processus rare; chez les Rosacées, l'arrêt et la mort de l'embryon en cours de développement a pour origine un dépôt de callose et de lignine au niveau de la zone de transfert, ce qui bloque les échanges mère-fille. Chez de nombreuses espèces, les embryons issus d'un croisement interspécifique avortent, à la suite de processus restant à préciser[1] ;
- incompatibilités : gamétophytique et sporophytique.

Ce choix a une incidence sur la *fitness* de la progéniture, dans la mesure où la résistance à l'avortement des embryons pourrait être un caractère héritable. Cela tendrait à dire que le contrôle de la reproduction sexuée tel que l'on vient de l'évoquer augmenterait le succès reproducteur de la descendance. D'ailleurs, chez le Radis, les donneurs de grains de pollen qui sont moins sensibles à l'avortement des graines produisent des individus ayant une masse significativement plus élevée que la moyenne en serre (Marshall et Folsom, 1991), c'est-à-dire que la descendance croît davantage et possède probablement une survie (et donc une *fitness*) plus élevée. Toutefois, cette relation choix/*fitness* reste à préciser.

À l'échelle de la planète, nous observons une grande diversité d'espèces d'Angiospermes et l'origine de cette variété reste plurifactorielle (sinon incertaine) : nous avons évoqué les stratégies de dispersion et de dissémination, mais aussi souligné l'importance de l'hybridation, ou d'autres modes de spéciation. La radiation adaptative des Angiospermes les a conduites à dominer le paysage végétal terrestre; l'architecture de la fleur angiospermienne a-t-elle été un pivot de cette radiation ? Il est vraisemblable que oui : la fermeture des loges ovulaires a accru la protection de l'embryon et la sophistication du gynécée avec style, stigmate et syncarpie ont permis un contrôle de la fécondation et la réalisation de fruits complexes. Par ailleurs, l'androcée a évolué vers une optimisation voire une spécialisation de la pollinisation. Les verticilles stériles ont vu leur fonction d'attraction fortement se développer. De plus, le développement des auto-incompatibilités, de même que la sexualisation florale, promeuvent considérablement l'allofécondation. Tous ces facteurs anatomiques et physiologiques ont probablement concouru à accroître la probabilité de fécondation croisée et le niveau de diversité génétique des populations angiospermiennes (Heslop-Harrison, 1975) – l'autofécondation n'étant pourtant pas forcément synonyme de faible diversité génétique (voir chapitre 5). Curieusement, tandis que les auto-incompatibilités sont fréquemment utilisées chez les végétaux, le contrôle de la fécondation, chez les animaux, se fait plutôt par le biais de la dioécie (gonochorisme). D'autres éléments floraux, que nous n'avons pas abordés, ont également concouru au succès évolutif des Angiospermes, comme la forme et le nombre des apertures des grains de pollen.

Enfin, nous remarquerons que, malgré la multiplicité des aspects relatifs à la biologie florale, l'évolution des Angiospermes est, de façon générale, remarquablement tournée

1. Chez le Datura, il semble bien que l'embryon soit tué par fabrication d'une substance qui lui est toxique.

vers la reproduction sexuée – c'est-à-dire la fécondation et la dissémination –, celle-ci étant marquée par (1) l'existence de co-évolutions et (2) comme nous l'avons déjà mentionné, par son orientation vers la fécondation croisée. Par conséquent, comme le souligne Dilcher, les caractères des fleurs, voire des fruits et des graines, clairement soumis à sélection, constituent probablement les meilleurs critères de classification de ce groupe (Dilcher, 2000).

Le domaine de la biologie florale est loin d'être clos. Il existe de nombreuses incertitudes, notamment concernant le déterminisme génétique du développement floral. L'identification des gènes et de leur modalités d'expression permettra sans doute, dans les années qui viennent, de comprendre l'établissement du plan d'organisation floral. L'utilisation d'autres plantes modèles qu'*Arabidopsis*, *Antirrhinum*, ou le Pétunia, devrait dans ce contexte être source d'indications concernant l'évolution de l'architecture florale et la mise en place de la diversité des espèces d'Angiospermes.

Bibliographie

AIZEN, BASILIO. – Sex differential nectar secretion in protandrous *Alstromeria aurea* (Alstromeriaceae) : is production altered by pollen removal and receipt?, *Am. J. Bot.*, **85**, 245-250, 1998.

AMBROSE, LERNER, CICERI, PADILLA, YANOFSKY, SCHMIDT. – Molecular and genetic analyses of the Silky1 gene reveal conservation in floral organ specification between Eudicots ans Monocots, *Molecular Cell*, **5**, 569-579, 2000.

ANGENENT, COLOMBO. – Molecular control of ovule development, *Trends Plant Science*, **1** (7), 228-232, 1996.

ANSTETT, HOSSAERT-MC KEY, KJELLBERG. – Figs and fig pollinators : evolutionary conflicts in a coevolved mutualism, *TREE*, **12** (3), 94-99, 1997.

ARROYO, BARRETT. – Discovery of distyly in Narcissus (Amaryllidaceae), *Am. J. Bot.*, **87**, 748-751, 2000.

BARKMAN, CHENERY, MCNEAL, LYONS-WEILER, ELLISENS, MOORE, WOLFE, DE PAMPHILIS. – Independent and combined analyses of sequences from all the three genomic compartments converge on the root of flowering plant phylogeny, *P. N. A. S.*, **97**, 13166-13171, 2000.

BARRET, CHARLESWORTH. – Effect of a change in the level of inbreeding on the genetic load, *Nature*, **352**, 522-524, 1991.

BARRET, ECKERT. – *Variation and evolution of mating system in seed plants, in Biological approaches and evolutionnary trends in plants* (Kawano S. Ed), pp. 229-254, Academic Press, 1990.

BARRETT. – The evolution of mating strategies in flowering plants, *Trends in Plant Science*, **3** (9), 335-340, 1998.

BARRETT, HARDER. – Ecology and evolution of plant mating, *TREE*, **11** (2), 73-78, 1996.

BAWA. – Plant-pollinator interactions in tropical rain forests, *Annu. Rev. Ecol. Syst.*, **21**, 399-422, 1990.

BAWA. – Pollination, seed dispersal, and diversification of Angiosperms, *TREE*, **10** (8), 311-312, 1995.

BERTIN. – Theorical consequences of heterogeneous pollen transport by animals, *Ecology*, **78** (3), 962-963, 1997.

BOOSE. – Sources of variation in floral nectar production rate in Epilobium canum (Onagraceae) : implications for natural selection, *Oecologia,* **110 (4)**, 493-500, 1997.

BOWE, COAT, DEPAMPHILIS. – Phylogeny of seed plants based on all three genomic compartments : extant gymnosperms are monophyletic and Gnetales'closest relatives are conifers, *P. N. A. S.*, **97 (8)**, 4092-4097, 2000.

BREMER. – Early cretaceous lineages of monocot flowering plants, *P. N. A. S.,* **97 (9)**, 4707-4711, 2000.

BRIGGS, WALTERS. – *Plant variation and evolution*, Cambridge University Press, 152-283, 1997.

BROYLES, WYATT. – Paternity analysis in a natural popultion of Asclepias exaltata : multiple paternity, functional gender, and the « pollen donation » hypothesis, *Evolution*, **44**, 1454-1468, 1990.

BROYLES, WYATT. – A reexamination of the pollen-donation hypothesis in an experimental population of Asclepias exaltata, *Evolution,* **49** (1), 89-99, 1995.

BRUNET, CHARLESWORTH. – Floral sex allocation in sequentially blooming plants, *Evolution,* **49** (1), 70-79, 1995.

BRUNET. – Male reproductive success and variation in fruit and seed set in Aquilegia caerulea (Ranunculaceae), *Ecology,* 77 (**8**), 2458-2471, 1996.

BUI, O'NEILL. – Three ACC synthase genes regulated by primary and secondary pollination signals in orchid flowers, *Plant Physiol.*, **116**, 419-428, 1998.

BURD, ALLEN, Sexual strategies in wind-pollinated plants, *Evolution*, **42**, 403-407, 1988.

CAMPBELL, WASER, PRICE. – Mechanisms of Hummingbird-mediated selection for flower width in Ipomopsis aggregata, *Ecology,* 77 (5), 1463-1472, 1996.

CAMPILLO, BENNETT. – Pedicel breakstrength and cellulase gene expression during tomato flower abscission, *Plant Physiol.,* **111**, 813-820, 1996.

CARROLL, PALLARDY, GALEN. – Drought stress, plant water status, and floral trait expression in fireweed, Epilobium angustifolium (Onagraceae), *Am. J. Bot.,* **88**, 438-446, 2001.

CHARLESWORTH. – The effect of investment in attractive structure on allocation to male and female functions in plants, *Evolution*, **41**, 948-968, 1987.

CHARNOV. – *The theory of sex allocation*, Princeton University Press, 1982.

CHARNOV. – Voir Freeman, Harper et Charnov, 1982.

CHAW, PARKINSON, CHENG, VINCENT, PALMER. – Seed plant phylogeny inferred from all three plant genomes : monophyly of extant gymnosperms and origin of Gnetales from conifers, *P. N. A. S.*, **97 (8)**, 4086-4091, 2000.

CLEGG, DURBIN. – Flower color variation : a model for the experimental study of evolution, *P. N. A. S.,* **97** (13), 7016-7023, 2000.

CREPET. – Progress in understanding angiosperm history, succes, and relationships : Darwin's abominably « perplexing phenomenon », *P. N. A. S.,* **97** (24), 12939-12941, 2000.

CRONK, MÖLLER. – Genetics of floral symmetry revealed, *TREE,* **12** (3), 85-86, 1997.

DAVIS, PYLATUIK, PARADIS, LOW. – Nectar carbohydrate production and composition vary in relation to nectary anatomy and location, *Planta,* **205** (2), 305-318, 1998.

DEVLIN, KAY. – Flower arranging in Arabidopsis, *Science,* **288**, 1600-1602, 2000.

DEYHOLOS, SIEBURTH. – Separable whorl-specific expression and negative regulation by enhancer elements within the AGAMOUS second intron, *The Plant Cell,* **12**, 1799-1810, 2000.

DIGGLE. – Architectural effects and the interpretation of patterns of fruit and seed development, *Annu. Rev. Ecol. Syst.*, **26**, 531-552, 1995.

DILCHER. – Toward a new synthesis : major evolutionary trends in the angiosperm fossil record, *P. N. A. S.*, **97** (**13**), 7030-7036, 2000.

DIXIT, RIZZO, NASRALLAH, NASRALLAH. – The Brassica MIP-MOD gene encodes a functional water channel that is expressed in the stigma epidermis, *Plant Mol. Biol.*, **45**, 51-62, 2001.

DONOGHUE, REE, BAUM. – Phylogeny and the evolution of flower symmetry, *Tr. Plant Sc.*, **3** (**8**), 311-317, 1998.

DUDAREVA, MURFITT, MANN, GORENSTEIN, KOLOSOVA, KISH, BONHAM, WOOD. – Developmental regulation of methyl benzoate biosynthesis and emission in Snapdragon flowers, *The Plant Cell*, **12**, 949-961, 2000 [a].

DUDAREVA, PICHERSKY. – Biochemical and molecular genetic aspects of floral scents, *Plant Physiol.*, **122**, 627-634, 2000 [b].

ECKERT, CARTER. – Flowers produce variations in color saturation by arranging petals at oblique and varying angles, *J. Opt. Soc. Am. Opt. Im. Sci. Vis.*, **17** (**5**), 825-830, 2000.

ED ECHEVERRIA. – Vesicle mediated solute transport between the vacuole and the plasmalemma, *Plant Physiol.*, **123**, 1217-1225, 2000.

EMMS, STRATTON, SNOW. – The effect of inflorescence size on male fitness : experimental tests in the andromonoecious Lily, Zygadenus paniculatus, *Evolution*, **51** (**5**), 1481-1489, 1997.

ENDRESS. – *Diversity and evolutionary biology of tropical flowers*, Cambridge University Press, 1994.

FAHN. – Ultrastructure of nectaries in relation to nectar secretion, *Am. J. Bot.*, **66**, 977-985, 1979.

FISHBEIN, VENABLE. – Evolution of inflorescence design : theory and data, *Evolution*, **50** (**6**), 2165-2177, 1996.

FISHER. – Average excess and average effect of a gene substitution, *Ann. Eugen.*, **11**, 53-63, 1941.

FREEMAN, HARPER, CHARNOV. – Sex change in plants : old and new observations and new hypothesis, *Oecologia*, **47**, 212-232, 1980.

FREUDENSTEIN, RASMUSSEN. – What does morphology tell us about orchid relationships? A cladistic analysis, *Amer. J. Bot.*, **86**, 225-248, 1999.

GANDOLFO, NIXON, CREPET, STEVENSON, FRIIS. – Oldest known fossils of monocotyledons, *Nature*, **394**, 118-119, 1998.

GONZALES-BOSCH, DEL CAMPILLO, BENNETT. – Immunodetection and characterization of tomato endo-beta-1,4-glucanase Cel 1 protein in flower abscission zones, *Plant Physiol.*, **114**, 1541-1546, 1997.

GRIFFIN, MAVRAGANIS, ECKERT. – Experimental analysis of protogyny in Aquilegia canadensis (Ranunculaceae), *Am. J. Bot.*, **87**, 1246-1256, 2000.

GUTTIERREZ-CORTINES, DAVIES. – Beyond the ABCs : ternary complex formation in the control of floral organ identity, *Trends Plant Science*, **5** (**11**), 471-476, 2000.

HAIG, WESTOBY. – On limits to seed production, *Am. Nat.*, **131**, 757-759, 1988.

HALLÉ, OLDEMAN. – *Essai sur l'architecture et la dynamique des arbres tropicaux*, Masson, Paris, 1970.

HARDER, WILSON. – Theoretical consequences of heterogeneous transport conditions for pollen dispersal by animals, *Ecology*, **79** (**8**), 2789-2807, 1998.

HEMPEL, WELCH, FELDMAN. – Floral induction and determination : where is flowering control ?, *Tr. Plant Sci.*, **5** (**1**), 17-21, 2000.

HERRERA. – The role of colored accessory bracts in the reproductive biology of Lavandula stoechas, *Ecology*, **78** (2), 494-504, 1997.

HESLOP-HARRISON. – Incompatibility and the pollen-stigma interaction, *Ann. Rev. Plant. Physiol.*, **26**, 403-425, 1975.

HOLSINGER. – Mass-action models of plant mating systems : the evolutionary stability of mixed mating systems, *Am. Nat.*, **138**, 606-622, 1991.

HORRIDGE. – Bees see red, *TREE*, **13** (3), 87-88, 1998.

HOWELL. – Molecular genetics of plants, *Cambridge University Press*, 1998.

HUDSON. – Plant symmetry, *Annu. Rev. Ecol. Syst.*, **30**, 364-365, 1999.

IKEDA, NASRALLAH, DIXIT, PREISS, NASRALLAH. – An aquaporin-like gene required for the Brassica self-incompatibility response, *Science*, **276**, 1564-1566, 1997.

JOHNSON, NILSSON. – Pollen carryover, geitonogamy, and the evolution of deceptive pollination systems in Orchids, *Ecology*, **80** (8), 2607-2619, 1999.

JONES. – *Introduction to floral mechanism*, Blackie & Son, London, 1950.

JONES, REITHEL. – Pollinator-mediated selection on a flower color polymorphism in experimental populations of Antirrhinum (Scrophulariaceae), *Am. J. Bot.*, **88**, 447-454, 2001.

JONES, WOODSON. – Differential expression of the three members of the ACC synthase gene family in carnation, *Plant Physiol.*, **119**, 755-764, 1999.

JORDAN, FRANKLIN, FRANKLIN-TONG. – Evidence for DNA fragmentation triggered in the self-incompatibility response in pollen of Papaver rhoeas, *The Plant J.*,**23** (4), 471-479, 2000.

JUDD, CAMPBELL, KELLOGG, STEVENS. – *Plant systematics : a phylogenetic approach*, Sinauer publishers, 1999.

KAHANA, SILBERSTEIN, KESSLER, GOLDSTEIN, PERL-TREVES. – Expression of ACC oxidase genes differs among sex genotypes and sex phases in cucumber, *Plant. Mol. Biol.*, **41**, 517-528, 1999.

KATER, COLOMBO, FRANKEN, BUSSCHER, MASIERO, VAN LOOKEREN-CAMPAGNE, ANGENENT. – Multiple AGAMOUS homologs from cucumber and petunia differ in their ability to induce reproductive organ fate, *The Plant Cell*, **10**, 171-182, 1998.

KATER, FRANKEN, CARNEY, COLOMBO, ANGENENT. – Sex determination in the monoecious species cucumber is confined to specific floral whorls, *The Plant Cell*, **13**, 481-493, 2001.

KJELLBOM, LARSSON, JOHANSSON, KARLSSON, JOHANSON, Aquaporins and water homeostasis in plants, *Trends Plant Science*, **4** (8), 308-314, 1999.

KLINKHAMER, DE JONG, METZ. – Sex and size in cosexual plants, *TREE*, **12** (7), 260-265, 1997.

KOOPOWITZ, MARCHANT. – Postpollination nectar reabsorption in the african epiphyte Aerangis verdickii (Orchidaceae), *Am. J. Bot.*, **85**, 508-512, 1998.

KORIBA. – On the periodicity of tree growth in the tropics with reference to the mode branching, the leaf fall, and the formation of the resting bud, *Garden's Bull. Singapore*, **17** (1), 11-81, 1958.

KRIZEK, PROST, MACIAS. – AINTEGUMENTA promotes petal identity and acts as a negative regulator of AGAMOUS, *The Plant Cell*, **12**, 1357-1366, 2000.

LEVIN, BRACK. – Natural selection against white petals in Phlox, *Ecology*, **49** (5), 1017, 1995.

LIPPOCK, GARDINE, WILLIAMSON, RENNER. – Pollination by flies, bees, and beetles of *Nuphar ozarkana* and *N. advena* (Nympheaceae), *Am. J. Bot.*, **87**, 898-902, 2000.

LIU, FRANKS, KLINK. – Regulation of gynoecium marginal tissue formation by *leunig* and *aintegumenta*, *The Plant Cell*, **12**, 1879-1892, 2000.

LLOYD. – Some reproductive factors affecting the selection of self-fertilization in plants, *Am. Nat.*, **113**, 67-79, 1979.

LLOYD. – Modification of gender in seed plants in varying conditions, *Evol. Biol.*, **17**, 255-388, 1984.

LLOYD. – A general principle for the allocation of limited resources, *Evol. Ecol.*, **2**, 175-187, 1988.

LLOYD. – *Floral biology : studies on floral evolution in animal pollinated plants*, Chapman & Hall, New York, 1996.

LLOYD, WELLS. – Reproductive biology of a primitive angiosperm, Pseudowintera colorata (Winteraceae) and the evolution of pollination systems in the Anthophyta, *Plant Syst. Evol.*, **181**, 77-95, 1992.

LÜTTGE, HIGINBOTHAM. – Transport in plants, *Spinger-Verlag*, 1969.

LYONS-WEILER, HOELZER, TAUSCH. – Relative apparent synapomorphy analysis (RASA) : the statistical measurement of phylogenetic signal, *Mol. Biol. Evol.*, **13 (6)**, 749-757, 1996.

LYONS-WEILER, HOELZER, TAUSCH. – Optimal outgroup analysis, *Biol. J. Lin. Soc.*, **64**, 493-511, 1998.

MARSHALL, FOLSOM. – Mate choice in plants, *Ann. Rev. Ecol. Syst.*, **22**, 37-63, 1991.

MAYNARD SMITH. – *Evolution and the theory of games*, Cambridge University Press, 1982.

MCCONNELL, BARTON. – Leaf polarity and meristem formation in Arabidopsis, *Development*, **125**, 2935-2942, 1998.

MELENDEZ-ACKERMAN, CAMPBELL, WASER. – Hummingbird behaviour and mechanisms of selection on flower color in Ipomopsis, *Ecology*, **78 (8)**, 2532-2541, 1997.

MEYEROWITZ. – La génétique des fleurs, *Pour la Science*, **207**, 58-66, 1995.

MOLLER. – Bumblebee preference for symmetrical flowers, *P. N. A. S.*, **92**, 2288-2292, 1995.

MORGAN, SCHOEN. – The role of theory in an emerging new plant reproductive biology, *TREE*, **12 (6)**, 231-234, 1997.

MORRIS. – Mutualism denied ? Nectar robbing bumble bees do not reduce female or male success of bluebells, *Ecology*, 77 **(5)**, 1451-1462, 1996.

MULCAHY. – The rise of the Angiosperms : a genecological factor, *Science*, **206**, 20-23, 1979.

MURCIA, FEINSINGER. – Interspecific pollen loss by Hummingbirds visiting flower mixtures : effects of floral architecture, *Ecology*, 77 **(2)**, 550-560, 1996.

MUTIKAINEN, DELPH. – Inbreeding depression in gynodioecious lobelia siphilitica : among-family differences override between-morph differences, *Evolution*, **52 (6)**, 1572-1582, 1998.

NASRALLAH. – Cell-cell signaling in the self-incompatibility response, *Cur. Op. Plant Biol.*, **3**, 368-373, 2000.

NASRALLAH, NISHIO, NASRALLAH. – The self-incompatibility genes of Brassica : expression and use in genetic ablation of floral tissues, *Annu. Rev. Plant. Physiol. Plant Mol. Biol.*, **42**, 393-422, 1991.

NEAL, DAFNI, GIURFA. – Floral symmetry and its role in plant-pollinisator systems, *Annu. Rev. Ecol. Syst.*, **29**, 345-373, 1998.

OLMSTEAD, DE PAMPHILIS, WOLFE, YOUNG, ELISSONS, REEVES. – Disintegration of Scrophulariaceae, *Am. J. Bot.*, **88 (2)**, 348-361, 2001.

O'NEILL. – Pollination regulation of flower development, *Annu. Rev. Plant. Physiol. Plant Mol. Biol.*, **48**, 547-574, 1997.

OWENS, TAKASO, RUNIONS. – MADS box genes in coniferous plants, *Trends Plant Science,* **3**, 459-460, 1998.

PALANIVELU, PREUSS. – Pollen tube and axon guidance : parallels in tip growth mechanisms, *Trends in Cell Biol.,* **10**, 517-523, 2000.

PARCY, NILSSON, BUSCH, LEE, WEIGEL. – A genetic framework for floral patterning, *Nature,* **395**, 561-566, 1998.

PELLMYR, LEEBENS-MACK. – Forty million years of mutualism : evidence for Eocene origin of the yucca-yucca moth association, *P. N. A. S.,* **96**, 9178-9183, 1999.

POWELL. – Interrelationships of Yuccas and Yucca Moths, *TREE,* 7 (**1**), 10-14, 1992.

RAVEN, WEYERS. – Significance of epidermal fusion and intercalary growth for angiosperm evolution, *Trends Plant Science,* **6** (**3**), 111-113, 2001.

REGAL. – Ecology and evolution of flowering plant dominance, *Science,* **196**, 622-629, 1977.

RICHTER, SCHRANNER, Leaf arrangement. Geometry, morphogenesis and classification, *Naturwissenschaften,* **65**, 319-327, 1978.

RICKELS, RENNER. – Species richness within families of flowering plants, *Evolution,* **48** (**5**), 1619-1636, 1994.

RIGOLA, MIZZI, CIAMPOLINI, SARI-GORLA. – CaMADS1, an AGAMOUS homologue from hazelnut, produces floral homeotic conversion when expressed in Arabidopsis, *Sex. Plant Reprod.,* **13** (4), 185-191, 2001.

ROY, WIDMER. – Floral mimicry : a fascinating yet poorly understood phenomenon, *Trends Plant Science,* **4** (**8**), 325-330, 1999.

ROY, WIDMER. – Voir JONES.

SAKAI. – Role of SUPERMAN in maintaining Arabidopsis floral whorl boundaries, *Nature,* **378**, 199-203, 1995.

SAKAI, HARADA. – Does the trade-off between growth and reproduction select for female-biased sexual allocation in cosexual plants?, *Evolution,* **52** (4), 1204-1207, 1998.

SCHEMSKE, BRADSHAW. – Pollinator preference and the evolution of floral traits in monkeyflower (Mimulus), *P. N. A. S.,* **96** (**21**), 11910-11915, 1999.

SCHILL, BAUMM, WOLTER. – Vergleichende Mikromorphologie der Narbenoberflächen bei den Angiospermen; Zusammenhänge mit Pollenoberflächen bei heterostylen Sippen, *Plant Syst. Evol.,* **148**, 185-214, 1985.

SCHNEITZ, BALASUBRAMANIAN, SCHEIFTHALER. – Organogenesis in plants : the molecular and genetic control of ovule development, *Tr. Plant Sci.,* **3** (**12**), 468-472, 1998.

SCHOEN, DUBUC, The evolution of inflorescence size and number : a gamete packaging strategy in plants, *Am. Nat.,* **135**, 841-857, 1990.

SEGER. – *Evolution of sexual systems and sex allocation in plant when growth and reproduction overlap,* Proc. R. Soc. London Ser. B 263, 833-841, 1996.

SHEPPARD, BRUNNER, KRUTOVSKII, ROTTMAN, SKINNER, VOLLMER, STRAUSS. – A DEFICIENS homolog from the dioecious tree black cottonwood is expressed in female and male floral meristems of the two-whorled, unisexual flowers, *Plant Physiol.,* **124**, 627-640, 2000.

SHOEN, ASHMAN. – The evolution of floral longevity : resource allocation to maintenance *versus* construction of repeated parts in modular organisms, *Evolution,* **49** (**1**), 131-139, 1995.

SMITHSON, MACNAIR. – Negative frequency-dependent selection by pollinators on artificial flowers without rewards, *Evolution,* **51** (**3**), 715-723, 1997.

SOLTIS, SOLTIS, CHASE. – Angiosperm phylogeny inferred from multiple genes as a tool for comparative biology, *Nature*, **402**, 402-404, 1999.

SOLTIS, SOLTIS, MORT, CHASE, SAROLAINEN, HOOT, MORTON. – Inferring complex phylogenies using parsimony : a empirical approach using three large DNA data sets for Angiosperms, *Syst. Biol.*, **47**, 32-42, 1998.

SOUTHERTON, MARSHALL, MOURADOV, TEASDALE. – Eucalypt MADS-box genes expressed in developing flowers, *Plant Physiol.*, **118**, 365-372, 1998.

SPAETHE, TAUTZ, CHITTKA. – Visual constraints in foraging bumblebees : flower size and color affect search time and flight behavior, *P. N. A. S.*, **98** (7), 3898-3903, 2001.

SUN, DILCHER, ZHENG, ZHOU. – In search of the first flower : a jurassic angiosperm, *Archaefructus*, from Northeast China, *Science*, **282**,1692-1695, 1998.

SUNG, YU, AN. – Characterization of the MdMADS2, a member of the SQUAMOSA subfamily of genes in Apple, *Plant Physiol.*, **120**, 969-978, 1999.

TAKASAKI, HATAKEYAMA, SUZUKI, WATANABE, ISOGAI, HINATA. – SRK is the determinant of self-incompatibility specificity in the stigma, *Nature*, **403**, 913-916, 2000.

TANG, WOODSON. – Temporal and spatial expression of ACC oxidase mRNA following pollination of immature and mature Petunia flowers, *Plant Physiol.*, **112**, 503-511, 1996.

THEISSEN, BECKER, DI ROSA KANNO, KIM, MÜNSTER, WINTER, SAEDLER. – A short history of MADS-box genes, *Plant Mol. Biol.*, **42**, 115-149, 2000.

TIFFNEY, MAZER. – Angiosperm growth habit, dispersal and diversification reconsidered, *Evol. Ecol.*, **9**, 93-117, 1995.

TILL-BOTTRAUD, VENABLE, DAJOZ, GOUYON. – Selection on pollen morphology : a game theory model, *Am. Nat.*, **144** (3), 395-411, 1994.

VALLADE. – *Structure et développement de la plante*, Dunod Editions, 1999.

VERBELEN, TAO. – Mobile arrays of vacuole ripples are common in plant cells, *Plant Cell Rep.*, **17**, 917-920, 1998.

VISHNEVETSKY, OVADIS, VAINSTEIN, 1999, Carotenoïd sequestration in plants : the role of carotenoïd-associated proteins, *Trends Plant Science*, **4** (**6**), 232-235.

VOGEL. Die Oelblumensymbiosen – Parallelismus und andere Aspeckte ihrer Entwicklung in Raum und Zeit, *Z. Zool. Syst. Evol. Forsch.*, **26**, 341-362, 1988.

WASER, CHITTKA. – Bedazzled by flowers, *Nature*, **394**, 835-836, 1998.

WEIGEL, CLARK. – Sizing up the floral meristem, *Plant Physiol.*, **112**, 5-10, 1996.

WIEHLER. – A synopsis of the neotropical Gesneriaceae, *Selbyana*, **6**, 1-219, 1983.

WOLFE, KRSTOLIC. – Floral symmetry and its influence on variance in flower size, *Am. Nat.*, **154**, 484-487, 1999.

WOLTERING, SOMHORST, VAN DER VEER. – The role of ethylene in interorgan signaling during flower senescence, *Plant Physiol.*, **109**, 1219-1225, 1995.

XU, HANSON. – Programmed cell death during pollination induced petal senescence in Petunia, *Plant Physiol.*, **122**, 1323-1334, 2000.

YALOVSKY, RODRIGUEZ-CONCEPCION, BRACHA, TOLEDO-ORTIZ, GRUISSEM. – Prenylation of the floral transcription factor APETALA 1 modulates its function, *The Plant Cell*, **12**, 1257-1266, 2000.

YU, GOH. – Identification and characterization of three orchid MADS-box genes of the AP-1/AGL-9 subfamily during floral transition, *Plant Physiol.*, **123**, 1325-136, 2000.

Index général

H

I

L

M

N

O

P

Index botanique

www.ingramcontent.com/pod-product-compliance
Lightning Source LLC
Chambersburg PA
CBHW080917121126
54723CB00051B/1339